高职高专园林工程技术专业规划教材

园林植物栽培与养护

主　编　龚维红

副主编　田雪慧　丁小晏

中国建材工业出版社

图书在版编目（CIP）数据

园林植物栽培与养护／龚维红主编．—北京：中国建材工业出版社，2012.9（2021.1 重印）

高职高专园林工程技术专业规划教材

ISBN 978-7-5160-0262-9

Ⅰ．①园… Ⅱ．①龚… Ⅲ．①园林植物－观赏园艺－高等职业教育－教材 Ⅳ．①S688

中国版本图书馆 CIP 数据核字（2012）第 191265 号

内 容 提 要

本教材是高职高专园林工程技术专业规划教材之一。教材采用项目式教学方法，将课程分为绪论——园林植物栽培与养护基础以及园林苗圃的建立、园林植物的种实生产、园林植物的繁育、园林植物的露地栽培技术、园林植物的保护地栽培技术、园林树木的移植、园林植物的养护管理和园林树木的整形修剪等八个项目。每个项目又分为若干任务，每个任务内又有相关知识、任务训练及技能实训。

本教材内容全面，通俗易懂，可供园林工程技术、园林、景观、园艺、林学等专业的教师及学生使用，也可供相关专业的科研、生产工作者及广大自学者使用和参考。

本书配有课件，可登录我社网站免费下载。

园林植物栽培与养护

主编　龚维红

出版发行：**中国建材工业出版社**

地　　址：北京市海淀区三里河路 1 号

邮　　编：100044

经　　销：全国各地新华书店

印　　刷：北京雁林吉兆印刷有限公司

开　　本：787mm×1092mm　1/16

印　　张：18

字　　数：427 千字

版　　次：2012 年 9 月第 1 版

印　　次：2021 年 1 月第 2 次

定　　价：**58.00 元**

本社网址：www.jccbs.com.cn

本书如出现印装质量问题，由我社发行部负责调换。联系电话：（010）88386906

前　言

　　《园林植物栽培与养护》是园林工程技术、园林技术专业的重要专业课之一，是从事园林绿化、园林工程管理、城市林业、园林工作的技术与管理人员必须掌握的一门课程。主要讲授园林植物栽培与养护基础、园林苗圃的建立、园林植物的种实生产、园林植物的繁育、园林植物的露地栽培技术、园林植物的保护地栽培技术、园林树木的移植、园林植物的养护管理、园林树木的整形修剪等内容。

　　编写和出版本书，我们遵循了以下几个原则：一是实用；二是系统；三是为实践服务；四是深入浅出。编写中我们遵循职业教育的原则，理论知识以"必需够用"为度，强调职业教育的实践性与应用型。编写结构和内容安排上，我们采用了符合高职特色的项目教学法，将每一项目分成若干任务，在每一任务内又设相关知识和任务实施，使学生在职业实践活动的基础上掌握知识。

　　本教材由苏州农业职业技术学院龚维红担任主编，杨凌职业技术学院田雪慧、苏州农业职业技术学院丁小晏任副主编。编写分工如下：龚维红编写绪论、项目七和项目八；田雪慧编写项目一和项目二；丁小晏编写项目三和项目六；辽宁林业职业技术学院程春雨编写项目四和项目五。全书由龚维红统稿，苏州农业职业技术学院潘文明教授担任主审。

　　由于编者水平有限，错误和不足之处在所难免，敬请批评指正。

编者

2012年6月

目 录

CONTENTS

164 项目五 园林植物的保护地栽植

196 项目六 园林树木的移植

绪论 园林植物栽培与养护基础

【内容提要】

园林植物种类繁多、习性各异，生态环境和栽培技术各不相同。本单元主要讲述园林植物的概念及范围、园林植物的分类、园林植物的生长发育过程及园林植物与环境的关系。通过本单元的学习，为以后制定各类园林植物的栽培养护措施提供理论依据，为达到利用植物、改造植物打下基础。

一、园林植物的概念及范围

园林植物是指能绿化、美化、净化环境，具有一定观赏价值、生态价值和经济价值，适用于布置人们生活环境、丰富人们精神生活和维护生态平衡的栽培植物，包括木本和草本两大类。它们是构成自然环境、公园、风景区、城市绿化的基本材料。园林植物和园林建筑、山石、水体共同构成园林的四大要素。随着科技的进步和社会的发展，现在将室内花卉及装饰用的植物也纳入园林植物范畴，因此，园林植物的范围会随时代的发展而不断拓展。

二、园林植物的分类

园林植物种类繁多、习性各异，栽培应用方式多种多样。园林植物的分类通常有以下几种方式：

（一）按生物学特性分类

1. 木本园林植物

木本园林植物茎部高度木质化，质地坚硬。在园林绿化中起骨架作用，是构成风景园林的主要植物材料，也是发挥园林绿化效益的主要植物群落。根据其生长习性不同可分为：

（1）乔木：植株主干明显，分枝点高，如雪松、香樟、悬铃木、广玉兰和榕树等。按照树体高度不同又可分为：大乔木（高20m以上），如云杉、白桦、白杨等；中乔木

（高 10~20m），如银杏、国槐、广玉兰等；小乔木（高 5~10m），如山桃、桂花、红叶李等。

（2）灌木：没明显主干或主干短，近地面处丛生的木本植物，如月季、牡丹、玫瑰、腊梅、珍珠梅等。

（3）藤木：以特殊的器官，如以吸盘、吸附根、卷须或缠绕茎、钩刺等攀缘其他物体向上生长的木本藤本植物，如凌霄、紫藤、葡萄、金银花等。

（4）匍匐植物：植株的干和枝不能直立，只能匍地生长，如偃松、铺地柏等。

2. 草本园林植物

草本园林植物茎部木质化程度低，柔软多汁。在园林中起点缀、丰富园景和增加色调的作用，它可使园林充满生气。根据其生长环境不同可分为：

（1）露地草本花卉：在露地自然条件下，可以完成其生长发育全过程的草本花卉。以其生活周期长短的不同又可分为一年生草本花卉、二年生草本花卉和多年生宿根花卉、球根花卉。

①一年生草本花卉：一般在春季播种，夏秋开花的草本植物。秋后种子成熟，入冬植株会枯死。它们在 1 年内完成一个生命周期。如一串红、鸡冠花、百日草、凤仙等。

②二年生草本花卉：一般在秋季播种，次年春、夏季开花的草本植物。夏季种子成熟后枯死。它们跨年度生长，但不满二年。如金盏菊、瓜叶菊、三色堇、金鱼草等。

③多年生宿根花卉：个体寿命超过二年，地下部分形态不发生变化，植物的宿根留存于土壤中，冬季可在露地越冬，能多次开花结实。如菊花、萱草等。

④多年生球根花卉：其地下部分具有膨大的变形茎或根，有五种类型：

鳞茎类：具有多数肥大的鳞片。如水仙、百合、郁金香、风信子。

球茎类：外形如球，内部实心。如唐菖蒲。

块茎类：地下茎成块状，如马蹄莲、大岩桐等。

根茎类：地下茎肥大而形成粗长的根茎，其上有明显的节与节间。如美人蕉、鸢尾、荷花等。

块根类：由根膨大而成，如大丽菊、花毛茛等。

（2）温室花卉：指原产热带、亚热带及南方温暖地区的花卉。在北方寒冷地区栽培必须在温室内培养，或冬季需要在温室内保护越冬的花卉。如红掌、仙客来、仙人掌、兰花等。

3. 水生花卉：指生长于水中或沼泽地的观赏植物。水生花卉，种类繁多，我国有150 多个品种，是园林、庭院水景园林观赏植物的重要组成部分。主要有荷花、睡莲、百叶草、宝塔草、菖蒲、千屈菜等。

4. 草坪植物：用于覆盖地面形成较大面积而又平整的草地，常用的有黑麦草、结缕草、早熟禾、狗牙根、绊根草、野牛草、马蹄金和三叶草等。

（二）按观赏部位分类

1. 观花类：以观花为主的园林植物，或花色艳丽，或花朵硕大，或花形奇异，或香气怡人。分为木本观花植物和草本观花植物两类。木本观花植物有玉兰、杜鹃、梅花、桂花、碧桃、海棠、牡丹等。草本观花植物有矮牵牛、水仙、菊花、一串红、三色堇、朱顶红、郁金香、风信子等。

2. 观茎类：因茎秆色泽或形状异于其他植物而供作观赏的园林植物。如佛肚竹、红瑞木、榔榆、白皮松、白桦、悬铃木、仙人掌、光棍树等。

3. 观叶类：以叶色光亮、色彩鲜艳、叶形奇特而供作观赏的园林植物。观叶植物观赏期长、观赏价值高。如龟背竹、红枫、八角金盘、黄栌、巴西铁、橡皮树、一叶兰、红叶石楠、紫叶桃、变叶木、银杏等。

4. 观果类：果实色泽美丽，经久不落或果形奇特、色形俱佳的园林植物。如佛手、石榴、山楂、金橘、五色椒等。

5. 观芽类：以肥大而美丽的芽作为观赏部位的园林植物。如银芽柳、结香等。

6. 观形类：以观赏植物的形状、姿态为主的园林植物。其树形、树姿或端庄，或高耸，或浑圆，或盘绕，或似游龙，或如伞盖。如雪松、龙爪槐、垂枝梅、龙游梅、黄山松、香樟、龙柏、银杏等。

（三）按园林用途分类

1. 行道树：是指在道路或街道两旁成行栽植的树木。落叶或常绿乔木均可作为行道树，但必须具有根系发达、抗性强、主干直、分枝点高的特性。如香樟、悬铃木、银杏、栾树、七叶树等。

2. 庭荫树：孤植或丛植在庭院、公园、广场或风景区内，以遮阴为主要目的的树种。如香樟、榕树、梧桐、榉树、鹅掌楸等。

3. 花灌木：以观花为主要目的而栽植的灌木。如牡丹、月季、紫薇、紫荆、山茶、杜鹃等。

4. 绿篱植物：在园林中成行密集种植，代替篱笆、围墙等，起隔离、防护和美化作用的耐修剪的植物。如珊瑚树、大叶黄杨、红叶石楠、金叶女贞、海桐、瓜子黄杨、小蜡等。

5. 垂直绿化植物：栽植藤本植物、攀缘植物，以达到立体绿化和美化的植物。如紫藤、凌霄、木香、爬山虎、金银花、常春藤等。

6. 花坛植物：采用观花、观叶草本植物及低矮的灌木，栽植在花坛内组成各种图案，供游人观赏的植物。一般都多选用植株低矮、生长整齐、花期集中、株形紧凑而花色艳丽的种类。如金盏菊、羽衣甘蓝、一串红、矮牵牛、三色堇、地肤等。

7. 草坪和地被植物：是指用于覆盖裸地、林下、空地，可以起到防尘降温作用的低矮植物或草类。如蔓长春花、狗牙根、酢浆草、三叶草、二月兰（诸葛菜）、牛筋草、结缕草等。

8. 室内装饰植物：是指种植在室内墙壁或柱上专门设置的栽植槽内的植物。如常春藤、绿萝、蕨类等。

9. 造型、树桩盆景：造型是指经过人工整形修剪而制成各种物像的单株或绿篱。如罗汉松、六月雪、日本五针松、叶子花（三角花）等。

树桩盆景是利用树桩在盆中再现大自然风貌或表达特定意境的艺术品。如五针松、枸骨、火棘、榔榆、雀梅、对节白蜡、榕树等。

10. 片林：用乔木类作带状栽植在公园外围的隔离带，环抱的林带可组成一个封闭空间，稀疏的林带可供游人休息和游玩。如水杉、侧柏、红枫、香樟等。

三、园林植物的生长发育

（一）园林植物的生命周期

园林植物不论是草本植物还是木本植物，其生命周期都是从种子发芽开始，经幼年期、青年期、壮年期、老年期直至衰老死亡。园林植物由于种类繁多，寿命差异很大。下面分别就木本植物和草本植物两大类进行介绍。

1. 木本植物

园林树木在不同的生长发育时期，都有其不同的特点，对外界环境和栽培管理都有一定要求，研究园林树木不同年龄时期的生长发育规律，采取相应的栽培措施，促进或控制各年龄时期的生长发育节律，可实现幼树适龄开花结实，延长盛花盛果的观赏期，延缓树木衰老进程等园林树木栽培目的。根据实生园林树木生长过程的不同，可将其划分为以下几个时期：

（1）种子期（胚胎期）：是从受精形成合子开始到种子萌发为止，是种子形成和以种子形态存在的一段时期。此阶段一部分是在母体内，借助于母体形成的激素和其他复杂的代谢产物发育成胚，以后胚的发育和种子养分的积累则在自然成熟或贮藏过程中完成。种子期的长短因植物而异。有些园林树木种子成熟后，只要条件适宜就能萌发，如枇杷，腊梅等。有些即使给予适宜的条件，也不能立即萌发，必须经过一段时间后才能萌发，如银杏、白蜡、山楂等。

（2）幼年期：从种子萌发到植株第一次开花为幼年期。在这一时期树冠和根系的离心生长旺盛，光合作用面积迅速扩大，开始形成地上的树冠和骨干枝，逐步形成树体特有的结构、树高、冠幅，根系长度和根幅生长很快，同化物质积累增多，为营养生长转向生殖生长从形态和内部物质上做好了准备。有的植物幼年期仅1年，如月季、紫薇，而有的植物则要3～5年，如桃、杏、李，而银杏、云杉、冷杉却长达20～40年。总之，生长迅速的木本园林植物幼年期短，生长缓慢的则长。另外，幼年期树木遗传性尚未稳定，是定向育种的有利时期。

幼年时期的长短，因树木种类、品种类型、环境条件和栽培技术而异。这一时期的栽培措施是加强土壤管理，充分供应水肥，促进营养器官健康而匀称地生长，轻修剪多留枝条，使其根深叶茂，形成良好的树体结构，制造和积累大量的营养物质，为早见成效打下良好的基础。对于观花、观果树木则应促进其生殖生长，在定植初期的1～2年中，当新梢生长至一定长度后，可喷布适当的抑制剂，促进花芽的形成，达到缩短幼年期的目的。

（3）青年期：从植株第一次开花到大量开花之前为青年期。是离心生长最快的时期，开花结果数量逐年上升，但花和果实尚未达到本品种固有的标准性状。为了促进多开花结果，一要勤修剪，二要合理施肥。对于生长过旺的树木，应多施磷、钾，少施氮肥，并适当控水，也可以使用适量的化学抑制物质，以缓和营养生长。相反，过弱的树木，增加肥水供应，促进树体生长。

（4）壮年期：从植株大量开花结实时开始，到结实量大幅度下降，树冠外围小枝出现干枯时为止为壮年期，是观花、观果植物一生中最具观赏价值的时期。此期花果性状已经完全稳定，并充分反映出品种固有的性状。为了最大限度地延长壮年期，较长期地发挥观赏效益，要充分供应肥水，早施基肥，分期追肥，其次要合理修剪，使生长、结果和花芽分化达到稳定平衡状态。剪除病虫枝、老弱枝、重叠枝、下垂枝和干枯枝，以改善树冠通风透光条件，同时，要切断部分骨干根，促进根系更新。

（5）衰老死亡期：从骨干枝及骨干根逐步衰亡，生长显著减弱到植株死亡为止为衰老死亡期。这一时期，营养枝和结果母枝越来越少，植株生长势逐年下降，枝条细且生长量小，树体平衡遭到严重破坏，对不良环境抵抗力差，树皮剥落，病虫害严重，木质腐朽。花灌木通过截枝或截干，刺激萌芽更新，或砍伐重新栽植，古树名木采取复壮措施，尽可能延长其生命周期。

上面对实生园林树木的生长特性进行了分析。对于无性繁殖园林树木的生命周期，除了没有种子期外，也可能没有幼年期或幼年期相对较短。因此，无性繁殖树木的生命周期可分为幼年期、青年期、壮年期和衰老死亡期等4个时期，每一时期的特点及管理措施与实生园林树木相应的时期基本相同。

2. 草本植物

（1）一、二年生草本植物

一、二年生草本植物的生命周期很短，仅 1～2 年的寿命，但其一生也必须经过以下几个生长发育阶段。

①胚胎期：从卵细胞受精发育形成胚至种子发芽时为止。

②幼苗期：从种子发芽开始至第一个花芽出现为止，一般 2～4 个月。2 年生草本花卉多数需要通过冬季低温，第二年春才能进入开花期，营养生长期内应精心管理尽快达到一定的株高和株形，为开花打下基础。

③成熟期：从植株大量开花到花量大量减少为止。这一时期植株大量开花，花色、花形最有代表性，是观赏盛期，自然花期 1～3 个月。除了水肥管理外，对枝条摘心、扭梢，使其萌发更多的侧枝并开花，如一串红摘心 1 次可以延长开花期 15 天左右。

④衰老死亡期：从开花量大量减少，种子逐渐成熟开始，到植株枯死为止。这时期是种子收获期，应及时采收，以免散落。

（2）多年生草本植物：多年生草本植物的生命周期与木本植物基本相同，只是其寿命只有 10 年左右，各生长发育阶段与木本植物相比相对短些。

值得注意的是各发育阶段是逐渐转化的，各时期之间无明显界限，各种植物由于遗传习性和生长环境的不同，各年龄阶段的长短不同。在栽培过程中，可通过合理的栽培措施，在一定程度上加速或延缓下一阶段的到来。

（二）园林植物的年生长周期

园林植物的年生长周期（简称年周期）是指园林植物在一年中随着环境条件特别是气候的季节变化，在形态上和生理上产生与之相适应的生长和发育的规律性变化，如萌芽、抽枝、开花、结实、落叶、休眠等，也称为物候或物候现象。年周期是生命周期的组成部分，栽培管理年工作月历的制定是以植物的年生长发育规律为基础的。因此，研究园林植物的年生长发育规律对于植物造景和防护设计以及制定不同季节的栽培管理技术措施具有十分重要的意义。

植物年生长周期性的变化，源于一年中气候的规律性变化。温带地区四季气候变化明显，由春至冬，气温由低到高、再由高到低。生长在这种气温下的植物，其生长呈现出明显的节律性的变化，即冬季和早春植物处于休眠状态，其余时间则呈现生长状态。

在赤道附近的树木，由于无四季气候变化，全年均可生长，无休眠期，但也有生长节奏表现。在离赤道稍远的季雨林地区，因有明显的干、湿季，多数树木在雨季生长和开花，在干季因高温干旱落叶，被迫休眠。在热带高海拔地区的常绿阔叶树，也受低温影响而被迫休眠。

下面主要介绍温带地区植物的年生长周期及其特点。

1. 落叶树木的年周期

温带地区的气候在一年中有明显的四季，因此温带落叶树木的年周期最为明显，可分为生长期和休眠期，在生长期和休眠期之间又各有一个过渡期，即生长转入休眠期和休眠转入生长期。

（1）休眠转入生长期：这一时期处于树木将要萌芽前，即当日平均气温稳定在3℃以上时，到芽膨大待萌发时止。通常是以芽的萌动、芽鳞片的开绽作为树木解除休眠的形态标志，实质上应该是树液开始流动这一生理活动的现象开始才是真正解除休眠的开始。树木从休眠转入生长，要求一定的温度、水分和营养物质。不同的树种，对温度的反应和要求不一样。北方树种芽膨大所需的温度较低，当日平均气温稳定在3℃以上时，经一定时期，达到一定的积温即可，原产温暖地区的树木，其芽膨大所需积温较高，花芽膨大所需积温比叶芽低。树体贮存养分充足时，芽膨大较早，且整齐，进入生长期也快。

解除休眠后，树木抗冻能力明显降低，遇突然降温，萌动的花芽和枝干易受冻害。早春气候干旱时应及早浇灌，否则，土壤持水量较低时，易发生枯枝现象。当浇水过多时，也影响地温的上升而推迟发芽。发芽前浇水配合施以氮肥可以弥补树体贮藏养分的不足而促进萌芽和生长。

（2）生长期：从树木萌芽生长到落叶为止，包括整个生长季。是树木年周期中时间最长的一个时期。在此期间，树木随季节变化、气温升高，会发生一系列极为明显的生命活动现象，如萌芽、抽枝、展叶或开花、结实等。

萌芽常作为树木开始生长的标志，其实根的生长比萌芽要早。不同树木在不同条件下每年萌芽次数不同，其中以越冬后的萌芽最为整齐，这与去年积累的营养物质贮藏和转化，为萌芽做了充分的准备有关。

每种树木在生长期中，都按其固定的物候顺序通过一系列生命活动。有的先萌花芽，而后展叶；也有的先萌叶芽，抽枝展叶，而后形成花芽并开花。树木各物候期的开始、结束和持续时间的长短，也因树种和品种、环境条件和栽培技术而异。

生长期是各种树木营养生长和生殖生长的主要时期。这个时期不仅体现树木当年的生长发育、开花结实的情况，也对树体养分的贮存和下一年的生长等各种生命活动有重要的影响，同时也是发挥其绿化功能作用的重要时期。因此，在栽培上，生长期是养护管理工作的重点。应该创造良好的环境条件，满足肥水的要求，以促进树体的良好生长、开花结果。

（3）生长转入休眠期：秋季叶片自然脱落是落叶树进入休眠的重要标志。在正常落叶前，新梢必须经过组织成熟过程，才能顺利越冬，早在新梢开始自上而下加粗生长时，就逐渐开始木质化，并在组织内贮藏营养物质。新梢停止生长后这种积累过程继续加强，同时有利于花芽的分化和枝干的加粗等。结有果实的树木，在采、落成熟果实后，养分积累更为突出，一直持续到落叶前。

秋季日照变短是导致树木落叶进入休眠期的主要因素，气温的降低加速了这一过程的进展。树木开始进入此期后，由于枝条形成了顶芽，结束了伸长生长，依靠生长期形成的大量叶片，在秋高气爽，温、湿条件适宜，光照充足的环境中，进行旺盛的光合作用，合成光合养料，供给器官分化、成熟的需要，使枝条木质化并将养分向贮藏器官或根部输送，进行养分的积累和贮藏。此时树体内细胞液浓度提高，树体内水分逐渐减少，提高了树体的越冬能力，为休眠和来年生长创造条件。过早落叶，生长期相对缩短，不利养分积累和组织成熟。干旱、水涝、病虫害都会造成早期落叶，甚至引起再次生长，危害很大；该落不落，说明树木未做好越冬准备，易发生冻害和枯梢。在栽培中应防止这类现象发生。但个别秋色叶树种，为延长观赏期而使之延迟落叶，则另当别论。

不同树龄的树木进入休眠的早晚不同，一般幼年树晚于成年树，同一树体的不同器官和组织，进入休眠的早晚也不同。一般小枝、细弱短枝、早期形成的芽，进入休眠早，地上部分主枝、主干进入休眠较晚，而以根颈最晚，故最易受冻害。生产上常用根颈培土的办法来防止冻害。

刚进入休眠的树木，处在浅休眠状态，耐寒力还不强，如初冬间断回暖会使休眠逆转，而使越冬芽萌动（如月季），又遇突然降温常遭受冻害，所以这类树木不宜过早修剪，在进入休眠期前也要控制浇水。

（4）相对休眠期：秋末冬初落叶树木正常落叶后到翌年开春树液开始流动前为止，是落叶树木的相对休眠期。局部的枝芽休眠出现则更早。在树木休眠期内，虽然没有明显的生长现象，但树体内仍然进行着各种生命活动，如呼吸、蒸腾、芽的分化、根的吸收、养分合成和转化等。这些活动只是进行得较微弱和缓慢，所以确切地说，休眠只是个相对概念。

落叶休眠是温带树种在进化过程中对冬季低温环境所形成的一种适应性。它能使树木安全度过低温、干旱等不良条件，以保证下一年能进行正常的生命活动并使生命得到延续。如果没有这种特性，正在生长着的幼嫩组织，就会受早霜的危害，并难以越冬而死亡。

2. 常绿树的年周期

常绿树并不是树上全部叶片全年不落，而是叶的寿命相对较长，多在1年以上，没有集中明显的落期，每年仅有一部分老叶脱落并能不断增生新叶，这样在全年各个时期都有大量新叶保持在树冠上，使树木保持常绿。在常绿针叶树类中，松属的针叶可存活2~5年，冷杉叶可存活3~10年，紫杉叶甚至可存活6~10年，它们的老叶多在冬春间脱落，刮风天尤甚。常绿阔叶树的老叶多在萌芽展叶前后逐渐脱落。热带、亚热带的常绿阔叶树木，其各器官的物候动态表现极为复杂，各种树木的物候差别很大，难以归纳，如马尾松分布的南带，一年抽2~3次新梢，而在北带则只抽一次新梢；幼龄油茶一年可抽春、夏、秋梢，而成年油茶一般只抽春梢。又如柑橘类的物候，一年中可多次抽生新梢（春梢、夏梢、秋梢），各梢间有相当的间隔。有的树种一年可多次开花结果，如柠檬、四季橘等，有的树种，果实生长期很长，如伏令夏橙春季开花，到第二年春末果实才成熟。

3. 草本植物的年周期

草本植物种类繁多，原产地立地条件各不相同，因此年周期的变化也不相同。一年生草本植物的年周期与生命周期相同，短暂而简单。二年生草本植物秋季萌发后，以幼苗状态越冬，到第二年春季开花、结实，然后干枯死亡。多年生草本植物能存活两年以上，有些植物地下部分为多年生，地上部分每年死亡，如荷花、仙客来、水仙、郁金香、大丽菊、百合等；也有的地上部分和地下部分均存活多年，如万年青、麦冬、沿阶草等。

（三）园林树木的枝芽特性与树形

园林树木的树体枝干系统及所形成的树形决定于各树种的枝芽特性。而了解和掌握树木枝条和树体骨架形成的过程和基本规律，则是做好树木整形修剪和树形维护的基础。

1. 枝芽特性

（1）芽序：芽在枝条上按一定规律排列的顺序性称为芽序。因为大多数的芽都着生在叶腋间，所以芽序与叶序基本一致。可分为：互生芽序、对生芽序和轮生芽序。有的树木的芽序也因枝条类型、树龄和生长势有所变化。

（2）芽的异质性：在芽的形成过程中，由于内部营养状况和外界环境条件的不同，会使处在同一枝上不同部位的芽的大小和饱满程度产生较大差异，这种现象称为芽的异质性。枝条基部的芽在展叶时形成，由于这一时期叶面积小、气温低，芽一般比较瘦小，且常成为隐芽。此后，随着气温增高，枝条叶面积增大，光合效率提高，芽的质量逐步提高，到枝条进入缓慢生长期后，叶片累积的养分能充分供应芽的发育，形成充实饱满的芽。但如果长枝生长延迟至秋后，由于气温降低，梢端往往不能形成新芽，所以一般长枝条的基部和顶端部分或秋梢上的芽质量较差。

（3）芽的早熟性和晚熟性：有些树木的芽需经过一定的低温时期解除休眠到第二年春季才能萌发，称为晚熟性芽。如紫叶李、苹果、梨、樱花等。而另一些树木在生长季节早期形成的芽当年就能萌发（如月季等），有的多达2~4次，具有这种特性的芽叫早熟性芽，这类树木成型快，有的当年即可形成小树的样子。其中也有些树木，芽虽具早熟性，但不受刺激一般不萌发，人为修剪、摘叶等措施可促进芽的萌发。

许多树木枝条基部的芽或上部的副芽，一般情况下不萌发而呈潜伏状态，称隐芽或潜伏芽。当枝条受到某种程度的刺激，如上部或近旁枝条受伤，或树冠外围枝出现衰弱时，潜伏芽可以萌发新梢。有的树种有较多的潜伏芽，而且潜伏寿命较长，有利于树冠的更新和复壮。树木移植时采用截枝方法减少树冠蒸腾提高成活率，就是基于树木的这一特性。

（4）萌芽率及成枝力：生长枝上的叶芽能萌发的能力叫萌芽力。一枝上萌芽数多的称萌芽力强，反之则弱。萌芽力的强弱程度一般以萌发的芽数占总芽数的百分率来表示。生长枝上的芽，不仅萌发而且能抽成长枝的能力，叫成枝力。抽长枝多的则成枝力强，反之则弱。在调查时一般以具体成枝数或以长枝占芽数百分率表示成枝力。

萌芽力和成枝力因树种、品种、树龄、树势而不同，同一树种不同品种，萌芽力强弱不同。有些树木的萌芽力和成枝力均强，如杨属的多数种类、柳、白蜡、卫矛、紫薇、女贞、黄杨、桃等容易形成枝条密集的树冠，耐修剪，易成型。有些树木的萌芽力和成枝力较弱，如松类和杉类的多数树种，以及梧桐、楸树、梓树、银杏等，枝条受损后不容易恢复，树形的塑造也比较困难，要特别保护苗木的枝条和芽。一般萌芽力和成枝力都强的品种枝条过密，修剪时应多疏少截，防止郁闭；萌芽力强、成枝力弱的品种，易形成中短枝，但枝量少，应注意适当短截，促其发枝。

（5）芽的潜伏力：树木进入衰老期后，能由潜伏芽（即隐芽）发生新梢的能力称为芽的潜伏力，芽潜伏力强的树木，枝条恢复能力强，容易进行树冠的复壮更新，如悬铃木、月季、女贞等。芽的潜伏力受营养条件和栽培管理的影响，条件好，潜伏力强。

2. 茎枝特性

（1）树木的顶端优势：树木顶端的芽或枝条的生长比其他部分占有优势的现象称为枝条的顶端优势。许多园林树木都具有明显的顶端优势，它是保持树木具有高大挺拔的树干和树形的生理基础。灌木树种的顶端优势就要弱得多，但无论乔木或灌木，不同树种的顶端优势的强弱相差很大，要在园林树木养护中达到理想的栽培目的，在园林树木整形修剪中有的放矢，必须了解与运用树木的顶端优势。对于顶端优势比较强的树种，抑制顶梢的顶端优势可以促进若干侧枝的生长；而对于顶端优势很弱的树种，可以通过对侧枝的修剪来促进顶梢的生长。一般来说，顶端优势强的树种容易形成高大挺拔和较狭窄的树冠，而顶端优势弱的树种容易形成广阔圆形树冠。有些针叶树的顶端优势极强，如松类和杉类，当顶梢受到损害侧枝很难代替主梢的位置，影响冠形的培养。因此，要根据不同树种顶端优势的差异，通过科学管理，合理修剪培养良好的树干和树冠形态。

（2）树木的分枝方式：园林树木由于遗传习性、芽的性质及活动状况的不同，形成不同的分枝方式：

①总状分枝（单轴分枝）：这类树木顶芽优势极强，生长势旺，每年能向上继续生长，从而形成高大通直的树干。大多数针叶树种属于这种分枝方式，如雪松、圆柏、龙柏、罗汉松、水杉、黑松等。阔叶树中属于这一分枝方式的大都在幼年期表现突出，如杨树、栎、七叶树、薄壳山核桃等。但因它们在自然生长情况下，维持中心主枝顶端优势年限较短，侧枝相对生长较旺，而形成庞大的树冠。因此，总状分枝在成年阔叶树中表现得不明显。

②合轴分枝：枝条的顶芽经过一段时间生长后，先端分化成花芽或自枯，而由邻近的侧芽代替延长生长，每年如此循环往复。这种主干是由许多腋芽伸展发育而成。该类树木树冠开展，侧枝粗壮，整个树冠枝叶繁密，通风透光，园林中大多数树种属于这一类，且大部分为阔叶树，如白榆、刺槐、悬铃木、榉树、柳树、樟树、杜仲、槐树、香椿、石楠、苹果、梨、桃、梅、杏、樱花等。

③假二叉分枝：有些具对生叶（芽）的树种顶梢在生长期末不能形成顶芽，下面的侧芽萌发抽生的枝条，长势均衡，向相对侧向分生侧枝的生长方式，实际上是合轴分枝的一种变化，这类树种有泡桐、黄金树、梓树、楸树、丁香、女贞、卫矛和桂花等。

有些树木，在同一植物上有两种不同的分枝方式。如杜英、玉兰、木莲、木棉等，既有单轴分枝，又有合轴分枝；女贞，既有单轴分枝，又有假二权分枝。很多树木，在幼苗期为单轴分枝，长到一定时期以后变为合轴分枝。

（3）茎枝的生长类型：树木茎干的生长方向与根相反，多数是背地性的。除主干延长枝，突发性徒长枝呈垂直向上生长外，多数因不同枝条对空间和光照的竞争而呈斜向生长，也有向水平方向生长的。依树木茎枝的伸展方向和形态可分为以下生长类型：

①直立生长：茎干以明显的背地性垂直于地面生长，处于直立或斜生状态。枝条直立生长的程度，因树种特性、营养状况、光照条件、空间大小、机械阻挡等不同情况而异，从总体上可分为：垂直型、斜生型、水平型、扭转型等。

②下垂生长：这种类型的枝条生长有十分明显的向地性，当芽萌发呈水平或斜向伸出以后，随着枝条的生长而逐渐向下弯曲，有些树种甚至在幼年时都难以形成直立的主干，必须通过高接才能直立。这类树种容易形成伞形树冠，如垂柳、柏木、龙爪槐、垂枝三角枫、垂枝樱、垂枝榆等。

③攀缘生长：茎长得细长柔软，自身不能直立，必须缠绕或附有适应攀附他物的器官——卷须、吸盘、吸附气根、钩刺等，借他物支撑，向上生长。一般称为攀缘植物，简称为藤本植物。茎能缠绕者如紫藤、金银花等；具卷须者，如葡萄等；具吸盘者，如地锦类；具吸附气根者，如凌霄类等；具钩刺者，如蔷薇类等；铁线莲类则以叶柄卷络他物。

④匍匐生长：茎蔓细长不能直立，又无攀附器官，常匍匐于地生长。这种生长类型的树木，在园林中常用作地被植物，如铺地柏等。

（4）树木的层性与干性：层性是指中心干上主枝分层排列的明显程度，层性是顶端优势和芽的异质性共同作用的结果。有些树种的层性，一开始就很明显，如油松等；而有些树种则随年龄增大，弱枝衰亡，层性才逐渐明显起来，如雪松、马尾松、苹果、梨等。具有明显层性的树冠，有利于通风透气。层性能随中心主枝生长优势保持年代长短而变化。

干性指树木中心干的长势强弱和维持时间的长短。凡中心干（枝）明显，能长期保持优势生长者叫"干性强"，反之"干性弱"。

不同树种的层性和干性强弱不同。凡是顶芽及其附近数芽发育特别良好，顶端优势强的树种，层性、干性就明显。裸子植物的银杏、松、杉类干性很强，层性也较强；柑橘、桃等由于顶端优势弱，层性与干性均不明显。干性强弱是构成树干骨架的重要生物学依据，对研究园林树形及其演变和整形修剪有重要意义。

（四）园林植物各器官的生长发育

1. 根系的生长

根系在一年的生长过程中一般都表现出一定的周期性，其生长周期与地上部分不同，但与地上部分的生长密切相关，二者往往呈现出交错生长的特点，而且不同树种表现也有所不同。一般来说，根系生长所要求的温度比地上部分萌芽所要求的温度低，因此春季根系开始生长比地上部分早。有些亚热带树木的根系活动要求温度较高，如果引种到温带冬春较寒冷的地区，由于春季气温上升快，地温的上升还不能满足植物根系生长的要求，也会出现先萌芽后发根的情况，出现这种情况不利于植物的整体生长发育，有时还会因地上部分活动强烈而地下部分的吸收功能不足导致植物死亡。

树木的根一般在春季开始生长后即进入第一个生长高峰，此时根系生长的长度和发根数量与上一生长季节树体贮藏的营养物质水平有关，如果在上一生长季节中树木的生长状况良好，树体贮藏的营养物质丰富，根系的生长量就大，吸收功能增强，地上部分的前期生长也好。在根系开始生长一段时间后，地上部分开始生长，而根系生长逐步趋于缓慢，此时地上部分的生长出现高峰。当地上部分生长趋于缓慢时，根系生长又会出现一个大的高峰期，即生长速度快、发根数量大，这次生长高峰过后，在树木落叶后还可能出现一个小的根系生长高峰。

一年中，树木根系生长出现高峰的次数和强度与树种和年龄有关，根在年周期中的生长动态还受当年地上部分生长和结实状况的影响，同时还与土壤温度、水分、通气及营养状况密切相关。因此，树木根系年生长过程中表现出高峰和低谷交替出现的现象，是上述因素综合作用的结果，只是在一定时期内某个因素起着主导作用。

树体有机养分和内源激素的积累状况是影响树木根系生长的内因，而土壤温度和土壤水分等环境条件是影响根系生长的外因。夏季高温干旱和冬季低温都会使根系生长受到抑制，使根系生长出现低谷。而在整个冬季，虽然树木枝芽已经进入休眠状态，但根系却并未停止活动。另外，在生长季节内，根系生长也有昼夜动态变化节律，许多树木的根系夜间生长量和发根量都多于白天。

在树木根系的整个生命周期中，幼年期根系生长快，其生长速度一般都超过地上部分，但随着年龄的增加，根系生长速度趋于缓慢，并逐渐与地上部分的生长形成一定的比例关系。另外，根系生长过程中始终有局部自疏和更新的现象，从根系生长开始一段时间后就会出现吸收根的死亡现象，吸收根逐渐木栓化，外表变为褐色，逐渐失去吸收功能；有的轴根演变成起输导作用的输导根，有的则死亡。须根自身也有一个小周期，其更新速度更快，从形成到壮大直至死亡一般只有数年的寿命。须根的死亡，起初发生在低级次的骨干根上，其后在高级次的骨干根上，以至于较粗的骨干根后部几乎没有须根。

根系的生长发育很大程度受土壤环境的影响，以及与地上部分的生长有关。在根系生长达到最大根幅后，也会发生向心更新。另外，由于受土壤环境的影响，根系的更新不那么规则，常出现大根季节性间歇死亡，随着树体的衰老根幅逐渐缩小。有些树种，进入老年后发生水平根基部的隆起。

当树木衰老，地上部分濒于死亡时，根系仍能保持一段时期的寿命。利用根的此特性，我们可以进行部分老树复壮工程。

2. 枝的生长

树木每年都通过新梢生长来不断扩大树冠，新梢生长包括加长生长和加粗生长两个方面。一年内枝条生长增加的粗度与长度，称为年生长量。在一定时间内，枝条加长和加粗生长的快慢称为生长势。生长量和生长势是衡量树木生长状况的常用指标，也是评价栽培措施是否合理的依据之一。

（1）枝条的加长生长：一般是通过枝条顶端分生组织细胞群的细胞分裂伸长而实现的。加长生长的细胞分裂只发生在顶端，伸长则延续至几个节间。随着距顶端距离的增加，伸长逐渐减缓。新梢的加长生长并不是匀速的，一般都会表现出慢—快—慢的生长规律。多数树种的新梢生长可划分为以下三个时期：

①开始生长期：叶芽幼叶伸出芽外，随之节间伸长，幼叶分离。此期的新梢生长主要依据树体在上一生长季节贮藏的营养物质，新梢生长速度慢，节间较短，叶片由前期形成的芽内幼叶原始体发育而成，其叶面积较小，叶形与后期叶有一定的差别，叶的寿命也较短，叶腋内的侧芽发育也较差，常成为潜伏芽。

②旺盛生长期：从开始生长期之后，随着叶片的增加和叶面积的增大，枝条很快进入旺盛生长期。此期形成的枝条，节间逐渐变长，叶片的形态也具有了该树种的典型特征，叶片较大，寿命长，叶绿素含量高，同化能力强，侧芽较饱满，此期的枝条生长由利用贮藏物质转为利用当年的同化物质。因此，上一生长季节的营养贮藏水平和本期肥水供应对新梢生长势的强弱有决定性影响。

③停止生长期：旺盛生长期过后，新梢生长量减小，生长速度变缓，节间缩短，新生叶片变小。新梢从基部开始逐渐木质化，最后形成顶芽或顶端枯死而停止生长。枝条停止生长的早晚与树种、部位及环境条件关系密切。一般来说，北方树种早于南方树种，成年树木早于幼年树木，观花和观果树木的短果枝或花束状果枝早于营养枝，树冠内部枝条早于树冠外围枝，有些徒长枝甚至会因没有停止生长而受冻害。土壤养分缺乏、透气不良、干旱等不利环境条件都能使枝条提前 1~2 个月结束生长，而氮肥施用量过大，灌水过多或降水过多均能延长枝条的生长期。在栽培中应根据目的合理调节光、温、肥、水，来控制新梢的生长时期和生长量，加上合理的修剪，促进或控制枝条的生长，达到园林树木培育的目的。

（2）枝的加粗生长：树干及各级枝的加粗生长都是形成层细胞分裂、生长、分化的结果。在新梢加长生长的同时，也进行加粗生长，但加粗生长高峰稍晚于加长生长，停止也较晚。新梢生长越旺盛形成层活动也越强烈，持续时间也越长。秋季由于叶片积累大量光合产物，因而枝干明显加粗。一般幼树加粗生长持续时间比老树长，同一树体上新梢加粗生长的开始期和结束期都比老枝早，而大枝和主干的加粗生长从上到下逐渐停止，以根茎结束最晚。

3. 叶和叶幕的形成

叶片是由叶芽中前一年形成的叶原基发展起来的，其发育自叶原基出现以后，经过叶片、叶柄（或托叶）的分化，直到叶片的展叶和叶片停止增长为止，构成了叶片的整个发育过程。其大小与前一年或前一生长时期形成叶原基时的树体营养状况和当年叶片生长条件有关。

树木叶片具有相对稳定性，但是栽培措施和环境条件对叶片的发育特别对叶片大小有明显影响。叶的大小和厚度以及营养物质的含量在一定程度上反映了树木发育的状况。在肥水不足、管理粗放的条件下，一般叶小而薄，营养元素的含量低，叶片的光合效能差；在肥水过多的情况下叶片大，植株趋于徒长。叶片营养物质含量的多少，常作为叶分析营养诊断的基础。

不同叶龄的叶片在形态和功能上差别明显，幼嫩叶片的叶肉组织量少，叶绿素浓度低，光合功能较弱，随着叶龄的增大，单叶面积增大，生理活性增强，光合效能大大提高，直到达到成熟并持续相当时间后，叶片会逐步衰老，各种功能也会逐步衰退。

叶幕是指树冠内叶片集中分布的区域，它是树冠叶面积总量的反映。随树龄、整形、栽培的目的与方式不同，园林树木叶幕形态和体积也不相同。幼树时期，由于分枝尚少树冠内部的小枝多，树冠内外都能见光，叶片分布均匀，树冠形状和体积与叶幕形状和体积基本一致。无中心主干的成年树，其叶幕与树冠体积不一致，小枝和叶多集中分布在树冠表面，叶幕往往仅限于树冠表面较薄的一层，多呈弯月形叶幕。有中心主干的成年树树冠多呈圆头形，到老年多呈钟形叶幕。落叶树木叶幕在年周期中有明显的季节变化，也常表现慢—快—慢这种"S"形曲线式生长过程。

落叶树木的叶幕，从春天发叶到秋天落叶，大致能保持5～10月的生活期，而常绿树木，由于叶片生存期长，多半可达一年以上，而且老叶多在新叶形成之后脱落，叶幕比较稳定。

4. 花芽分化和开花

（1）花芽分化

生长点由叶芽状态开始向花芽状态转变的过程，称为花芽分化。花芽分化是开花结实的基础，是具备一定年龄的植物，由营养生长转向生殖生长的生理和形态指标。在自然状态下，成花诱导主要受低温和光周期的影响。通常一二年生的草花如三色堇、紫罗兰等，成花诱导既需低温又需长日照。多年生花木月季、紫薇等，其花芽分化多在夏季长日照及高温下于新梢上发生；夏季休眠的球根花卉如郁金香、水仙、风信子等，当营养体达到一定大小时，在高温下分化花芽；许多秋、冬季开花的草本、木本花卉，其花芽分化需在短日照条件下，如一品红、菊花等。

花芽分化开始时期和延续时间的长短，以及对环境条件的要求因植物种类（品种）、地区、年龄等的不同而异。根据不同植物花芽分化的特点，可以分为夏秋分化型、冬春分化型、当年分化型、多次分化型和不定期分化型五种类型。

①夏秋分化型：绝大多数早春和春夏开花的观花植物，如海棠、榆叶梅、樱花、迎春、连翘、玉兰、紫藤、丁香、牡丹、杨梅、山茶（春季开花的）、杜鹃等，属于夏秋分化型。其花芽在前一年夏秋（6～8月）开始分化，并延续至9～10月间才完成花器主要部分的分化。此类植物花芽的进一步分化与完善还需经过一段低温，直到第二年春天才能进一步完成性器官的分化。夏季休眠分化花芽的秋植球根花卉和夏季生长期分化花芽的春植球根花卉亦属于此类型。

②冬春分化型：原产亚热带、热带地区的某些植物，一般秋梢停止生长后至第二年春季萌芽前，即于11月至次年4月这段时期中完成花芽的分化。如柑橘类的柑和橘常从12月至次春3月间分化花芽，其分化时间较短并连续进行。另外一些二年生花卉和春季开花的宿根花卉也在冬春季温度较低时进行花芽分化。

③当年分化型：许多夏秋开花的植物，如木槿、槐、紫薇、珍珠梅、荆条及夏秋开

花的一年生及宿根花卉，如鸡冠花、翠菊、萱草等，不需要经过低温阶段即可完成花芽分化。

④多次分化型：在一年中能多次抽梢，每抽一次梢就分化一次花芽并开花的植物属于多次分化型。如茉莉花、月季、葡萄、无花果、金柑和柠檬等。其中一些一年生花卉，只要营养体达到一定大小，即可在夏季气温较高的较长时间内，多次形成花蕾和开花。开花迟早以所在地区及播种出苗期等确定。

⑤不定期分化型：这种类型每年不定期一次分化花芽，达到一定叶面积即可开花。主要取决于个体养分的积累，如凤梨科、芭蕉科、棕榈科的某些植物种类。

（2）开花

花粉粒和胚囊发育成熟，花被展开，雌雄蕊裸露的现象称为开花。不同植物开花顺序、开花时期有很大差异。

①开花顺序

不同树种开花先后不同：同一地区不同植物在一年中的开花时间早晚不同，除特殊小气候环境外，各种植物每年的开花先后有一定顺序。如在北京地区常见树木的开花顺序是：银芽柳、毛白杨、榆、山桃、玉兰、加杨、小叶杨、杏、桃、绦柳、紫丁香、紫荆、核（胡）桃、牡丹、白蜡、苹果、桑、紫藤、构树、栓皮栎、刺槐、苦楝、枣、板栗、合欢、梧桐、木槿、国槐等。

同一植物不同品种开花早晚不同：同一地区同种植物的不同品种之间，开花时间也有一定的差别，并表现出一定的顺序。如在北京地区，碧桃的"早花白碧桃"于3月上旬开花，而"亮碧桃"则要到下旬开花。有些品种较多的观花树种，可按花期的早晚分为早花、中花和晚花三类，在园林植物栽培和应用中也可以利用其花期的不同，通过合理配置来延长和改善其美化效果。

同株植物不同部位枝条或花序的开花先后不同：同一植株个体上不同部位的开花早晚有所不同，一般是短花枝先开，长花枝和腋花芽后开。向阳面比背阴面的外围枝先开。同一花序的不同植物开花早晚也可能不同，具伞形花序的苹果，其中心花先开；而同具伞形花序的梨，则边花先开。这些特性多数是有利于延长花期的，掌握这些特性也可以在园林植物栽培和应用中提高其美化效果。

②开花类型

植物在开花与展叶的时间顺序上也常常表现出不同的特点，常分为先花后叶型、花叶同放型和先叶后花型三种类型。在园林植物配置和应用中了解树木的开花类型，通过合理配置，可提高绿化美化效果。

先花后叶型：此类植物在春季萌动前已完成花器分化。花芽萌动不久即开花，先开花后展叶。如：银芽柳、迎春花、连翘、桃、梅、杏、李、紫荆等，有些能形成一定繁花的景观，如白玉兰、山桃花等。

花叶同放型：此类植物开花和展叶几乎同时，花器也是在萌芽前已完成分化，开花时间比前一类稍晚。如先花后叶类中的桃与紫藤中的某些开花晚的品种与类型。多数能在短枝上形成混合芽的树种也属此类，如苹果、海棠、核桃等，混合芽虽先抽枝展叶而后开花，但多数短枝抽生时间短，很快见花。

先叶后花型：此类树木多数是在当年生长的新梢上形成花器并完成分化，萌芽要求的气温高，一般于夏秋开花。是树木中开花最迟的一类，如木槿、紫薇、凌霄、国槐、桂花、珍珠梅等，有些甚至能延迟到晚秋，如枇杷、茶树等。

③花期

花期即开花时期的延续时间。花期的长短受植物种类、品种、外界环境以及植株营养状况的影响，为了合理配置和科学管护，提高美化效果，应了解不同园林植物的花期。

不同植物花期不同：由于园林植物种类繁多，几乎包括各种花器分化类型的树木，加上同种花木品种多样，在同一地区，树木花期延续时间差别很大，从1周到数月不等。杭州地区，开花短者约6~7天（白丁香6天，金桂、银桂7天）；长的可达100~240天（茉莉可开112天，六月雪可开117天，月季最长可达240天左右）。在北京地区，开花短的只有7~8天（如山桃、玉兰、榆叶梅等），开花长的可达60~131天（如木槿可达60天，紫薇70天以上，珍珠梅可开131天）。

具有不同开花时期的植物花期的长短也不同，早春开花的多在秋冬季节完成花芽分化，到春天一旦温度合适就陆续开花，一般花期相对短而开花整齐；而夏季和秋季开花的，花芽多在当年生枝上分化，分化早晚不一致，开花时间也不一致，加上个体间的差异使其花期持续时间较长。

年龄不同、植株营养不同花期不同：同种植物，青壮年植株比衰老植株花期长而整齐；植物营养状况好，花期延续时间长。

天气状况不同，花期长短不同：花期遇冷凉潮湿天气时花期可以延长，而遇到干旱高温天气时则缩短。在不同小气候条件下，开花期长短不同。如在树荫下、大树北面和楼房等建筑物背后生长的植物花期长，但由于这些原因而延长花期时，花的质量往往受影响。

花期的提前与错后，一般可通过调节环境温度和阻滞植物体升温加以控制。对盆栽花木，可根据不同树种、品种习性，采用适当遮光、降低温度、增加湿度等延长花期。

5. 果实的生长发育

园林植物栽培中也会栽植许多观果类植物，其目的主要是因为果的"奇"（奇特、奇趣）、"丰"（给人以丰收的景象）、"巨"（果大给人以惊异）和"色"（果色多样而艳丽）能提高植物的观赏和美化价值。

园林植物果实的生长发育是指从花谢子房开始膨大到果实完全成熟为止。各类果实生长发育所需时间长短不一。松柏类球果，头年受精，第二年才发育成熟，历时1年以上。杨、柳、榆等果实从受精至果熟仅需数十天，在当年夏季即可采收。果熟期的长短同样受自然条件的影响，高温干燥，果熟期缩短，低温潮湿，果熟期延长；山地条件、排水好的地方果熟期早；而果实外表受伤或被虫蛀食后成熟期也会提早。

（五）园林植物各器官生长发育的相关性

园林植物是统一的生物有机体，在其生长发育的过程中，各器官和组织的形成及生长表现为相互促进或相互抑制的现象，称为相关性。

1. 地上部分和地下部分的相关性

"根深叶茂，本固枝荣。"这句话充分说明了树木地上部分树冠的枝叶和地下部分根系之间相互联系和相互影响的辩证统一关系。枝叶主要功能是制造有机营养物质，为植物各部分的生长发育提供能源。枝叶在生命活动和完成其生理功能的过程中，需要大量的水分和营养元素，必须借助于根系的强大吸收功能。根系发达而且生理活动旺盛，可以有效地促进地上部分枝叶的生长发育。同样根系的良好生长，必须依靠叶片光合作用提供有机营养与能源，繁茂的枝叶可以促进根系的生长发育，提高根系的吸收功能。当枝叶受到严重的病虫危害后光合作用功能下降，根系得不到充分的营养供应，根系的生长和吸收活动就会减弱，从而影响到枝叶的光合作用，使树木的生长势衰弱。另外，根系生长所需要的维生素、生长素是靠地上部分合成后向下运供应的，而叶片生长所需要的细胞分裂素等物质，又是在根内合成后向上运供应的。

地上部分与地下部分的相对生长强度，通常用根冠比来表示。土壤比较干旱、氮肥少、光照强的条件下，根系的生长量大于地上部分枝叶的生长量，根冠比大；反之，土壤湿润、氮肥多、光照弱、温度高的条件下，地上枝叶生长量高于地下根系生长量，根冠比小。

2. 营养器官和生殖器官的相关性

植物的营养器官和生殖器官虽然在生理功能上有区别，但它们的形成都需要大量的光合产物，生殖器官所需的营养物质是由营养器官供给的，良好的营养生长是生殖器官正常生长发育的基础。通常两者的生长是协调的，但有时会产生因养分的争夺，造成生长和生殖的矛盾。

一般情况下，当植株进入生殖生长占优势时，营养体的养分便集中供应生殖器官。一次开花的植物，当开花结实后，其枝叶因养分耗尽而枯死；多次开花的植物，开花结实期枝叶生长受抑制，当花果发育结束后，枝叶仍然恢复生长。

在肥水供应不足的情况下，枝叶生长不良，而使开花结实量少或不良，或是引起树势衰弱，造成植株过早进入生殖阶段，开花结实提早。当水分和氮肥供应过多时，不仅会造成枝叶徒长，而且会由于枝叶旺长消耗大量营养物质而使生殖器官生长得不到充足的养分，出现花芽分化不良、开花迟、落花落果或果实不能充分发育。栽培上利用控制水肥、合理修剪、抹芽或疏花及疏果等措施，来调节营养生长和生殖生长发育的关系。

3. 极性与顶端优势

极性是指植物体或其离体部分的两端具有不同生理特性的现象。根部从形态学下端长出，而新梢从形态学上端长出。极性现象的产生是因为生长素的极性运输，生长素的向下极性运输使茎的下端积累了较多的生长素，有利于根的形成，而生长素浓度较低的形态学上端则长出芽来。因此，在生产上进行扦插繁殖时，应避免倒插，以便发生的新根能在土中生长，而新梢能顺利地伸长进行光合作用，促进插条成活。

顶端优势的产生也与生长素的极性运输有关。顶端形成的生长素向下运输，从而使侧芽附近的生长素浓度加大，抑制侧芽的生长。去除顶芽，就促进了侧芽的生长。

四、园林植物与环境

环境是指植物生存地点周围一切空间因素的总和，是植物生存的基本条件。任何植物都是在自身的遗传与环境的统一下来完成自己的生命过程。环境因子的变化直接影响植物生长发育的进程和生长质量。只有在适宜的环境中，植物才能生长发育良好，花繁叶茂。环境因子包括气候因子（光照、温度、水分、空气等）、土壤因子、地形地势因子、生物因子（植物、动物、微生物等）及人类活动等方面，又称为生态因子。

植物的生长发育与外界环境之间的关系是十分复杂的，只有认真研究，掌握其规律，根据植物的生长特性，创造适宜的环境条件，并制定合理的栽培技术措施，才能促进园林植物正常生长发育，达到美化环境、增强其观赏价值的目的。

（一）气候因子与园林植物

1. 光照

光照是植物生命活动中起重大作用的生存因子。光对植物生长发育的影响，主要表现在光照强度、光照持续时间和光质三个方面。在一定的光照强度下，植物才能进行光合作用，积累碳素营养；适宜的光照，能使生长健壮，着花多，色艳香浓。提高光能利用率，是园林植物栽培的重要研究内容之一。

（1）光照强度对园林植物生长的影响

园林植物需要在一定的光照条件下完成生长发育过程，但由于不同植物在器官构造上存在较大差异，要求不同的光强来维持其生命活动，根据植物需光量的不同，一般可将其分为三种类型：

①阳性植物：在强光环境中才能生长发育健壮、在荫蔽和弱光条件下生长发育不良的植物。植物一般枝叶稀疏、透光，叶色较淡，生长较快，自然整枝良好，但寿命较短。典型的阳性植物如松、桦木、银杏、桉树、月季、仙人掌等。

②阴性植物：能耐受遮阴，在较弱的光照条件下比在强光下生长良好的植物。植株一般枝叶浓密、透光度小，叶色较深，生长较慢，但寿命较长。如冷杉、红豆杉、八角金盘等即属于阴性植物。

③中性植物：介于上述两者之间，比较喜光，稍受荫蔽亦不致受损害，或者在幼苗期较耐庇荫，随着年龄的增长逐渐表现出不同程度的喜光特性的都为中性植物。如元宝枫、圆柏、侧柏、七叶树、核桃、杜鹃、栀子花等都属于中性植物。

植物的需光强度与其原生地的自然条件有关，生长在我国南部低纬度、多雨地区的热带、亚热带常绿植物如椰子、柑橘、枇杷等，对光的要求就低于原生于北部高纬度地区的落叶植物如落叶松、杨树、桃等。此外，同一植物对光照的需要还随生长环境、本身的生长发育阶段和年龄的不同而有差异，在一般情况下，在干旱瘠薄的环境下生长的比肥沃湿润环境下生长的需光性大，常常表现出阳性树种的特征。有些树木在幼苗阶段需要一定的庇荫条件，随着年龄的增长，需光量逐渐增加。由枝叶生长转向花芽分化的交界期间，光照强度的影响更为明显，此时如光照不足，花芽分化困难，不开花或开花少。如喜强光的月季，在庇荫处生长，枝条节间长，叶大而薄，很少开花。

栽培地点的改变，植物的喜光性也常会改变，如原产热带、亚热带的植物，原属阳性，但引到北方后，夏季却需要适当遮阴，如铁树等，这是由于原产地雨水多，空气湿度大，光的透射能力较弱，光照强度比多晴少雨、空气干燥的北方要弱的原因。

（2）光周期对园林植物生长的影响

光照持续时间的长短对园林植物的生长发育也具有重要影响。一天中昼夜长短的变化称为光周期。有些植物需要在昼短夜长的秋季开花，有的只能在昼长夜短的夏季开花。根据植物对光周期的反应和要求，可将园林植物分为三类：

①长日照植物：需要较长时间的日照才能开花，通常需要14h以上的光照延续时间才能实现由营养生长向生殖生长的转化。如日照长度不足，或在整个生长期中始终得不到所需的长日照条件，则会推迟开花甚至不能开花。如荷花、唐菖蒲等。

②短日照植物：较短的日照条件才促进开花，光照延续时间超过一定限度则不开花或延迟开花，一般需要14h以上的黑暗才能形成花芽，并且在一定范围内，黑暗时间越长，开花越早。如叶子花、一品红等。

③日中性植物：对光照时间长短不甚敏感的植物，如月季、紫薇、香石竹等，只要温度、湿度等条件适宜，几乎一年四季都能开花。

光周期现象在很大程度上与原产地所处的纬度有关，是植物在进化过程中对日照长短适应性的表现，也是决定其自然分布的因素之一。短日照植物一般起源于低纬度的南方，长日照植物则是起源于高纬度的北方，所以越是北方的种或品种，要求临界日长越长；越是南方的种或品种，要求临界日长越短。在临近赤道的低纬度地带，一般长日照植物不能开花结实，不能繁殖后代。而在高纬度地带，短日照植物不能在那里完成发育，在中纬度地带，各种光周期类型的植物都可生长，只是开花季节不同。了解植物对日照长度的生态类型，对于植物的引种工作极为重要。一般说来，短日照植物由南方向北方引种时，由于北方生长季节内的日照时数比南方长，气温比南方低，往往出现营养生长期延长，发育推迟的现象。

植物生长中常利用植物的光周期现象，通过人为控制光照和黑暗时间的长短，来达到提前或延迟开花的目的。

（3）光照对花色的影响

花卉的着色主要靠花青素，花青素只能在光照条件下形成，在散射光下比较难以形成。高山花卉较低海拔花卉色彩艳丽；同一种花卉，在室外栽植较室内开花色彩艳丽，花青素在强光、直射光下易形成，而弱光、散射光下不易形成。Harder等人研究指出，具蓝和白复色的矮牵牛花朵，其蓝色部分和白色部分的比例变化不仅受温度影响，还与光强和光的持续时间有关。通过不同光强和温度共同作用的实验表明，随温度升高，蓝色部分增加；随光强增大，则白色部分变大。玫瑰在弱光下会因缺乏碳水化合物而使红色变淡。因此室外花色艳丽的盆花，移入室内栽培较久后，会逐渐褪色。如欲保持菊花的白色，必须遮挡光线，抑制花青素的形成，否则在阳光下，白花瓣易变成稍带紫红色，失去种性。

光线的强弱还与花朵开放时间有关。午时花、半枝莲在中午强光下开放，下午光线变弱后即闭合，雨天不开；紫茉莉在傍晚开放，至早晨就闭合，牵牛花在光照较强时也闭合。

2. 温度

（1）温度对植物生长的影响

温度是植物生存的重要因子，它决定着植物的自然分布，是不同地域植物组成差异的主要原因之一。温度又是影响植物生长速度的重要因子，对植物的生长、发育以及生理代谢活动有重要的影响。热带、亚热带地区生长的植物对温度要求较高，原产温带、寒带地区的植物对温度要求则较低。把热带、亚热带植物种植到北方，常因气温太低不能正常生长发育，甚至冻死。而喜气温凉爽的北方植物移到南方种植，常因冬季低温不够而生长不良或影响开花。根据植物对温度要求的不同，可将植物分为喜热植物、喜温植物和耐寒植物三种。喜热植物如榕树、米兰、茉莉、叶子花等，喜温植物如杜鹃、桂花、香樟等，耐寒植物如丁香、牡丹、连翘、白桦等。因此，在引种栽培时必须了解植物其原产地的温度要求，合理引种。

昼夜温度有节律的变化称为温周期。昼夜温差大对植物生长有利，是因为白天温度高有利于植物光合作用，光合作用合成的有机物多，夜间适当低温使呼吸作用减弱，消耗的有机物质减少，使得植物净积累的有机物增多。光合作用净积累的有机物越多，对花芽形成越有利，开花就越多。但也不是温差越大越好，据研究，大多数植物昼夜温差以8℃左右最为合适，如果温差超过这一限度，不论是昼温过高，或夜温过低，都对植物的生长与生殖有不良的影响。

（2）温度对植物的发育及花色的影响

温度对植物发育的影响，首先表现在春化作用。一些植物在个体发育中，必须经过低温才能诱导成花，否则不能正常开花，这种低温促进植物开花的作用叫春化作用。如风信子、郁金香等球根花卉和一二年生的草花在其个体发育中必须通过低温诱导才能开花。但不同植物春化温度要求不同，一般秋植花卉春化温度较低，为0~10℃，春播一年生草花春化温度较高，在温暖时播种仍能正常开花。一些植物花芽分化需要的最适温度为：杜鹃、山茶25℃，水仙花13~14℃，八仙花10~15℃，桃树27~30℃。但这些植物花芽分化后，也必须经过冬季的低温才能正常开花，否则花芽发育受阻，花朵异常。

温度也是影响花色的主要环境条件，一般花色随温度的升高、阳光的加强而变淡。如月季花在低温下呈深红色，在高温下呈白色。菊花、翠菊在寒冷地区花色较温暖的地区花色浓艳。大丽花在温暖地区栽培，即使夏季开花，花色也暗淡，到秋凉气温降低后花色才艳丽。另外如前述的矮牵牛的蓝和白的复色品种，开蓝色花或是白色花，受温度影响很大。如果在30~35℃高温下，开花繁茂时，花瓣完全呈蓝色或紫色；可是在15℃条件下，同样开花很繁茂时，花色呈白色。而在上述两者之间的温度下，就呈现蓝白复色花，且蓝色和白色的比例随温度而变化，温度变化近于30~35℃时，蓝色部分增多，温度变低时，白色部分增多。

（3）土温对植物生长的影响

根系生长在土壤中，土温的高低直接影响根系的生长。土温低不利于根系吸收水分和养分，从而影响植物生长。在土温低且蒸腾过猛时，植物因组织脱水而受到损伤，因此在炎热的夏季，尤其在中午前后，如在土温最高时给植物浇冷水，会使土温骤降，根系吸水能力急剧降低，不能及时供应地上部分蒸腾需要，会引起植物暂时萎蔫。土壤供水也在一定程度上受温度影响，因为高温加速水分从土表的蒸发。

北方地区由于冬季过于严寒，土壤冻结很深，根系无法吸收水分供蒸腾消耗，常会引起生理干旱。如果在入冬后，将雪堆放在植物根部，能提高土温，使土壤冻结层变浅，深层的根系仍能活动，可缓解冬季失水过多的矛盾。

（4）极端温度对植物生长的危害

各种植物的生长、发育都要求有一定的温度条件，植物的生长和繁殖要在一定的温度范围内进行。在此温度范围的两端是最低和最高温度。低于最低温度或高于最高温度都会引起植物体死亡。最低与最高温度之间有一最适温度，在最适温度范围内植物生长繁殖得最好。

当气温接近植物生存上限时，植物生长不良，超过上限，短时间即可使植物死亡。这主要是高温使光合作用减弱，呼吸作用增强，营养物消耗大于积累，植物因饥饿而死亡。另外高温还可破坏植物的水分平衡，促使蛋白质凝固和导致有害代谢产物在体内的积累。如观叶植物在高温下叶片会褪色失绿，观花植物花期缩短或花瓣焦灼。一些树皮薄的树木或朝南面的树皮会受日灼。

植物原产地不同，对高温的忍受能力也不同。米兰在夏季高温时生长旺盛，花香浓郁；而仙客来、水仙、郁金香等，因不能忍受夏季高温而休眠。一些秋播花卉在盛夏来临前即干枯死亡。同一植物在不同生育期，耐高温的能力也不同，种子期最强，开花期最弱。在栽培过程中，应适时采用降温措施，如喷淋水、遮阴等，使植物安全越夏。

低温伤害指植物在能忍受的极限低温以下所受到的伤害。其外因主要取决于降温的强度，持续的时间和发生的季节；内因主要取决于植物本身的抗寒能力。低温对植物的伤害有寒害和冻害。寒害指0℃以上的低温对植物造成的伤害。多发生于原产热带和亚热带南部地区喜温的植物。冻害是指0℃以下的低温使组织结冰对植物造成的伤害。不同植物对低温的抵抗力不同，同一植物在不同的生长发育时期，对低温的忍受能力也有很大差别：休眠种子的抗寒力最高，休眠植株的抗寒力也较高，而生长中的植株抗寒力明显下降。经过秋季和初冬冷凉气候的锻炼，可提高植物抗寒力。另外在管理中可通过地面覆盖秫秸、落叶、塑料薄膜、设置风障等措施减少寒害的发生。

3. 水分

水分是植物体的基本组成部分，植物体内的一切生命活动都是在水的参与下进行的。植物生长离不开水，但水分过多或不足都会对植物产生不良的影响。资料表明，当土壤含水量降至10%～15%时，许多植物的地上部分停止生长，当土壤含水量低于7%时，根系停止生长，同时由于土壤溶液浓度过高，根系水分发生外渗，引起烧根甚至死亡；另外，水分不足会使花芽分化减少，缩短花期，影响观赏效果。反之如水分过多，会使土壤中的空气流通不畅，二氧化碳相对增多，氧气缺乏，有机质分解不完全，促使一些有毒物质积累，阻碍酶的活动，影响根系的吸收，使植物根系中毒。一般情况下，常绿阔叶树种的耐淹力低于落叶阔叶树种，落叶阔叶树种浅根性树种的耐淹力较强。

不同类型的植物对水分多少的要求不同，即使是同一种植物在不同的生长发育时期、不同的季节对水分的需求量也不同。根据植物对水分需求量的大小和要求，可将植物分为以下4类：

（1）旱生植物　具有极强的抗旱能力，在生长环境中只要少量的水分就能满足生长发育的需要，甚至在空气和土壤长期干燥的情况下也能保持活动状态的植物。这类植物一般具有根系发达、树冠稀疏、叶小质厚等特点，有的具有发达的贮水组织。如石榴、扁桃、无花果、沙棘、麻黄、沙拐枣、葡萄、杏、骆驼刺、夹竹桃、腊梅、仙人掌、景天等。

（2）湿生植物　要求土壤与空气潮湿，在土壤短期积水时可以生长，不能忍受较长时间的水分不足，有的即便根部延伸水中数月也不影响生长。这类植物具有根系不发达，根毛数量少，叶大而薄，栅栏组织不发达，气孔多且经常开放等特点，有的具有膝状根等。如水杉、池杉、枫杨、落羽杉、水松、柽柳、垂柳、杞柳、水仙、香蒲、毛茛等。

（3）中生植物　介于旱生和湿生植物之间的植物，绝大多数园林植物属于此类。

（4）水生植物　植物的全部或一部分，必须在水中才能生长的植物。如浮萍、荷花、菖蒲、睡莲、王莲等。

4. 风

风对园林植物的影响是多方面的。轻微的风能帮助植物传递花粉，加强蒸腾作用，提高根系的吸收能力，促进气体交换，改善光照，促进光合作用，消除辐射霜冻，减少病原菌等。

大风对植物有伤害作用。冬季大风易引起植物的生理干旱。花、果期如遭遇大风，会造成大量落花落果；强风会折断树干，尤其在风雨交加的台风天气，极易使树木倒伏。

风可以改变植物所处的环境温度、湿度和空气中二氧化碳的浓度等，间接影响植物的生长发育。

（二）土壤因子与园林植物

土壤是园林植物安身立命之地。园林植物在生长发育过程中，不断从土壤中获得水分和养分，以满足植物生长需要。土壤的结构、厚度及理化性质的不同，会影响到土壤中的水、肥、气、热的状况，进而影响到植物的生长。

1. 土壤质地与厚度

土壤质地与厚度关系到土壤肥力的高低，含氧量的多少。一般情况下，当土壤含氧量在12%时，根系才能正常地生长和更新。所以大多数植物要求在土质疏松、深厚肥沃的壤质土壤中生长。壤质土的肥力水平高，微生物活动频繁，能分解出大量的养分，且保肥能力强。同时，深厚的土层又有利于根系向下生长，使根系分布更深，抗逆性更强。

植物种类繁多，喜肥耐瘠能力各不相同。根据对土壤肥力要求的不同，可将植物分为耐瘠薄植物、喜肥植物和中土植物三类。耐瘠薄植物如马尾松、油松、刺槐、桤木等，可以在土质较差，肥力较低的土壤中栽植。喜肥树种如梅花、梧桐、榆树、槭树、核桃等应栽植在深厚、肥沃和疏松的土壤中，否则生活不良。当然，耐瘠薄植物如栽植在深厚、肥沃的土壤中则会生长更好。

2. 土壤酸碱度

土壤酸碱度是土壤的很多化学物质特别是盐基状况的综合反映，它对土壤的一系列肥力性质有深刻影响。土壤中微生物的活动，有机质的合成与分解，氮、磷等营养元素转化与释放，微量元素的有效性，土壤保持养分的能力，都与土壤酸碱度有关。每种植物都要求在一定的土壤酸碱度下生长，根据植物对土壤酸碱度要求的不同，可将其分为三类：

（1）酸性植物　土壤 pH 值在 6.5 以下时，生长良好，如山茶、杜鹃、马尾松、栀子花、柑橘等。在碱性土或钙质土上不能生长或生长不良。

（2）中性植物　土壤 pH 值在 6.5～7.5 之间时，生长良好。如菊花、杉木、矢车菊、雪松、杨、柳等大多数园林植物。

（3）碱性植物　土壤 pH 值在 7.5 以上时，植物仍生长良好。如柏木、朴树、紫穗槐、柽柳、石竹、非洲菊等，在酸性土壤上生长不良。

3. 土壤的通气状况

如前所述，当土壤含氧量在 12% 时，根系才能正常地生长和更新，当土壤通气孔隙度减少到 9% 以下时，根因严重缺氧，进行无氧呼吸而产生酒精积累，引起根中毒死亡，同时，由于土壤氧气不足，土壤内微生物繁殖受到抑制，靠微生物分解释放养分减少，降低了土壤有效养分含量和植物对养分的利用。土壤淹水会造成通气不良，黏重土和下层具有横生板岩或白干土时，也会造成土壤通气不良。

各种植物对土壤通气条件要求不同，可生长在低洼水沼地的越橘、池杉忍耐力最强；而生长在平原和山上的桃、李等对缺氧反应最敏感。

4. 土壤水分

矿质营养物质只能在有水的情况下才被溶解和利用，所以土壤水分是提高土壤肥力的重要因素，肥水是不可分的。一般树木根系生长的土壤含水量约等于土壤最大田间持水量为 60% ~ 80%。当土壤含水量降至某一限度时，即使温度和其他因子都适宜，根系生活也会受到破坏，植物体内水分平衡将被打破。通常落叶树在土壤含水量为 5% ~ 12% 时叶片凋萎（葡萄 5%、桃 7%、梨 9%、柿 12%）。干旱时土壤溶液浓度增高，根系非但不能正常吸水反而产生外渗现象，所以施肥后强调立即灌水以维持正常的土壤溶液浓度。据研究，根在干旱状态下受害，远比地上部分出现萎蔫要早，即植物根系对干旱的抵抗能力要比叶片低得多。但轻微的干旱对根系的生长发育有好处，轻微干旱可以改变土壤通气条件，抑制地上部分生长，使较多的养分优先供于根群生长，促发大量新根形成，从而有效利用土壤水分和矿物质，提高根系和植物的耐旱能力。在园林植物栽培中，常常采用"蹲苗"的方法促使植物发根，提高抗旱能力。土壤水分过多，会使根系通气状况恶化，造成缺氧，同时水分过多，会产生硫化氢、甲烷等有害气体，毒害根系。

5. 土壤肥力

土壤肥力是指土壤能及时满足植物对水、肥、气、热等要求的能力，它是土壤理化和生物特性的综合反映。植物的根系总是向着肥多的地方生长，即趋肥性。在土壤肥沃或在施肥条件下，根系发达，细根多而密，生长活动时间长；相反，在瘠薄的土壤中，根系生长瘦弱，细根稀少，生长时间较短。因而，施用肥料可以促进植物的生长发育。

（三）其他环境因子与园林植物

1. 城市环境

城市人口密集，工业设施及建筑物集中，道路密布，使得城市生态环境不同于自然环境。

（1）城市光照　总的说来，城市接收的总太阳辐射少于乡村，这是因为大气中的污染物浓度增加，大气透明度降低，致使所接受的太阳直接辐射明显减少。但因为城市环境中铺装表面的比例大，导致下垫面的反射率大而增加了反射辐射，因此实际上与周围农村相比差异并不明显。另外城市环境的人工光照，如大型公共性建筑照明、城市雕塑照明、城市街道照明、喷泉照明等城市夜景照明会延长光照时数，因而可能打破树木正常的生长和休眠，导致树木生长期延长，不利落叶树种安全过冬等；另外大面积的玻璃幕墙对光的强反射产生的眩光，也会造成光污染，对植物的生长会产生一定的影响。

（2）热岛效应　城市内人口和工业设施集中，产生大量热量；建筑物表面、道路路面在白天阳光下大量吸收太阳热能，到晚上又大量散热；同时由于工业产生的二氧化碳和尘埃在城市上空聚集形成阻隔层，阻碍热量的散发，使城市气温明显高于农村。据调查，城市年平均气温要比周围郊区高 0.5～1.5℃。

由于城市气温要高于自然环境，春天来得早，秋天去得晚，无霜期延长，极端气温趋向缓和。但这些有利于植物生长的因素往往会因为温度过高、湿度降低而丧失。炎热的夏天，由于热岛效应，使气温升高而影响植物生长。另外，由于昼夜温差缩小，夜间呼吸作用旺盛，大量消耗养分，影响养分积累。冬季由于缺乏低温锻炼时间，又因高层建筑的"穿堂风"，容易引起树木枝干局部受冻，给树种选择带来一定困难。

（3）城市土壤　城市土壤通过深挖、回填、混合、压实等各种人类活动的影响，其物理、化学和生物学特性都与自然状态下的土壤有较大的差异。市政施工、人类碾踏，造成土壤板结，通透性不良，减少了土壤的空隙度，土壤含氧量减少，影响树木根系的生长。

另外，由于市政建设、工业和生活污染，大量的建筑垃圾、有害废水和残羹剩汤排入土壤，使得土壤成分变得十分复杂，含盐量增高，造成对植物的毒害。同时，因土壤被污染，结构被破坏，土壤微生物活动受影响，土壤肥力逐渐下降，使一些适应性、抗逆性差的树种生长受损，甚至死亡。

2. 地形地势

公园的地形地势比较复杂，特别是山地公园。海拔高度、坡向、坡度的变化会引起光照、温度、水分及养分的重新分配。

海拔高度影响温度、湿度和光照。一般海拔每升高 100m，气温降低 0.6℃。在一定范围内，降雨量也随海拔的增高而增加，另外，海拔升高则日照增强，紫外线含量增加，故高山植物生长周期短，植株矮小，但花色艳丽。

坡度和坡向会造成大气条件下水分和热量的再分配，形成不同类型的小气候环境。通常阳坡日照长，气温和土温较高，但因蒸发量大，大气和土壤干燥；阴坡日照时间短，接受的辐射热少，气温和土温较低，因而较湿润。因此，在不同的地形地势下配置植物时，应充分考虑因地形地势造成的温度、湿度上的差异，同时结合植物的生态特性，合理地配置植物。在北方，由于降水量少，所以土壤的水分状况对植物生长影响极大，因而在北坡可以生长乔木，植被繁茂，甚至一些喜光树种亦生于阴坡或半阴坡；在南坡由于水分状况差，所以仅能生长一些耐旱的灌木和草本植物，但是在雨量充沛的南方则阳坡的植被就非常繁茂了。此外，不同的坡向对植物冻害、旱害等亦有很大影响。

【思考与练习】

1. 什么是园林植物？

2. 园林植物按生物学特性可分为哪几类？按观赏部分可分为哪几类？按园林用途可分为哪几类？

3. 木本园林植物的生命周期可分为哪几个时期？

4. 什么是园林植物的年生长周期？

5. 园林树木的枝芽特性指什么？

6. 园林树木根系生长有何特点？

7. 园林树木的分枝方式有哪些？

8. 什么是园林树木的干性与层性？

9. 什么是花芽分化？园林植物的花芽分化有哪些类型？

10. 什么是生长的相关性？各器官生长发育的相关性有哪些？

11. 光照对园林植物的生长有哪些影响？

12. 温度对园林植物的影响有哪些？

13. 水分对园林植物的影响有哪些？

14. 城市环境对园林植物的生长有哪些影响？

知识归纳

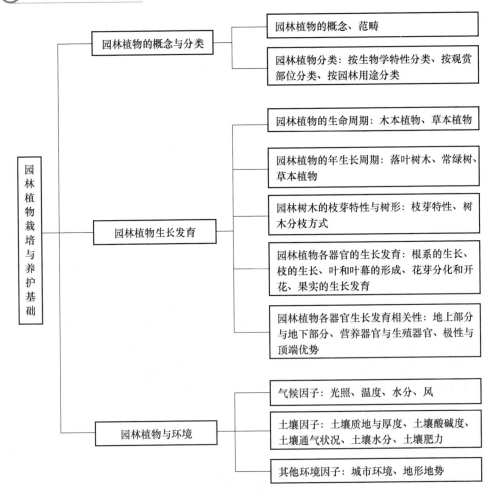

项目一　园林苗圃的建立

【内容提要】

苗圃是生产苗木的基地，是园林绿化建设中不可缺少的重要组成部分。苗圃的建立应根据城乡用苗量的多少来确定发展规模，建立具有高水准能培育优质苗木的苗圃；另外，培育大量的新、奇、特苗木也是满足人们绿化、美化生活的基础性建设，是确保城乡绿化质量的重要条件之一。

园林苗圃一般可以分为固定苗圃和临时苗圃，其中以固定苗圃为主，其优点是：经营的时间长，面积较大，生产的苗木种类也比较多，能够集约经营，充分利用投资和先进的生产技术，便于机械化作业等。通过本项目的学习，使同学能够掌握园林苗圃位置的选择条件和用地面积的计算，掌握园林苗圃的区划方法，能够运用园林苗圃建立的理论知识进行苗圃的施工与管理。

任务一　园林苗圃用地的选择

【知识点】

苗圃的种类与布局

苗圃的自然条件、经营条件

【技能点】

苗圃用地面积的计算

苗圃用地的选择

 **相关知识**

一、园林苗圃的概念与功能、类型与布局

（一）园林苗圃的概念与功能

狭义的园林苗圃是指为了满足城镇园林绿化建设的需要，专门繁殖和培育各类园林苗木的场所；但是随着城镇园林绿化水平的不断提高，越来越注意植物造景，提倡树、花、草结合，乔、灌、草结合，因此，广义的园林苗圃是指生产各种园林绿化植物材料的基地，即以园林树木繁育为主，同时包括城市景观花卉、草坪及地被植物的生产，并从传统的露地生产和手工操作方式，迅速向设施化、智能化方向过渡，成为园林植物工厂。园林苗圃又是园林植物新品种引进、选育、繁殖的重要场所，同时，园林苗圃本身也是城市绿化系统的一部分，具有公园功能；另外园林苗圃还兼有科研教学、辐射示范等功能。它的任务是能运用较先进的技术、良好的生产设施和完善的经营管理体制，在较短的时间内以较低的生产成本，通过引进、选育、快繁等手段迅速培育出各种类型的园林绿化苗木，以满足市场的需要，取得明显的经济效益和社会效益。

（二）园林苗圃的类型与布局

1. 类型

（1）按面积分：分为大型苗圃（面积 $20hm^2$ 以上）、中型苗圃（面积 $3\sim20hm^2$）和小型苗圃（面积 $3hm^2$ 以下）。

（2）按育苗种类分：分为专类苗圃和综合苗圃。专类苗圃一般面积较小，生产苗木种类比较单一；综合苗圃多为大、中型苗圃，生产的苗木种类齐全，规格多样，设施先进，管理水平高，技术力量强，往往将引进试验和开发工作纳入其中。

（3）按苗圃所在位置分：分为城市苗圃和乡村苗圃。

（4）按经营期限分：分为固定苗圃和临时苗圃。固定苗圃的使用年限通常在 10 年以上，面积较大，生产的苗木种类多，机械化程度高，设施先进。临时苗圃通常在接受大批量育苗订单时需要扩大育苗生产用地时临时设置的苗圃。

（5）根据苗圃的经营项目分：分为林业苗圃、果树苗圃、花圃、道路绿化苗圃、特大苗苗圃、珍稀种苗苗圃等类型。

2. 分布

城市规划的园林苗圃应分布在城市周围，可就近供苗，缩短运输距离，提高苗木适应性，减少运输及培育费用；其数量、面积和布局也要根据市场的情况来确定，兼顾周边城市及苗木基地的规模，同时还要结合苗木市场的需求来规划和设计。无论什么性质的苗圃，在规划设计时都要有充分的论证、可靠的技术保证，并符合当地社会、经济发展需要。

二、影响园林苗圃用地的因素

（一）自然条件

1. 地形、地势及坡向

在地形起伏较大的地区，不同的坡向，直接影响光照、湿度、水分和土层的厚薄，从而影响苗木的生长。一般南坡光强，受光时间长，温度高，湿度小，昼夜温差大；北

坡与南坡相反；而东、西坡则介于二者之间，但东坡在日出前至中午较短时间内温度变化很大，对苗木生长不利，西坡则因冬季多西北风，易受寒流的影响。

2. 土壤条件

苗圃土壤条件十分重要，因为种子发芽、愈伤组织生根和苗木生长发育所需要的水分、养分主要是由土壤供应的，同时土壤是苗木根系生长发育的场所；土壤结构和质地，对土壤中水分、养分和空气状况影响很大。

土壤质地更为重要，过分黏重的土壤，排水、通气不良，雨后泥泞，易结板，干旱时易龟裂，土壤耕作困难，不利于根系生长。过于沙质的土壤，太疏松，肥力低，持水力差，夏季表土温度高，易灼伤幼苗，而且不易带土球移植。

土壤的酸碱度对苗木生长也有较大影响。其中盐碱地及过分酸性土壤，也不宜选作苗圃。

3. 水源及地下水位

水是园林植物生长的生命线，苗木在生长发育过程中必须有充足的水分供应。因此水源是苗圃选址的重要条件之一。

4. 病虫草害

园林苗木用于城市绿化，对病虫害的检疫较严格，在育苗过程中，往往因病虫害造成很大损失。圃地选择在苗圃选址时应重点调查病虫害发生情况，了解当地病虫害发生历史及现状，圃地杂草的种类及发生规律也是苗圃地选择的一个考核指标，尤其对入侵性杂草，更要严格检查。

5. 地上物

圃地原有的地上建筑物、栽植作物、花草树木、道路桥梁、高架线缆、地理电缆等，对圃地的日后生产作业都会产生影响。

（二）经营条件

园林苗圃所处地理位置的经济经营状况，直接关系到苗圃业务的开展和管理水平。经营条件就是经营环境，主要指圃地附近的交通、水电、人力、空气质量、市场等条件。园林苗圃许多工作是季节性劳动密集型操作，需要周边有来源相对稳定的临时工人。苗圃周边的厂矿企业对苗圃有重大影响，要远离厂矿排出物对苗木产生危害的区域。苗圃营销是当今苗圃经济效益非常重要的策略，靠近传统的苗木市场，或苗圃自身的一部分就是市场，对今后的经营有利。

总之，上述苗圃地条件，是在一定条件下应考虑的各个基本因素，对个别地区和特殊情况，应作具体分析，对不利因素采取适当措施，加强预防和治理，从而达到比较理想的效果。

三、苗圃用地面积的计算

为了合理利用土地，保证征收土地、苗圃计划和建设等具体工作的进行，对苗圃面积必须进行正确的计算，以便于进一步确定苗圃的位置和具体面积。苗圃的总面积包括生产用地和辅助用地两部分。

（一）生产用地面积计算

生产用地是指直接用来生产苗木的土地，通常包括播种区、营养繁殖区、移植区、大苗区、母树区、实验区以及轮作休闲等地。生产用地一般占苗圃总面积的75% ~ 85%，大型苗圃生产用地所占比例较大，通常在80%以上。随着苗圃面积缩小，由于必需的辅助用地不可减少，所以生产用地比例一般会相应下降。计算其面积，主要依据计划培育苗木的种类、数量、规格、要求，结合出圃年限、育苗方式以及轮作等因素，如果确定例如单位面积的产量，即可按下面公式进行计算：

$$X = \frac{U \times A}{N} \times \frac{B}{C}$$

式中　X——该种园林植物育苗所需面积；

　　　U——该种园林植物计划年产量；

　　　A——该种园林植物的培育年限；

　　　N——该种园林植物单位面积产苗量；

　　　B——轮作区的总数；

　　　C——该树种每年育苗所占的轮作区数。

某树种在各育苗区所占面积之和，即为各该种园林植物所需的用地面积，各种园林植物所需用地面积总和加休闲地面积就是全苗圃的生产用地的总面积。

对于一个苗圃而言，每年都有新繁殖的苗木，出圃的苗木。一般来说每年出圃留下的空地和新繁殖或新移植苗木的面积应相等，这样不至于造成培育出的苗木没有地方移栽。移苗过多要提前采取处理措施，以防在大树或小苗行间进行种植，复种指数过大，苗木生长互相影响，造成苗木质量降低，出售困难。

（二）辅助用地面积计算

辅助用地，是指非直接用于育苗生产的防护林、道路系统、排灌系统、堆料场、苗木假植以及管理区建筑等用地，辅助用地面积即是这些面积的总和。苗木辅助用地面积不超过苗圃总面积的20% ~ 25%，一般大型苗圃的辅助用地为总面积的15% ~ 20%，中小型苗圃占18% ~ 25%。

 任务实施

一、计算苗圃用地（举例说明）

[例] 每年出圃2年生矮生紫薇实生苗100万株，采用三年轮作制，即每年有1/3的土地休闲（或种绿肥），2/3的土地育苗，计划苗木产量为10万株/公顷，

根据公式 $X = \frac{U \times A}{N} \times \frac{B}{C}$，则 $X = 100 \times 2/10 \times 3/2 = 20 \times 1.5 = 30$（hm²）。

依上述公式计算出的结果是理论数字，实际生产上，在抚育、起苗、贮藏等工序中，苗木都将受到一定损失，故每年的产苗量应适当增加。一般比理论增加3% ~ 5%的土地面积，即在计算面积时应留有余地。

二、选择苗圃地

（一）选择地形

苗圃地应根据当地具体的自然条件和园林苗木的种类特征以及栽培设施的应用程度，因地制宜地确定苗圃地的最适宜坡向。园林苗圃应尽量选择背风向阳、排水良好、

地势较高、地形平坦的开阔地带。坡度一般以 1°~3° 为宜，坡度过大，易造成水土流失，降低土壤肥力，不便于机械化作业，坡度过小不利于排除雨水，容易造成渍害。具体坡度因地区、土质不同而异，一般在南方多雨地区坡度可适当加到 3°~5°，以便于排水；而北方少雨地区，坡度则可小一些；在较黏重的土壤上，适当大些；在沙性土壤上，坡度宜小一些。在坡度较大的山地育苗，应修筑梯田。尤其注意，积水洼地、重度盐碱地、峡谷风口等地不宜选作苗圃地。

（二）选择土壤

选择团粒结构的土壤，通气性和透水性良好，温度条件适中，有利于土壤微生物的活动和有机物的分解。多数苗木适宜生长在具有一定沙质的壤土或轻黏质壤土中，还应注意土壤厚度、结构和肥力等状况。一般树种以中性、微酸或微碱性为好，如红松、马尾松、茶树、樟树、杜鹃等喜酸性土壤，侧柏、柽柳、刺槐、白榆等耐轻度盐碱。一般针叶树种要求土壤 pH 值为 5.0~6.5，阔叶树种要求 pH 值为 6.0~8.0。

选择苗圃地时要注意地下害虫及周边植物与苗圃树种间的寄宿病害，如蛴螬、地老虎等主要地下害虫和立枯病、根瘤病等菌类感染程度。附近树木病虫危害严重的地方，应在建立苗圃前采取有效措施，加以根除，以防病虫继续扩展和蔓延，否则不易选作苗圃地。

（三）选择位置

苗圃位置最好选择在江、河、湖、水库等天然水源附近，以利于引水灌溉；同时也利于使用喷灌、滴灌等现代化灌溉技术。而且这些天然水源水质好，有利于苗木生长。若无天然水源或水源不足，则应选择地下水源充足、可打井提水灌溉的地方作为苗圃，并应注意两个问题：其一，地下水位情况。地下水位过高，土壤的通透性差，苗木根系生长不良，地上部分易发生贪青徒长，秋季易受冻害，且在多雨时易造成涝灾，干旱时易发生盐渍化；地下水位过低时，土壤易干旱，需增加灌溉次数及灌水量，提高了育苗成本。实践证明，在一般情况下，适宜的地下水位是：沙土为 1~1.5m，沙壤土为 2.5m 左右，黏性土壤为 4m 左右。其二，水质问题。苗圃灌溉用水其水质要求为淡水，水中含盐量不超过 0.1%，最高不得超过 0.15%，水中有淡水小鱼虾，即为适合作灌溉水的标志。

圃地位置应选择靠近公路、铁路车站、机场、港口等便利运输场所，利于人员物资的运输。园林苗圃越来越依赖自动化的设施设备，需要持续不断的电力供应、水源保证，因此苗圃建立要考虑水电的成本。适度靠近居民点，或在城市近郊，有利于临时雇工。除了体力劳动者外，也需要科研院所技术人员的帮助指导，解决生产中遇到的技术难题。另外，尽量减少地上物的存在，在圃地平整前要进行地上物的清理及保护。

任务二　园林苗圃的规划设计

【知识点】

苗圃的设计原则

苗圃的设计方法

【技能点】

苗圃地的调查

设计园林苗圃并画图

编写苗圃设计说明书

相关知识

一、苗圃地踏查测绘及区划

圃地选址确定后，规划设计人员应到圃地现场了解用地历史及人口现状，勘测地形地势，土壤调查取样，水文测定，病虫害调查，现有建筑及地上物调查等。

在踏查基础上进行细致测量、随机取样，绘制圃地地形图，CAD 平面图，将圃地上各种地上及踏查信息标注到准确位置。

苗圃区划应根据苗圃的功能及自然地理情况，以有利于充分利用土地，方便生产管理、利于苗木生长、利于提高工作效率及经济效益为原则。苗圃区划常规分为生产区和辅助区，通常生产用地面积不少于苗圃总面积的80%，在保证管理需要的前提下，尽量增加生产区的面积，提高苗圃的生产能力。

苗圃生产用地面积计算通常采用下式：

$$P = N * A/n$$

式中　　P——某树种、某苗类的育苗面积，hm^2；

　　　　N——该树种的计划年产量，株/年；

　　　　A——该树种的培育年限，年；

　　　　n——该树种单位面积产苗量，株/公顷。

这是理论计算值，实际工作由于苗木培育、贮藏、出圃等作业过程要损失一些苗木，因此计划苗木产量需要增加5%的作业风险补偿，为计算苗圃面积留有余地。将各树种育苗面积相加求和就是全苗圃生产用地总面积。

二、苗圃用地规划设计原则

（一）生产用地

生产用地是苗圃中进行育苗的可耕作区域，即育苗区。其内设立各个作业区，也称做耕作区。

1. 耕作区是指耕作方式相同的作业区，作业区是进行苗圃育苗生产的基本单位。

2. 作业区的长度由机械化程度而定，完全机械化的以200~300m为宜，畜耕者以50~100m为宜。作业区宽度依苗圃地的土壤质地和地形是否有利于排水而定，排水良好者可宽些，排水不良时要窄一些，一般宽40~100m。小型苗圃的耕作区可适当缩小。

3. 作业区的方向，应根据圃地的地形、地势、坡向、主风方向和圃地形状等因素综合考虑，一般情况下，作业区的长边采取南北方向，苗木受光均匀，对生长有利。在坡度较大时，作业区的长应与等高线平行。

（二）育苗区的设置

1. 展览区

展览区是苗圃地中最有特色的生产小区，多设在办公室和温室附近，通过展览区苗木的生长情况，有目的、有重点地向参观者和客商展示本苗圃的生产经营水平和产品特色。因此，展览区内所培育的苗木应是本苗圃的特色品种或引进和自育成功的新品种，展览区内的苗木管理应特别精细，生长苗壮，无病虫害。

2. 播种区

本区是培养播种苗的区域，播种繁殖是整个育苗工作的基础和关键。实生幼苗对不良环境对抗能力弱，对土壤质地、肥力和水分条件要求高，管理要求精细。所以，播种区应选全圃自然条件和经营条件最好的地段，并优先满足其对人力、物力的要求。具体应设在地势较高而平坦、坡度小于2℃、接近水源、排灌方便、土质最优良、土层深厚、土壤肥沃、背风向阳、便于防霜冻，管理方便的区域，最好靠近管理区。如果是坡地，要选择最好的坡段、坡向。草本花卉播种还可采用大棚设施和育苗盘进行育苗。

3. 营养繁殖区

该区是培育扦插、压条苗和嫁接苗的区域。在选择这一作业区时，与播种区的条件要求基本相同。应设在土层深厚、地下水位较高、灌排方便的地方，扦插苗区可适当用较低洼的地方，但不像播种区那样要求严格，具体要求还要依营养繁殖的种类、育苗设施不同而有所差异。珍贵树种扦插和进行嫩枝扦插、冬季扦插的都靠近管理区，在大棚和温室内进行，条件最好。而易成活的杨、柳类的扦插繁殖区，可利用比较低洼的地块或零星的土块，条件要求不必过高。

4. 移植区

移植区又叫小苗区，是培育各种移植苗的作业区，占育苗面积的10%～15%。由播种区和营养繁殖区中繁育出来的苗木，需进一步培养成较大的苗木时，便移入移植区中进行培养。

依苗木规格要求和生长速度不同，往往每隔2～3年移植一次，逐渐扩大株行距，增加苗木营养面积。由于移植区占地面积较大，一般设在土壤条件中等、地块大而整齐的地方。同时依苗木的不同生态习性，进行合理安排。如杨柳类应设在低洼水湿的区域；松柏类等常绿树应设在较干燥而土壤深厚的地方。低矮而且较小的花灌木可移植在较干燥而土层深厚土壤条件较好的地方，以利带土球出圃，最好靠近管理区；相对较大的苗木，培养时间又长，可移植在土壤相对较差地区和远离管理区，一般在苗圃的外围。苗木的大小安排应本着由管理区开始向外逐步增大增高的原则，形成梯式分布；最高最大的苗木培养可安排在外围。

5. 大苗区

该区是培养植株的体型、苗龄均较大并经过整形的各类大规格苗木的作业区。

在本育苗区继续培养的苗木，通常在移植区内进行过一次或多次的移植，在大苗区培养的苗木出圃前不再进行移植，且培育年限较长。大苗区的特点是株行距大，占地面积大，培育出的苗木大、规格高、根系发育完全，可以直接用于园林绿化建设，以满足绿化建设的特殊需要，如树冠形态、干高、干粗等高标准大苗，利于加速城市绿化效果和保证重点绿化工程的提早完成。目前，为达到迅速绿化的效果，城市绿化对大规格苗木需求不断增加。大苗区一般选在土层较厚、地下水位较低、地块整齐、运输方便的区域。在树种配置时，需注意不同树种的生态习性要求，在作业区内合理栽植。为了提高移苗成活率，宜采用可拆盆栽培技术等。为了出圃时运输方便，最好设在靠近苗圃的主干道或在大苗区靠近出口处建立苗木假植区和发苗站，以利苗木出圃。为了起苗包装操作方便，应尽可能加大一点株行距，以防起苗时影响其他不出圃苗木的生长。

6. 引种驯化区

本区用于栽植从外地引进的园林植物新品种，目的是观察其生长、繁殖、栽培情况，从中选育出适合本地区栽培的新品种，进而推广。该区在现代园林苗圃建设中占有重要地位，应给予重视。对土壤、水源等条件要求严格，并要配备专业人员管理。此区可单独设立试验区或引种区，或二者相结合，引种驯化区应安排在环境条件最好的地区，靠近管理区便于观察、研究、记录。

7. 母树区

在永久性苗圃中，为了获得优良的种子、插条、接穗等繁殖材料，园林苗圃应设立采种、采条的母树区。本区占地面积小，可利用零散地块，但要土壤深厚、肥沃及地下水位较低，对栽培条件、管理水平等要求较高，目前，有些园林苗圃采用与周边农民签订合同的方式，特约繁殖母种。另外，有些乡土树种还可以种植在苗圃，作为防护林带或在办公区的院内栽植。

8. 温室和大棚区

温室和大棚区是保护地育苗和设施栽培的区域，需要较大的投资，而且也具有较高的生产率和经济效益。在北方可一年四季进行育苗。在南方则可提高育苗的质量，生产独特的苗木产品。此区内应有组培室，利用组织培养来提高繁殖系数，培育无病害的苗木。该区要选择距离管理区较近，土壤条件好，地势高，排水好的地区。

9. 其他区

为了生产管理方便，按苗木的种类、用途划分，可设立标本区、果苗区、宿根花卉区、针叶区、阔叶区、花卉区等。

（三）辅助用地的设计标准

苗圃的辅助用地（或称非生产用地）主要包括道路系统、排灌系统、防护林带及管理区建筑用地等。这些用地都是直接为苗木生产服务的，既要能满足生产的需要，又要设计合理，减少用地。辅助用地占总面积的20%～25%。

1. 道路系统设计

苗圃中的道路是连接各作业区之间及各作业区与管理之间的纽带。道路系统的设置及宽度，应以保证车辆、机具和设备的正常通行，便于生产和运输为原则，并与排灌系统和防护林带相结合。苗圃道路通常设一、二、三级道路和环路。在进行设计时，首先在交通方便的地方决定出入口。

一级路（主干道），应设在苗圃的中心线上，与出入口、建筑群相连，多以办公室、管理处为中心。这是苗圃内部对外联系的主要道路，可以设置一条或两条相互垂直的主干道，路宽6～8m，要求汽车可以对开，其标高应高于作业区20cm。

二级路，通常与主干道垂直，与各作业区相连，其宽度为4～6m，其标高应高于作业区10cm。

三级路，是勾通各作业区的作业路，宽为2m。

环路，一般是在大型苗圃中，为车辆、机具等机械回转方便的前题下，尽量做到少占用土地。中小型苗圃可以考虑不设二级路，但主道不可过窄。一般苗圃中道路的占地面积不应超过苗圃总面积的7%～10%。

2. 灌溉系统设置

园林苗圃必须有完善的灌溉系统，以保证水分对苗木的充分供应。排灌系统主要包括水源、提水设备和引水设施三部分。

（1）水源。主要包括地面水和地下水两类。地面水指河流、湖泊、池塘、水库等，以无污染又自流的地面水灌溉最为理想，因为地面水温度较高，与作业区土温相近，水质较好，而且含有部分养分，对苗木生长有利；地下水指泉水、井水，其水温较低，最好建蓄水池存水，以提高水温。在条件允许的情况下，水井应设在地势较高的地方，以便于地下水提到地面后自流灌溉，同时水井设置要均匀分布在苗圃各区，以便缩短引水和送水的距离。

（2）提水设备。目前多用提水工作效率高的水泵。水泵规格的大小应根据土地面积和用水量的大小确定。如安装喷灌设备，则要用5kW以上的高压潜水泵提水。

（3）引水设施。有地面明渠引水和暗管引水两种形式。

明渠引水：土筑明渠沿用已久，其占地多、渗漏量大、水流速度慢、蒸发量大、易冲垮，须注意经常维修，但修建简便，投资少，建造容易，目前有的地方仍在使用。为了提高流速、减少渗漏，现多在明渠上加以改进，在水渠的沟底两侧加设水泥板或作出水泥槽。也有一些苗圃采用瓦管、竹管、木槽等管道送水，水流速度快，节省水。

明渠引水渠道一般分为三级：一级渠道（主渠）是把水由水源直接引出的渠道，是永久性的，主渠一般顶宽为1.5～2.5m。二级渠道（支渠）是把水由主渠引向各作业区的渠道，通常也是永久性的，顶宽为1～1.5m。三级渠道（毛渠）是临时性的小水渠，一般宽度在1m左右。主渠和支渠是用来引水和送水的，水槽底应高于地面，毛渠则直接向圃地灌溉，不宜设置过高，一般底部不应超出地面，以免冲刷量更大把泥沙冲入床中，埋没幼苗。各级渠道的设置应与各级道路相配合，可使苗圃的区划整齐。渠道方向与作业区方向一致，且各级渠道常成垂直设计，即支渠与主渠垂直，毛渠与支渠垂直，同时毛渠又与苗木栽植行垂直，以利灌溉。灌溉的渠道还应有一定的坡降，以保证一定的水流速度，但坡度也不宜过大，否则易出现冲刷现象。一般渠道的坡降应保持在1/1000～4/1000，土质黏重的地段坡度应大些，但不超过7/1000，水渠坡边一般采用45°为宜。较黏重的土壤可增大坡度。在地形变化较大、落差过大的地方应设跌水构筑物，通过排水沟或道路时可设渡槽或虹吸管。

暗管引水：主管和支管均埋于地下，其深度以不影响机械作业为度，阀门设于低端以方便使用。用高压水泵直接将水送入管道或先将水压入水池或水塔再流入管道。出水口可直接灌溉，也可安装喷灌机。喷灌和滴灌是使用管道进行灌溉的两种比较先进的灌溉方式。喷灌是最近20多年来发展较快的一种灌溉方式，利用机械把水喷射于空中形成细小雾状水滴，进行灌溉；滴灌是一种新的灌溉技术，它是使用细小的滴头逐渐地渗入土壤中进行灌溉。这两种方法基本上不产生深层渗漏和地表径流，一般可省水20%～40%；少占耕地；提高土壤利用率；保持水土，且土壤不易板结；可结合施肥、喷药、防治病虫等抚育措施，节省劳力；同时可调节小气候，增加空气湿度，以利于苗木的生长和增产。但喷灌、滴灌投资较大，喷灌还常受风的影响。管道灌溉近年来在国内外均发展较快，建圃在有条件的情况下，应尽量采用管道灌溉方式。

3. 排水系统的设置

排水系统对于地势低、地下水位高及降水量多而且集中的地区非常重要。排水系统主要由大小不同的排水沟构成，排水沟常分为明沟和暗沟两种，目前多采用明沟排水。排水沟宽度、深度、位置根据苗圃圃地的地形、土质、雨量、出水口的位置等因素综合决定，并且保证雨后尽快排除积水，同时要尽量占用较少的土地。排水沟的边坡与灌水渠的角度相同，但落差应大些，一般大排水沟应设在苗圃最低处，直接通入河、湖或市区排水系统；中小排水沟通常设在路边；作业区的小排水沟与小区步道相结合。在地形、坡向一致时，排水沟和灌溉渠往往各居道路一侧，形成沟、路、渠并列，这是比较合理的设置，既利于排灌，又区划整齐。排水沟与路、渠相交处应设涵洞或桥梁。大排水沟一般宽1m以上，深0.5～1m；作业区内小排水沟宽0.3～1m，深0.3～0.6m。有的苗圃为防止外水进入，并排出内水，在苗圃四周最好设置较深而宽的截水沟，以起到防止外水入侵、排出内水和防止小动物及虫害侵入的作用，效果较好。排水系统占地一般为苗圃总面积的1%～5%。

4. 防护林带的设置

为了避免苗木遭受风沙危害，降低风速，减少地面蒸发和苗木蒸腾，创造良好的小气候条件和适宜的生态环境，苗圃应设置防护林带。防护林带的设置规格，应由苗圃面积的大小、风害的严重程度决定。一般小型苗圃设一条与主风方向垂直的防护林带；中型苗圃在四周设防护林带；大型苗圃不仅在四周设防护林带，而且在圃内结合道路、沟渠，设置与主风方向垂直的辅助林带。如有偏角，不应超过30°。一般防护林带范围为树高的15～20倍。

林带结构以乔木、灌木混交的疏通方式为宜，既可降低风速，又不因过分紧密而形成回流。林带宽度和密度依苗圃面积、气候条件、土壤和树种特性而定，一般主林带宽8～10m，株距1.0～1.5m，行距1.5～2.0m；辅助林带由2～4行乔木组成，株行距根据树木品种而定。林带的树种选择，应尽量就地取材，选用当地适用性强、生长迅速、树冠高大、寿命较长的乡土树种，同时注意速生与慢生、常绿与落叶、乔木与灌木、寿命长与寿命短的树种相结合，亦可结合采种、采穗母树和有一定经济价值的树种如建材、筐材、蜜源、油料、绿肥等，以增加收益，便利生产。注意不要选用苗木病虫害中间寄生的树种和病虫害严重的树种；为了加强圃地的防护，防止人们穿行和畜类蹿入，可在林带外围种植带刺的或萌芽力强的灌木，减少对苗木的危害。苗圃中防护林带的占地面积为苗圃总面积的 5% ~10%。

近年来，在国外为了节省用地和劳力，已有用塑料制成的防风网防风。其特点是占地少而耐用，但投资多，在我国少有采用。

5. 管理建筑区的设置

该区包括房屋和苗圃内场院两部分。前者指办公室、食堂、宿舍、仓库、种子贮藏室、畜舍、工具房、车棚等，后者指集散地、假植场、积肥场、晒场、运动场等。苗圃的管理建筑区应设在交通方便、地势高燥、接近水源的地方或不适合育苗的地方。大型苗圃的建筑群最好设在苗圃的中心，以方便整个苗圃的经营管理。积肥场、畜舍、猪圈要放在比较隐蔽和便于运输的地方。本区的占地面积为苗圃总面积的 1% ~2%。

 任务实施

一、苗圃地的调查

1. 踏查

由设计人员会同施工和经营人员到已确定的苗圃地范围内进行实地踏勘和调查访问，了解苗圃地的现状、历史、地势、土壤、植被、水源、交通、病虫害、草害、有害动物、周围环境、自然树的情况等，提出苗圃建设的各项初步意见。

2. 测绘地形图

地形图是苗圃进行规划设计依据。比例尺一般要求为 1/500 ~ 1/1000，等高距为 20 ~50cm，与设计直接有关的山、河、路、桥、房等都应给出，对土壤状况及病虫害分布情况也应重点标出。

3. 土壤调查

根据苗圃地的自然地形、地势及指示植物的分布，选定典型地带，挖取土壤剖面，观察和记载土壤厚度、机械组成、酸碱度、地下水位等，在必要时可分层采样进行分析，弄清苗圃地内土壤的种类、分布肥力状况和土壤改良的途径，并在地形图上绘出土壤分布图，以便于使用土地。

4. 病虫害调查

主要调查苗圃地内的土壤地下害虫，如金龟子、地老虎、蝼蛄以及有害鼠类等。一般采用抽样法，每公顷挖样方土坑 10 个，坑长、宽各为 50cm，深 40cm，统计害虫数目、种类，并通过苗圃地周围树木和作物的受害情况，了解病虫害的发生程度并提出防治措施。

5. 气象资料的收集

向当地的气象台或气象站了解有关气象资料。如早霜期、晚霜终止期、全年及各月平均气温、绝对最高和最低气温、土表最高温度、冻土层深度、年降水量及各月分布情况、最大一次降雨量及降雨历时数、空气相对湿度、主风方向、风力等。此外，还应了解苗圃地周围的特殊小气候情况。

二、苗圃的区划

苗圃地确定后，为了合理布局，充分利用土地，便于生产管理，必须进行区划。首先对苗圃面积进行测量，绘出 1/500 ~ 1/1000 平面图，并注明地形、水文、土壤等情况，作为区划工作的依据，然后根据生产任务、各类苗木的培养特点、树种特性和圃地的自然条件，进行区划和规划设计。

三、绘制苗圃设计图、编写说明书

（一）绘制苗圃设计图

在绘制设计图时，要明确苗圃的具体位置、圃界、面积、育苗任务、苗木供应范围；还要了解育苗的种类、数量和出圃规格；确定苗圃的生产和灌溉方式，必要的建筑和设施设备的设置方式；苗圃工作人员的编制，同时应有建圃任务书，并收集各有关的图面材料，如地形图、平面图、土壤图、植被分布图，调查有关的自然条件、经营条件以及气象资料和其他有关资料等。

根据前期进行的细致勘测调查，在规划原则的指导下，把各类用地的具体位置标注在设计图上，为施工建设及日后管理提供依据。规划设计图要确定适宜比例尺，对各类用地标名或小区编号，设计图例，尤其对道路、排灌系统、电源、通讯、水源、珍稀品种区域、重点建筑等作出明显标志。

（二）编写设计说明书

说明书是对规划设计图的文字说明和解释，也包括圃地自然及经营条件、设计的依据及规划目标、各类用地的规划及面积计算，以及各类用地的具体设计思路和设计方案，最后做出建立苗圃的投资预算。

1. 前言

阐述苗圃的性质和任务，培育苗木的目的意义，苗木的特点和要求。

2. 设计依据及原则

建立苗圃的任务书，设计苗圃时的各类资料，与苗圃生产有关的各项规定，为完成育苗任务，将达到的预期目标等。

3. 苗圃地的基本情况

包括苗圃的地理位置，经营条件、自然条件以及有关的历史栽培资料，附近苗圃的生产状况。

4. 苗圃面积计算

根据苗圃育苗任务目标，分树种进行面积计算。

5. 苗圃地的区划

根据苗圃各类育苗任务的规模，将播种区、营养繁殖区、移植区、大苗区、母树区、引种试验区、温室大棚区、办公区、道路系统、排灌系统、机具仓库、堆肥场、防护林带等功能区域，按比例准确落实到圃地范围内。

6. 育苗技术设计

根据育苗规程，把主要树种的育苗技术措施细致列出。包括：整地、改土、施肥、种子准备、种子催芽、播种时期、播种方法、苗期管理、除草松土、病虫防治、浇水排涝、起苗假植、越冬防寒等。

7. 苗圃建立经费概算及投资计划

根据现有的基础设施和设计建造的任务，分项计算所需经费数额，进一步计算育苗的各项直接费用，机具费用，人力、动力、畜力费用，水、电、交通运输、管理费用，最后汇总，核算建立总费用。另外，从苗圃的生态功能、社会功能、经济功能三方面进行评估，明确苗圃建立的投资与回报率。

任务三 园林苗圃的施工

 【知识点】

园林苗圃的施工内容

 【技能点】

园林苗圃施工准备
园林苗圃施工

 相关知识

园林苗圃的施工，主要是兴建苗圃的一些基本建设工作，其主要项目是房屋、温室、大棚、路、沟、渠的修建，水电、通讯的引入，土地平整和防护林带及防护设施的修建。房屋的建设和水电通讯的引入应在其他各项建设之前进行。

 任务实施

一、园林苗圃施工准备

（一）人员和工具准备

根据规划设计要求，做好现场施工前的人员、机械、车辆、设备、工具等准备工作。施工前要到现场再做一次踏勘，确定工具用品的规格数量，评价施工难度，制定施工具体方案。大型苗圃要设立施工指挥部，下设几个职能工作组，分管定点放线、地形整理、道路管网、水电引入、档案管理、后勤保障等工作。

（二）定点放线

在认真研究规划设计图基础上，到现场选择标准水准点或参照物，由此点导引定点放线。先确定苗圃边界，将拐角边线明确标出；再确定主干道、二级、三级路的边界及中心线；根据设计要求，把水源点、管线、建筑位置、小苗区、电力设施等关键部位在圃地上定点标出。根据现场实测情况，对于一些设计内容可以做出调整，调整后要在设计图上做好标记。

（三）地形整理

园林圃地一般都要进行土地平整过程，根据生产需要，进行地形测量后做出平整规划，坡度小的地块可在道路水渠完成后结合翻耕进行整理，尽量不破坏表层土壤。坡度较大地块应先整地再修路挖渠，部分地块需要做梯田处理；对于局部凸高或低洼地块，采取挖低或填高措施，深坑填平后要进行灌水夯实，再做表层处理。

二、园林苗圃施工

（一）水、电、通讯引入

建圃施工的水、电、通讯都是必不可少的，因此应先做好这三项工作的安排，落实规模、地点，与其他过程配合开展。根据苗圃规模确定电力总瓦数，与相关部门沟通联系，确定接入位置和方式。水的来源确定后，做好水质、水量、水源稳定性的调查，确定引入方式和地点，做好接入的相关安排。大型苗圃应有自己固定的通讯系统，便于内外部联系，小型苗圃可采用移动通讯或无线对讲系统。

（二）办公及生产设施建筑

园林苗圃办公用房应坚持节约用地的原则，通常选择主要路口附近或土质较差的地块做办公用地。主要包括办公用房、机械库、工具仓房、种子种苗库、水电泵房、休息用餐厅、温室、冷库等，为节约用地，以上设施应集中建设，办公场所可建成基层楼房。办公设施应在道路修好后及时建完，也可先建办公场所，便于开展建圃工作组织。

（三）圃路施工

根据规划设计图的具体方位，在圃地内选好标定物做基点，定出主干道的实际位置，再以主干道的中心线为基线，标出各级道路系统的起点、终点、中线与边沿，用木桩标明道路编号，各部位置要标明标高。多数情况下先修路，次级道路为土路，便于日后地块功能改造。根据规划图标出排灌水管道铺设位置、地下缆线位置等。

施工前用白灰标出中线、边线，定好标高，从路两侧取土填于路中，形成中间高两边低的凸形路面。路面土要压实，边沿整齐紧密，排水沟深度、宽度适宜，给横穿路面的管道设埋涵管，便于下一步施工应用。两侧的边沿取土后形成排水沟，用于排水及灌溉渠。圃路通常不设渗水井，路面高于圃地，雨水自然排到沟渠、圃地中。干旱地区，可在排水沟低洼处设一个储水池，利于少雨季节灌溉。

（四）排灌系统施工

灌排系统包括灌溉和排水两个内容，可分可和，由灌溉和排水的方式及程度决定。

灌溉系统又分为沟渠漫灌和管道喷灌两种方式，传统的渠沟漫灌系统要设有提水设备、储水池、输水沟渠等，其中水的流动要靠沟渠的纵坡驱动，因此从提水设备流出的水要沿着沟渠的坡度向各级沟渠流动。渠道的落差要均匀，沟渠防渗效果好，暗渠更应设计好坡度、坡向及深度，保证水流畅通。喷灌系统建造要根据规划设计，确定储水池、加压泵、各级管道、喷头、阀门的位置和数量，再确定埋设深度或地面铺设高度，用白灰标出具体开挖线路位置，经挖沟、连接、封闭、埋设、验收等施工步骤，确定可以应用后交工。

排水系统一般与道路边沟通用，也可以根据雨季特点单独设立，圃地内的步道可设置成低于苗床的，雨天用于排水。需要注意的是排水沟的坡降与道路边沟一样，要利于排水顺畅，不出现急速径流冲刷土壤，不出现积水、涝洼，如能把排水与储水结合最好。

（五）防护设施建设

园林苗木受周边影响很大，要通过防风、防寒、遮强光、防尾气等措施进行防护管理。园林苗圃种苗珍贵，应用广泛，易受"顺手牵羊"之害，因此，在进行施工开始阶段，就要加强防盗防护措施的建设。一般在苗圃北侧及西侧栽植高大的防护林，在圃地四周可栽植柏树、刺槐、十大功劳、玫瑰、皂角、黄刺玫等带刺的树木，起到防护和美化的作用。土地较少的地方，采用人工刺篱、铁丝网、防护障等设施防护。

（六）土壤改良

由于园林苗圃地的选择不能十全十美，以及土壤的区域差异性和树种对土壤要求的差异性客观存在，因此，为了满足苗木的需要，往往在种植前要对圃地中不适合生长的盐碱土、重黏土、沙土、垃圾土、地下害虫较严重的土壤进行改良。不同土壤要在土壤勘察时做好野外评判，划出地块，取样后进一步检验其理化性质。盐碱土可进行开沟引流、高台种植、淡水冲洗等物理措施，也可采取调酸，改进肥料、改进种植植物类别等措施进行改良。重黏土应采用混沙、耕翻、加施有机肥、开沟排水、种植绿肥等措施提高土壤通透性，增加腐殖质含量。沙土地需要掺入腐殖质、黏土，减少翻动，加强防风林建设等措施也能提高沙土性质，改变和减少水土流失。

任务四　园林苗圃技术档案的建立

【知识点】

建立苗圃技术档案的要求

【技能点】

熟悉苗圃技术档案的主要内容

相关知识

一、建立园林苗圃技术档案的意义

技术档案是对园林苗圃生产、试验和经营管理的记载。从苗圃开始建设起，即应作为苗圃生产经营的内容之一，建立苗圃的技术档案。苗圃技术档案是合理利用土地资源和设施、科学指导生产经营活动，有效地进行劳动管理的重要依据。

二、建立苗圃技术档案的要求

1. 档案管理人员应尽量保持稳定，如有变动应及时做好交接工作，保持档案的持续完整。

2. 苗圃技术档案是对园林苗圃生产和经营管理的历史记载，必须长期坚持，不能间断，保持其完整性、连续性。

3. 应设专职或兼职档案管理人员，一般可由苗圃技术人员监管。人员应保持相对稳定，如有工作变动，要及时做好交接工作。观察记载要认真仔细，实事求是，及时准确、系统完整。每年必须对材料及时收集汇总，进行整理和分析总结，为今后的苗圃生产提供依据。

4. 技术档案的保管要按照材料形成的时间先后顺序和重要程度，连同总结材料等分类整理装订，登记造册，长期妥善保管。

5. 苗圃技术档案是通过连续记录苗圃的设计、建立、育苗技术措施、苗木生长发育物候记录、苗木出入、生产管理过程、苗木日常作业、日常管理等数据，经长期积累，定期分析总结，成了苗圃生产经营的基本依据。苗圃技术档案需要专人管理，科学记录，定期审查总结，认真管理保存。

 ## 任务实施

一、苗圃土地利用档案

苗圃土地利用档案是对苗圃各作业的面积、土质，育苗树种，育苗方法，作业方式，整地方法，施肥和施用除草剂的种类、数量、方法和时间，灌水数量、次数和时间，病虫害的种类，苗木的产量和质量等逐年加以记载，一般用表格的形式记录保管存档。

为便于以后查阅，建立土地利用档案时，应每年绘出一张苗圃土地利用情况平面图，并注明苗圃地总面积、各作业区的面积、育苗树种、育苗面积和休闲面积等。

二、育苗技术档案

1. 苗木繁殖

分树种就一年内苗木的培育管理技术措施，包括苗圃有关树种的种子、根、条的来源，种质鉴定，繁殖方法，成苗率，产苗量及技术管理措施等。重点记录苗木繁殖材料来源、质量、数量、采取措施、效果、发芽率、出苗率、成活率、生长量、存苗量等，同时记录育苗过程中的人员、用工、用料、水肥管理过程、病虫害管理、苗木出圃、倒床移栽等生产过程。

2. 苗木抚育

按苗圃地块分区记载，包括苗木品种、栽植规格、日期、株行距、移植成活率、年生长量、苗木在圃量、苗木保存率、技术管理、苗木成本、出圃规格、数量、日期等。

3. 其他资料

①使用新技术、新工艺和新成果的单项技术资料。

②试验区、母本区的技术资料。

4. 经营管理状况

①苗圃各项生产计划、育苗规划、设备安装运行状况等。

②职工组织、技术教育、考核、育苗水平发展变化。

③苗圃生产经营状况、经济效益分析

三、苗木生长调查及物候观测档案

建立苗圃同时就要根据树种分别建立物候观测记录档案，与技术措施档案不同之处是记录各阶段的效果，为进一步分析总结提供连续多年的同时期数据变化规律。通过对苗木生长发育的观察，用表格形式记载各种苗木的生长过程，以使掌握其生长规律，把握自然条件和人为因素对苗木生长的影响，确定有效的抚育措施。

四、气象观测档案

气象变化与苗木生长和病虫害的发生发展有着密切关系。通过记载和分析气象因素，可帮助人们利用气象因素，避免或防止自然灾害。

五、科学实验档案

以实验项目为单位，主要记载实验项目的目的、实验设计、试验方法、实验结果、结果分析、年度总结及项目完成的总结报告等。

六、经营管理档案

将苗圃建立及运营过程的主要材料、事迹、证据、分析总结资料及时收集整理，为下一步决策提供依据，包括苗圃设计任务书、规划图、施工记录、育苗计划、年度生产计划与总结、职工组织、技术装备资料、投资经营效益分析、苗木市场调研、其他经营等。

七、苗圃作业日记

主要记录苗圃每天所做的工作，统计各种苗木的用工量和物料的使用情况，以便核算成本，制定合理定额，更好地组织生产，提高劳动效率。

八、统计资料

统计资料包括各类统计报表、调查总结报告、各类鉴定书等。各类资料由专人每年整理一次，编目录、分类、存档。

【思考与练习】

1. 园林苗圃应该具备哪些条件？
2. 圃地踏勘调查的主要项目有哪些？
3. 辅助用地的规划原则是什么？
4. 生产用地一般包括哪些区域？各有什么要求？
5. 苗圃技术档案常包括哪些内容？

技能训练

技能训练一　参观与调查当地园林苗圃

一、目的要求

通过实地参观、调查、访问及测量训练，学生将能掌握苗圃用地的选择与区划方法，培养学生对现有苗圃质量的分析能力及苗圃区划设计能力。

二、材料与工具

新建及现有的各种苗圃测量工具、记录本、绘图工具等。

三、方法步骤

1. 方法：组织参观、访问、测量、绘草图。

2. 步骤：

（1）参观现有苗圃，了解全貌。

（2）分组分别测量生产用地和辅助用地面积。

（3）调查苗圃所有苗木种类、数量和植物生长情况。

（4）调查苗圃自然条件及经营条件。

（5）根据测量结果绘制苗圃概况草图。

四、结果评价

根据实训报告进行成绩评定。

优秀——内容符合要求、全面、详细、书写认真。

良好——内容符合要求、全面、详细。

合格——内容符合要求、全面，但是不够详细。

不合格——内容不全或缺勤。

五、作业

完成实验报告。

技能训练二　园林苗圃规划设计

一、目的要求

熟练进行苗圃规划设计图的绘制和编写设计说明书。

二、材料与工具

罗盘仪、皮尺、计算器、绘图工具。

三、方法步骤

1. 准备工作

了解育苗任务书、苗木规格标准表、播种量参考表、各种物资参考表、育苗作业定额参考表、各项工资标准、苗木种类符号表，掌握苗圃地的基本情况、土壤条件、水源情况、地形特点、病虫害和植被情况等。

2. 拟订规划方案

3. 修改规划方案

4. 绘制苗圃规划设计图

5. 编写苗圃设计说明书

四、结果评价

根据实训报告进行成绩评定。

优秀——内容符合要求、全面、详细、书写认真。

良好——内容符合要求、全面、详细。

合格——内容符合要求、全面，但是不够详细。

不合格——内容不全或缺勤。

五、作业

完成实验报告。

知识归纳

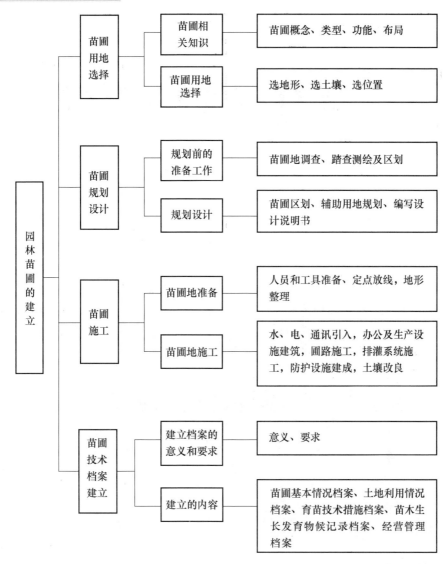

项目二　园林植物种实生产

【内容提要】

园林植物种实生产包括种实采集、种实调制、种实储运和种子品质检验，是园林植物栽培与养护的重要内容。本项目的重点一是种子品质检验技术，包括四个必检项目；二是种子质量分级标准。本项目难点是种子纯度检验的方法技术。

任务一　园林植物种实采集

【知识点】

园林植物结实规律
种子成熟过程
成熟特征

【技能点】

采集时间的确定
种实采集方法

相关知识

在园林苗圃中，种实通常是指用于繁殖园林苗木的种子和果实。园林树木的种实是苗圃经营中最基本的生产资料。优良的种实为培育优质苗木提供了前提和保证，为了获得优良充足的种实，必须掌握园林树木的结实规律，科学合理地进行种子采集。

一、园林植物结实基本规律

（一）园林植物的结实年龄

树木包括乔木和灌木，都是多年生、多次结实的植物（竹类除外），实生树木一生要经历种子时期（胚胎时期）、幼年时期、青年时期、成年时期和老年时期五个时期，而其开花结实则需要生长发育到一定的年龄阶段才能开始进行。对不同树种而言，每个时期开始的早晚和延续的时间长短都不同。即使是同一树种在不同的环境条件影响下，其各个时期也有一定的延长或缩短。由此可见，树木开始结实的年龄，除了受年龄阶段的制约外，还取决于树木的生物学特性和环境条件。

不同的树种，由于生长、发育的快慢不同，开始结实的年龄也不同。一般喜光的、速生的树种发育快，开始结实的年龄也小；反之，耐阴、生长速度慢的树种开始结实的年龄较大。乔木与灌木相比，乔木开始结实的年龄大，灌木开始结实的年龄小，如紫穗槐、胡枝子2~3年就可以开花结实。

（二）园林植物的结实间隔期

1. 结实间隔期的概念

丰年：结实量多的年份，称为丰年（大年、种子年）。

歉年：结实少或不结实的年份，称为歉年（小年）。

平年：结实中等的年份，称为平年。

结实的间隔期：相邻两个丰年间隔的年限，称为园林植物结实的间隔期。

2. 影响结实间隔期的因素

植物本身营养充足，气候条件好，土壤肥沃，为丰年；植物本身营养不足，气候条件差，为歉年。丰年种实质量好，歉年种实质量差。影响园林植物开花结实的因子：

①温度：花芽分化期、开花期，突然的降温或极高温，都会影响结实。

②降水：开花期连续下雨，影响授粉。

③光照：光照充足，种子数量多、质量好。

④土壤：水分、肥料充足，结实量大。

⑤生物因子：主要是病虫害的影响。

⑥开花习性：主要影响结实。

二、采集时间

（一）种实的成熟过程

1. 生理成熟

采集种子前首先要鉴定种子的成熟度。通常种胚具有发芽能力时，即表明种子已达生理成熟。但在多数情况下，生理成熟的种子，其内部营养物质仍处于易溶状态，干物质积累还不充分，种子的含水量很高，种皮还没有具备保护种胚的特性。这种种子不适于贮藏。因此，生产上通常不是以生理成熟，而是以形态成熟作为采种期的标志。但是有些树种为了提早成苗，进行嫩籽采种，就地立即播种，如枳壳嫩籽播种的成苗率很高。

2. 形态成熟

达到形态成熟的种子，其内部营养物质的积累已近终止，生物化学变化基本结束。生理活动降低、种子开始进入休眠状态。此时种皮紧实致密（见图2-1、图2-2），对外界不良环境的抵抗能力提高。多数针叶树和被子植物种子内部，此时不再是柔软的、凝胶或乳汁状，而坚实有仁，针叶树成熟时的胚应该至少占整个胚腔的3/4。

	生理成熟	种子内部营养物质积累到一定程度，种胚已经具有发芽能力。
成熟过程	形态成熟	种子内部生物化学变化基本结束，营养物质积累已经停止，种实的外部呈现出固有的成熟特征。
	生理后熟	形态上已表现成熟的特征，但种胚还需经过一段时间的发育，才具有发芽能力，这种现象称为生理后熟。

图2-1　银杏果　　　　　　　　　　　图2-2　白蜡树果实

一般生理成熟先于形态成熟，但也有少数树种如银杏、白蜡树等果实，虽然在形态上已成熟，但种胚并没有发育完全，还需要经过一定时间，在贮藏和催芽的过程中，种胚才逐渐发育成熟具有正常的发芽能力，这种现象称之为生理后熟。

总的来看，种子成熟应该包括形态上的成熟和生理上的成熟两个方面，只具备其中一个方面的条件时，则不能称之为真正成熟的种子。

（二）种实成熟的特征

1. 肉果类（浆果、核果、仁果等）　成熟时果实变软，颜色由绿变红、黄、紫等色，有光泽。如蔷薇、冬青、枸骨、火棘、南天竹、小檗、珊瑚树等变为朱红色；樟、紫珠、檫木、金银花、小蜡、女贞、楠木等变红、橙黄、紫等颜色，并具有香味或甜味，多能自行脱落。

2. 干果类（荚果、蒴果、翅果）　成熟时果皮变为褐色，并干燥开裂，如刺槐、合欢、相思树、皂荚、油茶、海桐、卫矛等。

3. 球果类　果鳞干燥硬化变色。如油松、马尾松、侧柏等变成黄褐色；杉木变为黄色，并且有的种鳞开裂，散出种子。见表2-1。

表 2-1　部分园林树种开花和种子成熟期表

树　种	地　区	开花期	种子成熟期	种实成熟的简要特征
紫叶小檗	华北	4~5 月	10~11 月	果实深红色
紫荆	北京	4 月初	10 月	荚果深褐色
紫珠	北京	4 月中、下旬	10~11 月	浆果深紫色
紫薇	北京	6~9 月	10 月下旬	圆锥果序深褐色
紫藤	北京	5~6 月	10~11 月	荚果黄色
金银木	华北	5 月	10~11 月	果实圆球形、深红色
小叶黄杨	北京	5 月	10~11 月	果实褐色
海洲常山	北京	5 月	11 月	果实深红色
国槐	北京	6 月	11 月	荚果黄绿色
银杏	北京	5~6 月	10~11 月	果实圆球形、黄色
千头椿	北京	5 月中、下旬	10~11 月	果实褐色
山桃	北京	3~4 月	7 月中、下旬	果实黄绿色
山杏	北京	3~4 月	7 月中、下旬	果实黄色
黄栌	北京	4 月	6 月中、下旬	果实黄褐色
冷杉	东北	4~5 月	10 月	球果紫黑色
云杉	华北	4 月	9~10 月	球果浅紫色或褐色
白皮松	华北	4~5 月	翌年 9~10 月	球果黄绿或褐色
华山松	西南	4 月下旬	翌年 9~10 月	球果青褐色
油松	华北	4~5 月	翌年 9~10 月	球果黄褐色
侧柏	华北	4 月	8 月下旬至 9 月	果实深黄褐色
桧柏	北京	5 月	11 月~翌年 1 月	果实紫黑色
椴树	华北	3~4 月	9~10 月	果实褐色
梧桐	西南	3~4 月	8~9 月	种皮黄褐色，有皱纹
合欢	华北	6~7 月	10 月	荚果黄褐色
皂荚	华北	4 月	10 月	荚果紫黑色
杜仲	中南	6 月	9~10 月	果实褐色
杨树	华北	5 月	4 月下旬至 5 月	果穗褐色
板栗	北京	4 月	10 月上旬	壳斗黄褐色
栓皮栎	华北	5 月	翌年 9 月	壳斗黄褐色
榆树	华北	5~6 月	5 月	果实浅褐色
桑树	华北	5 月	6 月	桑葚紫黑色
沙棘	华北	3~4 月	9~10 月	果实橘黄色
臭椿	华北	4~5 月	9 月	果实黄褐色
栾树	北京	6~7 月	9~10 月	果实黄褐色，种子黑色
元宝枫	北京	5 月中旬	9~10 月	果实黄褐色

（三）采种期确定

要考虑成熟期、脱落期、脱落持续时间。

针叶树前期脱落的种子质量好，阔叶树中期脱落的种子质量好。

1. 成熟后立即脱落或随风飞散的小粒种子：一般这类种子为了防止丢失，必须在成熟之前收获。所以收获时往往种子发育可能不一致，部分种子不成熟。如杨、柳、桦、冷杉、油松、落叶松等。

2. 成熟后立即脱落的大粒种子：脱落后及时从地面上收集，或在立木上采集。如栎类、板栗、核桃类等。

3. 成熟后较长时间种实不脱落：有充分的种实采集时间，但仍应在形态成熟后及时采种，否则，种实长时间挂在树上，易受虫害和鸟类啄食，导致减产和种子质量下降。如樟子松、椴树、水曲柳等。

为了获得优良纯正的种子，除及时采收外，还要选择优良采种树，并切忌搞错品种；选择果实发育好、肥大、端正的果实。

三、种实采集应注意事项

1. 做好种源调查，确定采种时期。

2. 掌握采种技术，安全操作。

3. 必须严格选择母树，防止不分母树好坏，见种就采的做法。

4. 注意采种时间，以无风晴天为好。

5. 保护母树，防止折损大枝、新梢和幼果。

6. 分清种源，分批登记，分别包装。包装容器内外均应编号。

 任务实施

一、选择优良的采种母株

母株应选择生长健壮、株形丰满、无病虫害、具有优良性状的壮年树。这样采集的种子，充实饱满、品质纯正、发芽率高、出苗整齐、幼苗健壮。

二、种实采集

（一）采种前准备

主要是采种所需的各种工具，有修枝剪、高枝剪、采种镰刀、采种钩、采种布、采种袋、簸箕和扫帚等。安全工具有安全绳、安全带、安全帽和采种梯等。有条件的可以配备采种机械及运输车辆。

（二）采集方法

1. 地面收集

一些种实粒大、在成熟后脱落过程中不易被风吹散的树种，如栎类、板栗、胡桃楸等，都可以待其脱落后在地面收集。为了便于收集，在种实脱落前宜对林内地表杂草和死亡地被物加以清除。还可以用震动树干的方法，促使种实脱落，在地面收集。见图2-3。

2. 植株上采集

适于种子粒小，容易被风吹散的树种。应在种实成熟后脱落前上树摘取种实。可用各种机器、工具直接在植株上采收。

①机器采收

摇树机采种：美国用摇树机在湿地松种子园采种，机械安装在有自动传送设备的底盘上，有一个钳夹装置，夹住90cm粗树干震动树干，可摇落80%的湿地松球果。摇树机把球果震落后，用真空吸果机将球果收集起来，或用反伞状承受器将种子收集在一起运走，效果相当于人工采种数10倍。适于种子园采种。

振动式采种机：德国有"肖曼"振动式采种机，由摇动头、举升臂、支承架及液压系统等几部分组成。振动头上有夹持器的振子，夹持器的两侧用橡胶或尼龙作衬垫，以防损伤树干。夹持树干的最大直径为50~55cm。举升臂的最大升起高度为3~4m，振动头可绕连接点旋转45°，总重650kg（拖拉机重量不计在内）。

②树上采种

绳套上树采种：因携带方便，操作简单，不受地形地势制约，是常用的立木采种方法。

脚踏蹬上树采种：利用钢铁制成带有尖齿的脚踏工具，作业时上部绑在腿的内侧，下部则与胫绑牢，利用脚踏蹬内侧的尖齿扎入树皮，以能承受人体重量为准。脚左右交替蹬树，双手抱树干攀登上树。

上树梯上树采种：利用竹木或钢铝轻合金制成的双杆梯或单杆椅，上树采种。

③直接采收

植株低矮的品种，可直接用手或借助采种钩、镰、高枝剪等工具，在地面上立木采集（如图2-4）。草本园林植物多采用此方法采收。对不宜散落的花卉种类，可以在整个植株全部成熟后，全株拔起晾干脱粒。

图2-3　地面收集种子

图2-4　立木采集

任务二　园林植物种实调制

【知识点】

种实调制的概念

种实调制方法

【技能点】

种实脱粒

种子净种

种子干燥

相关知识

种子采集后应及时处理，即调制。

种实的调制，又叫种实的处理，就是将采集来的林木球果、干果、肉质果中的种子，从果实中取出，去除杂质等项工作。调制措施包括脱粒、去翅、净种、干燥和精选等步骤。其目的是为了获得纯净、适于运输、贮藏与播种的优良种子。

一、净种的方法

（一）风选

利用风力将饱满种子与夹杂物分开。由于饱满种子和夹杂物以及空粒的重量大小不同，利用风力将其分开，适用于多数树种的种子。风选工具有风车（见图2-5），簸箕（如图2-6），木锨等。

图2-5　种子风选分级机

图2-6　风选

（二）筛选

利用种子与夹杂物直径大小不同，清除大于或小于种子的夹杂物。先用大孔筛使种子与小夹杂物通过，大夹杂物截留，倾出。再用小孔筛将种子截留，尘土和细小杂物通过（见图2-7）。还应配合风选、水选。

（三）水选（见图2-8）

利用种粒与夹杂物比重不同，将有夹杂物的种子在筛内浸入慢流水中，夹杂物及受病虫害的、发育不良的种粒上浮漂去，良种则下沉。经水选后的种子不宜曝晒，只宜阴干。水选的时间不宜过长，以免上浮的夹杂物、空粒吸水后慢慢下沉。水选还可用其他溶液，根据种子比重不同，可采用盐水、黄泥水、硫酸铜、硫酸铵等溶液净种。

图2-7　筛选

图2-8　水选

（四）粒选（手选）（见图2-9、图2-10）

是指从种子中挑选粒大、饱满、色泽正常、没有病虫害的种子。这种方法适用于核桃、板栗、油桐、油茶等大粒种子。

图2-9　种子精选机

图2-10　粒选

二、种子含水量标准

1. 气干含水量，是指种子在自然空气流通状态下，与空气湿度基本相同的含水量。种子放在自然流通的空气中，种子内部的含水量总是要趋向于与空气湿度相同的平衡状态。

2. 种子安全含水量（临界含水量、标准含水量），是指种子能维持其生命活动所必需的最低含水量。树种不同，种子的安全含水量也不同，一些常见树种的完全含水量见表2-2。

表2-2　常见树种安全含水量　　　　　　　　　　　　　　　　　　　%

树　种	标准含水量	树　种	标准含水量	树　种	标准含水量
油松	7～9	杉木	10～12	白榆	7～8
红皮油松	7～8	椴树	10～12	臭椿	9
马尾松	7～10	皂荚	5～6	白蜡	9～13
云南松	9～10	刺槐	7～8	元宝枫	9～11
华北落叶松	11	杜仲	13～14	复叶槭	10
侧柏	8～11	杨树	5～6	麻栎	30～40
柏木	11～12	桦木	8～9	板栗	30～40

三、种子干燥方法

1. 晒干：凡种皮坚硬，安全含水量低，在一般情况下不会迅速降低发芽力的种子，可利用日光曝晒进行种子干燥。如大部分针叶树、豆科、翅果类的种子。

2. 阴干：安全含水量高于气干含水量，一经干燥很快脱水，易丧失生命力的种子，忌晒，宜阴干。如板栗、油茶等。小粒的杨、柳、榆、桑等种子也用阴干法。

四、园林植物种实调制应注意的事项

1. 自然干燥法晾晒球果时，要经常翻动果实，阴雨天和夜晚要堆积盖好。

2. 肉质果取种时，不能使果实堆沤过久，并要经常翻动或换水，以免影响种子品质。

3. 种子取出后，要根据需要进行适度晾晒，以免久晒使种仁干缩而失去发芽力或未晾晒而发霉。

4. 水选时要注意：油脂含量高的种子不宜水选。经水选后的种子不宜曝晒，只宜阴干。水选的时间不宜过长，以免上浮的夹杂物、空粒吸水后慢慢下沉。

 任务实施

一、种实脱粒

（一）球果类脱粒

阴性树种：阴干—敲打—脱粒。

阳性树种：晒干—敲打—脱粒。

（二）干果类脱粒（见图2-11）

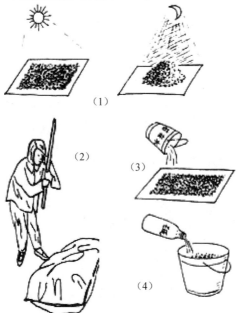

（1）选择向阳通风的地方，把种子摊在场上曝晒，经常翻动促其开裂。晚上或阴天将种果堆在一起覆盖好，以免淋湿，延长脱粒时间。

（2）经过5~10天，外种皮即可开裂，种子自然脱落，未脱净的种果可用木棍轻轻敲打至全部脱出为止。

（3）马尾松、火炬松等含松脂多的球果，浇2%~3%的石灰水后堆放，经过10天左右再摊开曝晒脱粒。

（4）花椒种子切勿日晒，又由于种壳外附有蜡质，脱粒后还要用草木灰或1%的碱水反复搓洗去掉蜡质，否则不易发芽。

图2-11　干果类脱粒

蒴果类：种粒细小含水量高的杨、柳等不宜曝晒，要慢慢阴干，有 2/3 蒴果开裂时，用柳条抽打脱粒。含水量较大的大粒蒴果，如油茶、油桐等阴干脱粒；香椿、乌桕等晒干后即可脱粒。

荚果类：摊晒晾干后适当敲打脱粒。

翅果类：枫杨、槭树、臭椿等不用去翅，干燥后清除杂物即可。

坚果类：栎类、板栗等大粒坚果外有总苞，成熟后可自行脱落，不宜曝晒。桦木、赤杨等小坚果，可摊开晾晒，然后用棒敲打。

（三）肉质果类脱粒（见图 2-12）

包括核果、浆果、聚合果等，肉质果含有较多的果胶、糖、大量水分等，容易发酵腐烂，采种后必须及时调制，以免降低种子质量。常用水浸沤法取种。如黄檗罗、山定子、圆柏、山杏、槐树等。也可堆沤如核桃、银杏等。

软化种皮—腐烂—敲打—水洗

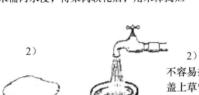

肉质果皮肉厚多汁，极易发酵腐烂，因而采收后要及时脱粒，否则会降低种子的品质。一般脱粒方法是：

1）先在木桶内水浸，待果肉软化后，用木棒捣烂果肉；

2）银杏、核桃等的果肉较厚，不容易捣碎，采后堆积起来浇水并盖上草帘保持湿润，待果皮软化腐烂与果核分离后，搓去果肉；

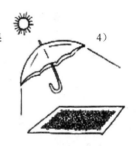

3）加水冲洗，将种子与果肉分开；

4）对肉质果处理过程中，要避免种子与渣滓一起长久留在水中，必须及时捞出种子并迅速阴干以便贮藏，千万不要放在太阳下曝晒。

图 2-12　肉质果类脱粒

二、种子的去翅

油松、云杉、落叶松等种子带翅，为了便于贮藏和播种，脱粒后要进行去翅。手工去翅是将种子装入麻袋内，揉搓或在筛内戴上手套揉搓。然后用风车或簸箕净种。有的树种种子去翅很简单，先把种子弄湿，再把它们干燥。这样处理一下，种翅分离，然后风扬去翅。

三、净种

去掉夹杂物如鳞片、果屑、果枝、叶碎片、空粒、土块、异类种子等。通过净种提高种子净度。根据种子和夹杂物的重量大小不一，采用风选、筛选、水选的方法。

四、种子干燥

根据种子情况选择阴干或晒干。

五、种子分级

种粒分级是把同一批种子按大小加以分类。通常分为大、中、小三级。一般用不同孔径的筛子筛选种子。分级后，种粒愈大愈重，发芽率和发芽势就愈高。如油松种子分级后测定：大粒种子的千粒重 49.17g，发芽率 91.5%，小粒种子的千粒重只有 23.9g、发芽率 87.5%、试验也证明了大粒种子育出苗木的质量好于小粒种子。种子播种后出苗整齐，苗木生长均匀，抚育管理方便，降低生产成本，对于育苗工作都有重要意义。

大粒种子：手选粒选分级

中小粒种子：筛选分级，风选分级。

任务三　园林植物种实的品质检验

【知识点】

样品的选取

种子品质检验的知识分析

【技能点】

净度、千粒重、含水量测定

发芽、生活力、优良度测定

相关知识

一、种子品质检验的基本知识

（一）样品的选取

种子品质检验，应从被检验的种子中取出有代表性的样品，通过对样品的检验来评定种子的质量。如果样品没有充分的代表性，无论检验工作如何细致准确，其结果也不能说明整批种子的品质。

1. 样品的基本概念

①种子批（种批）

种批指来源和采集期相同、加工调制和贮藏方法相同、质量基本一致、并在规定数量之内的同一树种的种子。

种子规程规定了种批的重量限额，如特大粒种子（核桃、板栗、油桐等）为 10000kg；大粒种子（麻栎、山杏、油茶等）为 5000kg；中粒种子（红松、华山松、樟树、沙枣等）为 3500kg；小粒种子（油松、落叶松、杉木、刺槐等）为 1000kg；特小粒种子（桉、桑、泡桐、木麻黄等）为 250kg。同一批种子，如果超过限额，可划分为两个或更多的检验单位。但在种子集中产区可以适当加大种批限额，在科学研究上，根据需要，可以划分得更细。

②初次样品

简称初样品，即从一个种批的不同部位或不同容器中分别抽样时，其每次抽取的种子，称为一个初次样品。

③混合样品

从一个种批中取出的全部初次样品，均匀地混合在一起称为混合样品。

④送检样品

混合样品一般数量较大，用随机抽样的方法，从混合样品中按各树种送检样品重量分取供作检验用的种子，称为送检样品。

⑤测定样品

从送检样品中，分取一部分直接供做某项测定用的种子，称为测定样品。但种子含水量的检验样品不能从送检样品中提取，应直接从混合样品中提取两份，立即密封保存。

2. 样品的抽取

（1）抽样程序

①抽样前应先了解种子来源、产地、采种时间、加工调制、贮存、运输情况及堆放状况，从中分析出抽样时应注意的问题，为划分种批和抽样做好准备。

②仔细察看一个种批各容器或各不同部分间种子品质是否一致，若有显著差别，应另划种批，或者重新混合均匀后再抽样。

③正确的抽样程序分两个阶段：第一个阶段是从一个种批中抽取若干初次样品，充分混合后形成混合样品；第二个阶段是从混合样品中按规定重量分取送检样品，种子检验单位再从送检样品中用一定方法分取一定重量的测定样品。抽取初次样品的部位应全面均匀地分布，每个取样点所抽取的样品数量应基本一致。

（2）抽样强度

按照一批种子的总容器件数，计算应取样品的容器数。按国家标准《林木种子检验方法》的规定是：5 个容器以下，每个容器都抽取，抽取初次样品的总数不得少于 5 个；6~30 个容器，每 3 个容器至少抽取 1 个，但总数不得少于 5 个；31 个容器以上，每 5 个容器至少抽取 1 个，但总数不得少于 10 个。

在一个容器中，应从上、中、下等不同的部位抽取样品。在库房或围囤中大量散装的种子，可在堆顶的中心和四角（距边缘要有一定距离）设 5 个取样点，每点按上、中、下 3 层取样。也可与种子的风选、晾晒和入库结合进行。

冷藏的种子应在冷藏的环境中取样，并应就地封装样品。否则，冷藏的种子遇到潮湿温暖的空气，水汽便会凝结在种子上，使种子含水量上升。

（3）分样方法

从混合样品中分取送检样品及从送检样品中分取测定样品，可用四分法和分样器法。抽样工具见图 2-13。

3. 样品的封装、寄送和保存

送检样品一般可用布袋、木箱等容器进行包装。供含水量测定用的送检样品，要装在防潮容器内加以密封。调制时种翅不易脱落的种子，须用硬质容器盛装，以免因种翅脱落加大夹杂物的比重。

每个送检样品必须分别包装，填写两份标签，注明树种、种子采收登记表编号和送检申请表的编号等，1 份放在包装内，另 1 份挂在外面。使样品与种子批之间建立联系。

提取送检样品后，应尽快送往种子检验站，不得延误。

种子检验单位收到送检样品后，要按送检样品登记表进行检验（如表2-3）。尽量缩短取样到检验的时间，避免样品的品质发生变化。一时不能检验的样品，须存放在适宜的场所。送检样品应妥善保存一部分，以备复检时使用。

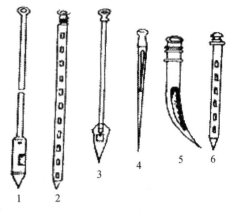

图2-13　抽样工具

1—长柄短圆锥形取样器；2—圆筒形取样器；
3—圆锥形取样器；4—单管取样器；
5—羊角取样器；6—单管大塞取样器

表2-3　检验申请表

检验申请表
＿＿＿＿＿＿：　　编号：＿＿＿＿＿＿ 现有送检样品一份，简要情况如下，请给予检验。 一　树种名称…………………… 二　采种地点…………………… 三　采种时间…………………… 四　送检样品（g）…………… 五　种批编号…………………… 六　本批种子重（kg）……………容器件数…………… 七　要求检验项目…………… 八　质量检验证书寄往地点和单位名称…………… 　　（附林木采种登记表） 　　送检单位　　　　　（盖章） <div align=right>抽样人……… 联系人……… 日　期………</div>

（二）种子品质检验的指标分析

1. 净度（纯度）分析

测定样品中纯净种子重量占测定样品各成分重量总和的百分数。净度是种子播种品质的重要指标，是计算播种量的必要数据，种子净度越高，品质越好，越耐贮藏。种子纯度可按下式计算：

种子净度（％）＝纯净种子重量／（纯净种子重量＋废种子重量＋夹杂物重量）×100％

纯净种子是指完整的、没有受伤害的、发育正常的种子；发育不完全的种子和难以识别的空粒；虽已破口或发芽，但仍具发芽能力的种子。带翅的种子中，凡加工时种翅容易脱落的, 其纯净种子是指除去种翅的种子; 凡加工时种翅不易脱落的, 其纯净种子包括种翅。

废种子包括: 能明显识别的空粒、腐坏粒、已萌芽因而显然丧失发芽能力的种子; 严重损伤 (超过原大小一半) 的种子和无种皮的裸粒种子。

夹杂物包括: 不属于被检验的其他植物种子; 叶片、鳞片、苞片、果皮、壳斗、种翅、种子碎片、土块和其他杂质; 昆虫的卵块、成虫、幼虫和蛹等。

2. 千粒重分析

种子的千粒重是指在气干状态下 1000 粒纯净种子的重量。以克 (g) 为单位, 同一树种千粒重大的种子, 饱满充实, 贮藏的营养物质也多, 结构紧密, 播种后能长出健壮的苗木。因此, 千粒重是衡量种子品质优劣的重要指标, 是播种量的重要依据。影响千粒重的因素很多, 如母树的年龄、生长发育状况、土壤、气候条件、采种时间等。因此, 同一树种不同地区、不同年代的种子, 其千粒重不完全相同。测定千粒重的方法, 是从纯净种子中采用四分法连续不加选择地从每个小样中数出 1000 粒种子 (大粒种子数 500 粒, 特大种子数 250 粒), 共数两组, 分别称其重量求出平均值即为种子的千粒重。

种子千粒重测定有百粒法、千粒法和全量法。

(1) 百粒法

通过手工或用数种器从待测样品随机数取 8 个重复, 每个重复 100 粒, 分别称重。根据 8 个重复的称重读数, 求算出 100 粒种子的平均重量, 再换算成 1000 粒种子的重量。

(2) 千粒法

适用于种粒大小、轻重极不均匀的种子。通过手工或用数种器从待测样品中随机数取 1000 粒种子, 共数两组, 分别称重, 计算平均值, 求算千粒重。大粒种子, 每个重复数 500 粒; 小粒种子每个重复数 1000 粒。

(3) 全量法

珍贵树种, 种子数量少, 纯净种子粒数少于 1000 粒的, 可将全部种子称量, 换算千粒重。

3. 含水量分析

种子含水量是指种子所含水分与种子重量的百分比。种子含水量是决定种子品质优劣的重要指标之一。种子含水量对种子贮藏运输影响很大, 如含水量过多, 会使种子腐烂变质, 丧失发芽能力。为了保持种子在贮藏期间的优良品质, 必须测定种子的含水量, 以达到安全贮藏的目的。种子含水量测定, 可将样品置于烘箱中, 在 105℃ 条件下烘干, 并按下列公式计算种子含水量:

$$含水量(\%) = \frac{M_2 - M_3}{M_2 - M_1} \times 100$$

式中　M_1——样品盒和盖的质量, g;

　　　M_2——样品盒和盖及样品的烘前质量, g;

　　　M_3——样品盒和盖及样品的烘后质量, g。

4. 发芽能力分析

种子发芽力是指种子在适宜条件下发芽并长成植株的能力，是种子播种品质最重要的指标。只有测定了种子的发芽能力，才能正确判断一个种批的价值。常用发芽率和发芽势表示。

发芽势一般以发芽试验规定的期限的最初 1/3 期间内发芽种子数占供检种子总数的百分比。是发芽整齐程度的指标。

发芽率是指在规定的条件和时间内正常发芽种子数占供检种子总数的百分比。计算公式如下：

$$发芽率（\%）= \frac{n}{N} \times 100$$

式中　　n——正常发芽种子数；

N——供检种子总数。

5. 生活力分析

种子潜在的发芽能力称为种子的生活力。用有生活力的种子数占供试种子数的百分率表示。目前常用的生活力测定方法是染色法，根据不同的染色原理和种子染色部位，确定种子是否具有生活力。

①四唑染色法

常用的四唑是 2，3，5-三苯基氯化（或溴化）四氮唑。其染色原理是：种子的活细胞中有脱氢酶存在，而死细胞中没有脱氢酶，种子浸入无色四唑水溶液，在种胚的活组织中被脱氢酶还原成稳定的、不溶于水的红色物质。而种胚的死组织中则无此种反应。

②靛蓝染色法

靛蓝为蓝色粉末，分子式为 $C_{16}H_8N_2O_2(SO_3)_2Na_2$，是一种苯胺染料。能透过死细胞组织使其染上颜色，因此，染上颜色的种子是无生活力的，根据染色的部位和比例大小来判断种子有无生活力。

③碘-碘化钾染色法

松、云杉、落叶松等树木的种胚在开始发芽时生成淀粉，淀粉在碘的作用下，产生碘的有色反应，因此将种子浸种两三天后取出种胚，浸入碘-碘化钾溶液内（每 100mL 水中先放入碘化钾 1.3g；溶解后再加入 0.3g 结晶碘），20～30min 后取出，种胚呈暗褐色或黑色者为有生命力的种子。

6. 优良度分析

种子优良度又叫良种率，是指优良种子数与供检种子总数的百分比。优良度的测定主要是根据视觉、嗅觉、触觉、味觉来判断种子的品质。在一般情况下，种皮、种胚、胚乳的外观表现，在一定程度上反映出种子的品质。经验丰富者可用感官鉴定对种子品质作出大致的评价。此方法特别适宜在采种、脱粒、收购的现场检验。对大粒种子用得较多，经验丰富时也可以用于松、杉之类的小粒种子。

$$优良度（\%）= \frac{优良种子数}{供测定种子数} \times 100$$

常用的方法有解剖法、挤压法、透明法、比重法和爆炸法等。

（三）种子品质检验登记

表 2-4 园林植物种子质量检验证

植物种		物种重量		送检样品重		送检日期	
种子采集登记表编号				送检申请表编号			
检验结果							
检验项目				备注			
1. 净度			%				
2. 千粒重			g				
3. 发芽率			%				
4. 生活力			%				
5. 含水量			%				
6. 优良度			%				
7. 病虫害感染程度			%				
种子质量等级							
检验证有效期				年　　月　　日至　　年　　月　　日			
检验单位：				（盖章）　　　　年　　月　　日			
检验员：				（签字）　　　　年　　月　　日			

二、种子品质检验操作的注意事项

1. 测定样品的称量应达到称量精度的要求。

2. 操作时，为了避免测定误差，应尽量减少测定样品在空气中暴露的时间，以防失水。

3. 测定结果必须要进行误差分析，如超限，则须重新测定。

4. 发芽测定期间，要每天或定期观察结果，认真填写发芽测定记录表；正确区分正常幼苗、不正常幼苗和未发芽粒数，及时取出感染霉菌的种子，并用清水冲洗，发霉严重时及时更换发芽床。

5. 种子生活力鉴定的主要依据是染色的部位，而不是染色的深浅；如发现靛蓝水溶液有沉淀，可适当加量，最好随配随用，不宜存放过久。

6. 对照主要造林树种种子优劣标志表鉴定种子的优劣。剖开切面时要顺着种胚通过，以便观察种胚全貌。

 任务实施

一、净度测定

1. 取样

将送检样品用四分法或分样器法进行分样，取得两份样品，并称重。称量精度如

表2-5。

表2-5 净度分析样品的总体及各个组成成分的称量精度表

测定样品重，g （全样品或"半样品"）	称量至小数点位数 （全样品或"半样品"及其组成）
1.0000 以下	4
1.000 ~ 9.999	3
10.00 ~ 99.99	2
100.0 ~ 999.9	1
1000 或 1000 以上	0

2. 区分各种成分

将两份测定样品分别铺在种子检验板上，仔细观察，区分出纯净种子、废种子及夹杂物。

3. 称重

用天平分别称量纯净种子、废种子和夹杂物的重量。

4. 检验结果计算

按净度计算公式计算，并进行误差分析，填写种子净度分析记录表（如表2-6）。

表2-6 净度分析记录表

编号_____ 树种_____ 样品号_____ 样品情况_____ 测试地点_____

环境条件：室内温度_____℃ 湿度_____% 测试仪器：名称_____ 编号_____

方法	试样重 （g）	纯净种子重 （g）	异类种子重 （g）	夹杂物重 （g）	总重 （g）	净度 （%）	备注
实际差距			容许差距				

本次测定：有效 □　　　　测定人_____

　　　　　无效 □　　　　校核人_____

测定日期：_____年_____月_____日

二、千粒重的测定（采用百粒法）

1. 取样

将纯净种子铺在种子检验板上，用四分法分到所剩下的种子略大于所需量。

2. 点数和称重

从测定样品中不加选择地点数种子，点数时将种子每5粒放成一堆，两个小堆合并成10粒的一堆，取10个小堆合成并成100粒，组成一组。用同样方法取第二组，第三组……直至第八组，即为八次重复，分别称各组的重量，记入种子千粒重测定记录表2-7

中，各重复称量精度同净度测定时的精度。

表2-7　种子千粒重测定记录表（百粒法）

编号_____　树种_____　样品号_____　样品情况_____　测试地点_____

环境条件：温度_____℃　湿度_____%　测试仪器：名称_____

编号_____　测定方法_____

重复号	1	2	3	4	5	6	7	8	9	10	11	12	13	14	15	16
每份重量（x），g																
标准差																
平均重量																
变异系数																
千粒重，g 10×																

第_____组数据超过了容许误差，本次测定根据第_____组计算

本次测定：有效　□　　无效　□　　测定人_____　　校核人_____

测定日期：_____年_____月_____日

3. 计算测定结果

根据八个重量的称量读数求八个组平均重量（$\overline{X}$），然后计算标准差（S）及变异系数（C），当标准差和变异系数不超过规定限度时，即可计算100粒种子的平均重量，再推算出1000粒种子的重量。

三、含水量的测定（低恒温烘干法）

1. 取样

从供测定含水量的送检样品中用四分法或其他取样法提出测定样品两份。

2. 称重

将两个测定样品分别装入预先烘至恒重和编号的称量瓶或铝盒中，并记下称量瓶（盒）重和瓶（盒）号。然后连同带盖的称量瓶（盒）及其中的测定样品一起称重，记下读数。将称量瓶（盒）放入105℃±2℃的烘箱中，敞开盖子，从温度回升到105℃时开始计时，连续烘4小时，取出后盖上盖子，放入干燥器中冷却15～20min。用坩埚钳取出称重记下读数，再敞开瓶（盒）盖用105℃烘2小时，再按上法称重，记下读数。直至前后两次的重量之差小于0.01g时，即认为已达到恒重。所有称重的精确度应达到1mg，并使用同一架天平。

3. 计算测定结果

根据测定结果，分别计算两份测定样品的相对含水量百分率，精度到小数点后一位。两份测定样品测定结果不能超过0.5%。如超过此数，必须重新测定，如第二次测定的差异不超过0.5%，则按第2次结果计算含水量。如果第二次差异仍大于0.5%，则从四组中抽出差异小于0.5%的两个组，以其平均值的含水量作为本次测定结果。

表 2-8　含水量测定记录表

编号_____　树种_____　样品号_____　样品情况_____　测试地点_____

环境条件：温度_____℃　湿度_____%　测试仪器：名称_____

编号_____　测定方法_____

容器号			
容器重（g）			
容器及测定样品原重（g）			
烘至恒重（g）			
测定样品原重，g			
水分重（g）			
含水量（%）			
平均	%		
实际差距	%	容许差距	%

本次测定：　有效　□　无效　□　测定人_____　校核人_____

测定日期：_____年_____月_____日

四、发芽率的测定

1. 取样

用四分法将纯净种子区分成 4 份，从每份中随机数取 25 粒组成 100 粒，共取 4 个 100 粒，即为 4 次重复。

2. 消毒灭菌

为了预防霉菌感染，干扰检验结果，检验所使用的种子和各种物件一般都要经过消毒灭菌处理。

3. 浸种

落叶松、油松、马尾松、云南松、樟子松、杉木、侧柏、水杉、黄连木、胡枝子等，用始温为 45℃水浸种 24 小时，刺槐种子用 80～90℃热水浸种，待水冷却后放置 24 小时，浸种所用的水最好更换 1～2 次；杨、柳、桉等则不必浸种。

4. 置床

一般中粒、小粒种可在培养皿中放上纱布或滤纸作床。在培养皿不易磨损的地方（如底盘的外缘）贴上小标签，写明送检样品号、重复号、姓名和置床日期，以免错乱。然后将培养皿盖好放入指定的恒温箱内。根据树种的特性使用变温或恒温，规定使用变温的，每昼夜应当保持低温 16 小时，高温 8 小时，温度的变换应在 3 小时以内逐渐完成，湿度为 60%～70%。

5. 发芽率测定的管理

经常检查发芽环境的温度，保持发芽床湿润，注意充分换气，将感染霉菌的种子及时取出（不要使它们接触健康的种粒）用清水冲洗。发霉严重时整个滤纸和坐垫、甚至整个培养皿都要更换。这些情况在发芽记录表中应及时记载。

6. 观察、评定和记载

发芽测定期间，每天或定期进行观察记载，填写发芽测定记录表（表 2-9）。记录时用分数表示，分子为检查日已发芽种子数，分母为检查日未发芽种子数。

表 2-9　发芽测定记录表

树种		预处理方法		送样品编号			温　度	
		其他记载					光　照	

预处理日期	组号	1	2	3	4	5	6	7	8	9	10	11	12	13	14	15	…	41	42
		逐　日　发　芽　粒　数																	
置床日期	1																		
	2																		
开始发芽日期	3																		
	4																		

检验员＿＿＿＿＿＿　　　　　　　　　　　　　　　　　　　　　　　年　　月　　日

7. 计算测定结果

根据发芽测量记录结果（表 2-10），计算种子发芽各项发芽指标。

表 2-10　发芽测定结果表

编号＿＿＿＿＿＿　　树种＿＿＿＿＿＿　　样品号＿＿＿＿＿＿　　样品情况＿＿＿＿＿＿　　测定地点＿＿＿＿＿＿

环境条件：室内温度＿＿＿＿＿＿℃　　湿度＿＿＿＿＿＿%　　测试仪器：名称＿＿＿＿＿＿

编号＿＿＿＿＿＿　　预处理＿＿＿＿＿＿　　置床日期＿＿＿＿＿＿　　测定条件＿＿＿＿＿＿

组号	发芽势		发芽率		未发芽粒									发霉日期及换垫日期	平均发芽势	平均发芽率	平均绝对发芽率	平均发芽速度	备注
	天数	%	天数	%	腐坏	异状	新鲜	空粒	硬粒	涩粒	其他	计	%						
1																			
…																			
合计																			

组间最大差距＿＿＿＿＿＿　　容许差距＿＿＿＿＿＿　　　本次测定：　有效　□　　无效　□

测定人＿＿＿＿＿＿　　　　校核人＿＿＿＿＿＿　　　测定结束日期＿＿＿＿年＿＿＿月＿＿＿日

五、生活力的测定

1. 取样

从净度测定后的纯净种子中随机数取 100 粒种子作为一个重复，共取 4 个重复。此外还需抽取约 100 粒种子作为后备，以便代替取胚时弄坏的种子。

2. 浸种取胚

将四组样品和后备种子浸入室温水中。浸种时间因树种而异，松属、雪松属的种子在室温下 3~5 天，刺槐、银合欢等种子可用锐利的解剖针或小刀等仔细地从胚根后面弄破种皮，然后用室温水浸种 24 小时，也可先用 80~90℃ 水烫种，搅拌到室温，然后浸种 24 小时。浸种后，分组取胚，沿种子的棱线切开种皮和胚乳，取出种胚，种胚取出后放在盛有清水或垫有潮湿滤纸、纱布的玻璃器皿里，以免种胚干燥萎缩而丧失生活力。取胚时随时记下空粒、腐烂粒、感染了病虫害的种粒以及其他显然没有生活力的种子粒数，分组记入记录表，如取胚时由于人为技术而破坏种胚，可以从后备组中任取一粒种胚补上。大粒种子如板栗、锥栗、核桃、银杏等可取"胚方"染色。

3. 溶液配制

靛蓝用中性蒸馏水配成浓度为 0.05%~0.1% 的溶液，随配随用，不宜存放过久，试剂的用量应该能够完全浸没种胚。四唑用中性蒸馏水配成浓度为 0.1%~1.0% 的溶液（一般用 0.5%）。

4. 染色

将种胚分组浸入染色溶液里，上浮者要压沉。靛蓝溶液在气温 20~30℃ 时需浸 2~3 小时。四唑溶液在气温 25~30℃ 的黑暗或弱光环境中保持 12~48 小时，染色时间因树种而异，一般树种最少需 3 小时。

5. 观察记录

经过染色的种子分组放在潮湿的滤纸上，借助手持放大镜或立体放大镜逐粒观察。根据染色的部位、染色面积的大小和染色程度，逐粒判断种子的生活力。通过鉴定，将种子评为有生活力和无生活力两类。

6. 结果计算

测定结果以有生活力种子的百分率表示，分别计算各个重复的百分率，重复间最大容许差距与发芽测定相同。如果各重复中最大值与最小值没有超过容许误差范围，就用各重复的平均数作为该次测定的生活力。

表 2-11　种子生活力测定记录表

编号_____　树种_____　样品号_____　样品情况_____　染色剂_____

浓度_____　测试地点_____　环境条件：温度_____℃　湿度_____%

测试仪器：名称_____　编号_____

重复	测定种子粒数	种子解剖结果				进行染色粒数	染色结果				平均生活力%	备注
		腐烂粒	涩粒	病虫害粒	空粒		无生活力		有生活力			
							粒数	%	粒数	%		
1												
2												
3												
4												
平均												
测定方法												

实际差距_____　容许差距_____　　　本次测定：　有效　□　　无效　□

测定人_____　校核人_____　　　测定日期_____年_____月_____日

六、优良度的测定

1. 取样

从纯净种子中，随机提取 4 组测定样品。种皮坚硬难于剖切的，可在测定前浸种，使种皮软化。

2. 测定方法

解剖法 先观察供测种子的外部情况，然后分别逐粒剖开，观察种子内部情况，区分优良种子与劣质种子。各个重复的优良种子、劣质种子以及剖切时发现的空粒、涩粒、无胚粒、腐烂粒和虫害粒的数量记入表 2-12 中。

表 2-12 种子优良度测定记录表

编号_____ 树种_____ 样品号_____ 样品情况_____ 测试地点_____

环境条件：温度_____℃ 湿度_____% 测试仪器：名称_____ 编号_____

重复	测定种子粒数	观察结果						优良度 %	备注
		优良粒	腐烂粒	空粒	涩粒	病虫害粒			
1									
2									
3									
4									
平均									
实际差距				容许差距					
测定方法									

本次测定： 有效 □ 无效 □ 测定人_____ 校核人_____

测定日期： 年 月 日

3. 计算结果

测定结果以优良种子的百分率表示，分别计算各个重复的百分率，并按"发芽测定容许差距表"检查各次重复间的差距是否为随机误差，如果各重复中最大与最小值之差没有超过容许差距范围，就用各重复的平均数作为该种批的优良度，用整数的百分比来表示。如果各重复中最大值与最小值之差超过"重新发芽测定容许差表"所列的容许范围，应按发芽重新测定的规定重新测定并计算结果。

任务四 园林植物种实贮藏

【知识点】

种质资源概念、类型

种质资源的搜集

【技能点】

种质资源保存

种子储存方法

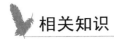 相关知识

一、种质资源的概念及类型

1. 概念

种质资源又叫遗传资源、基因资源，是决定生物遗传性状，并将遗传信息从亲代传递给子代的遗传物质的资源总称。种质资源包括植物的个体、器官、组织、细胞甚至基因。

种质资源在作物育种中的作用主要表现在以下几个方面：

①种质资源是现代育种工作的物质基础；

②稀有特异种质对育种成效具有决定性的作用；

③新的育种目标能否实现决定于所拥有的种质资源；

④种质资源是生物学理论研究的重要基础材料。

2. 类型

①本地种质资源

在当地自然条件和耕作制度下，经过长期培育选择得到的地方品种和当前推广的改良品种。特点：对当地的自然条件、栽培条件，适应性好，当地人消费容易接受。优良品种可直接在生产上利用。

②外地种质资源

指引自外地区或国外的品种或材料。特点：具有不同于本地种质资源的遗传特性，是改良品种的宝贵种质资源。

③野生种质资源

包括栽培植物的近缘野生种和有潜在利用价值的植物野生种。特点：经过长期自然选择生存下来，具有很强的适应性和抗逆性，还可能具有栽培植物所不具有的重要特性。

④人工创造的种质资源

包括人工诱变而产生的突变体、远缘杂交创造的新类型、育种过程中的中间材料、基因工程创造的新种质等。特点：具有自然界所没有的种质。

二、园林植物种质资源的调查收集

1. 种质资源的调查

（1）种质资源调查的目的和意义

摸清当地的植物资源，可以直接或间接地应用于生产；为作物发展规划或品种区域化提供资料；编写作物志，或整理成文献。为资源的搜集、保存和研究利用提供信息。

（2）种质资源调查的主要内容

地区情况调查：社会经济和自然（地形、气象、土壤、植被等）。

园艺资源概况调查：栽培历史和分布，种类和品种，繁殖方法和栽培管理，生产供销和利用及存在的问题和提出的要求。

园艺种类品种调查：记载种类和品种的一般概况，生物学特性，形态特征，经济性

状以及某些潜在的可利用价值等。

标本资料采集和制作：对植物的根、茎、叶、花、果等器官进行录像或绘图，成分分析和标本的制作。

资源调查整理和总结：做好最后的资料整理和总结分析工作。

2. 种质资源的搜集

搜集对象　地方品种、育成品种、近缘野生种、创新种质及有关野生植物资源。

搜集范围　作物起源中心、栽培中心和遗传育种中心进行。

搜集方法　实地调查收集或通过通信邮寄方式进行收集。

3. 种质资源搜集的一般原则

①根据需要和目的，有针对性地搜集种质资源。

②对需要的种质资源要采用一切必要途径进行搜集。如通讯联系、现场引种。组织考察队进行搜集。

③种苗的搜集要遵照种苗的调拨制度。要求质量高、典型、有生活力，以便繁殖和保存。一定要注意检疫。

④搜集时应由近及远，从本地到外地，逐步进行搜集。

⑤搜集时要做到细致、无误、分类，不重复、不遗漏。

三、园林植物种实贮藏

种子从收获至播种需经或长或短的贮藏阶段，种子贮藏是种子经营管理中最重要的工作环节。种子贮藏的任务是采用合理的贮藏设备和先进科学的贮藏技术，人为地控制贮藏条件，将种子质量的变化降低到最低限度，最有效地保持种子旺盛的发芽力和活力，从而确保其播种价值。

1. 种子贮藏的原则

使种子的新陈代谢处于最微弱的状态。

2. 影响园林植物种子贮藏的因素

主要有湿度、温度、空气。一般贮藏种子温度应在15℃以下，适宜温度为0～5℃，空气流通为宜。

 ## 任务实施

一、园林植物种质资源的保存

收集到种质资源经整理分类后，必须妥善保存，以免基因资源丧失。保存种质资源的目的是维持种质的一定数量与保存各种质的生活力及原有的遗传变异性。

1. 就地保存

通过保护种质资源所处的生态环境达到保护种质的目的。如划定自然保护区。

2. 异地保存

是指把搜集到的种子、穗条在其他适宜的地区栽种。

3. 保存种子和花粉

绝大多数种子可在低温干燥的条件下保存。（0～5℃，空气相对湿度32%～37%，可贮藏 10 年; −15 ～ −10℃, 空气相对湿度 32% ～50%, 可保存 30 ～50 年。)

4. 种质圃保存

是将种质材料迁出自然生长地, 集中改种在植物园、资源圃等地保存。

种质资源的保存, 除资源材料本身外, 还应包括种质资源的各种资料, 对每份资源材料均应有其档案, 档案资料在条件许可时, 应输入计算机储存, 建立数据库, 以便于资料检索、分类和开展有关的研究工作。

二、园林植物种子贮藏方法

种子贮藏的具体方法依种实类型和贮藏目的而定, 最主要依据种子安全含水量的高低来确定, 应用较多的是干藏法和湿藏法。含水量低的种子一般适宜干藏, 含水量高的种子一般适宜湿藏。

(一) 干藏法

种子本身含水量相对低, 计划贮藏时间较短的种子, 尤其是秋季采收且准备来年春季进行播种的种子, 可采用干藏法。适于干藏的树种有侧柏、杉木、柳杉、水杉、云杉、油松、马尾松、落叶松、白皮松、红松、合欢、刺槐、白蜡、丁香、连翘、紫葳、紫荆、木槿、腊梅、山梅花等。方法是: 先将种子进行干燥, 达到气干状态, 然后装入麻袋、布袋、缸、瓦罐、木桶或其他容器内, 置于常温、相对湿度保持在 50% 以下, 或 0～5℃ 低温、相对湿度 50%～60%, 且通风的种子库贮藏。贮藏时注意容器内要稍留空隙, 严密防鼠、防虫, 注意及时观察, 防止潮湿。计划贮藏时间超过 1 年以上时, 为了控制种子呼吸作用, 减少种子体内贮藏养分的消耗, 保持种子有较高的活力, 可进行密封干藏。如柳、桉、榆等种子, 将种子装入容器内, 然后将盛种容器密闭, 置 5℃ 低温条件下保存。密封干藏时, 种子的含水量一般应干燥到 5% 左右, 使用的容器不宜太大, 以便于搬运和堆放。容器可用瓦罐、铁皮罐和玻璃瓶等, 也可用塑料容器。种子不要装得太满。密闭容器中充入氮和二氧化碳等气体, 利于降低氧气的浓度, 适当地抑制种子的呼吸作用。另外, 容器内要放入适量的木炭、硅胶和氯化钙等吸湿剂。

(二) 湿藏法

湿藏法又称沙藏法, 即把种子置于一定湿度的低温 (0～10℃) 条件下进行贮藏。这种方法适于安全含水量 (标准含水量) 高的种子, 如栎类、银杏、樟、四照花、七叶树、楠、忍冬、黄杨、紫杉、椴树、女贞、海棠、木瓜、山楂、火棘、玉兰、鹅掌楸、大叶黄杨等。贮藏种子中可采用挖坑埋藏、室内堆藏和室外堆藏等方法。

室外挖坑埋藏最好选地势较高、背风向阳的地方, 通常坑的深和宽为 0.8～1m, 坑长视种子多少而定。坑底先垫 10cm 厚的湿沙, 然后种子与湿沙按容积 1:3 混合后放入坑内。坑的最上层铺 20cm 厚的湿沙。贮藏坑内隔一段距离插一通气筒或作物秸秆或枝条, 以利通气。地表之上堆成小丘状, 以利排水 (如图 2-14)。珍贵或量少的种子, 可将种子和沙子混合或层积, 置入木箱内, 然后将木箱埋藏在坑中, 效果良好。室内混沙湿藏, 可保持种子湿润, 且通气良好。湿沙体积为种子的 2～3 倍, 沙子湿度视种子而异。银杏和樟树种子, 沙子湿度宜控制在 15% 左右; 栎类、槭、椴等, 可采用 30%, 如果湿度太大, 容易引起发芽。一般以手握成团, 手捏即散为宜。温度以 0～3℃ 为宜, 太低易造成冻害, 但温度高又会引起种子发芽或发霉。

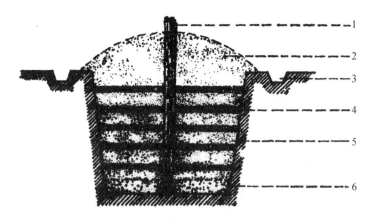

图 2-14 坑藏种子示意图

1—秸秆；2—沙土；3—排水沟；4—种子；5—细沙；6—粗沙

（三）种子超低温贮藏

超低温贮藏是利用液态氮为冷源，将种子置于 −196℃ 的超低温下，使其新陈代谢活动处于基本停止状态，不发生异常变异和裂变，从而达到长期保持种子寿命的贮藏方法。这种方法设备简单，贮藏容器是液氮罐。贮藏前种子常规干燥即可，贮藏过程中不需要监测活力动态。适合对稀有珍贵种子进行长期保存。目前，超低温贮藏种子的技术仍在发展中。许多研究发现，榛、李、胡桃等树种的种子，温度在 −40℃ 以下易使种子活力受损。有些种子与液氮接触会发生爆裂现象等。因此，贮藏中包装材料的选择、适宜的种子含水量、适合的降温和解冻速度、解冻后种子发芽方法等许多关键技术还需进一步完善。

（四）水藏法

某些水生花卉的种子，如睡莲、王莲的种子必须贮藏于水中才能保持其发芽力。

【思考与练习】

一、名词解释

1. 生理成熟
2. 形态成熟
3. 种实调制
4. 净种
5. 种粒分级
6. 种子休眠
7. 种质资源

二、问答题

1. 如何确定种子是否成熟？
2. 为什么要进行种实调制？如何对干果类种实进行调制？
3. 简述种子层积贮藏的方法。

⏰ 技能训练

技能训练一　园林植物种实采集

一、目的要求

了解种实采集前的准备工作，掌握主要果类种实采集方法及各类采种工具的使用方法。

二、材料与工具

剪枝剪、采种镰、高枝剪、绳套、震动式采种机、球果采摘器等。

三、方法步骤

1. 分组：以 2~3 人为一组。

2. 明确任务：采集的种类及数量。

3. 采种。

四、结果评价

根据采种质量机数量要求进行成绩评定。

优秀——工具使用方法正确，采种种类和数量都多。

良好——工具使用方法正确，采种种类多，数量中等。

合格——工具使用方法正确，采种的数量和种类偏少。

不合格——工具使用方法不熟练，采种的数量和种类少或者缺勤。

五、作业

完成实验报告。

技能训练二　园林植物种实调制

一、目的要求

让学生掌握种实调制方法，并灵活运用。

二、材料与工具

脱粒机、筛子、簸箕、分级筛、种子风选分级机、圆筒分级筛等。

三、方法步骤

1. 分组：以 2~3 人为一组。

2. 明确任务：根据种类、大小、数量等确定脱粒、净种和干燥的方法并进行分级。

四、结果评价

根据净度、含水量程度、分级正确与否等进行评价。

优秀——操作规范、生产安全、方法选择得当、分级恰当，种子净度和干燥度都符合要求。

良好——操作规范、生产安全、方法选择得当、分级恰当，种子净度和干燥度基本符合要求。

合格——操作规范、生产安全、方法选择得当，种子净度和干燥度基本符合要求。

不合格——操作规范、生产安全、方法选择得当、种子净度和干燥度不符合要求或缺勤。

五、作业

完成实验报告。

技能训练三　园林植物种子的品质检验

一、目的要求

让学生掌握园林植物品质检验的方法，并灵活运用。

二、材料与工具

园林植物种子、各种取样器、天平及各种玻璃器皿等。

三、方法步骤

1. 分组：以 2～3 人为一组。

2. 明确任务：根据种子种类分别测定净度、千粒重、含水量、生活力、优良度等，综合分析其品质并做检验证书。

四、结果评价

优秀——操作规范、生产安全、方法选择得当，品质分析恰当、检验证书符合要求。

良好——操作规范、生产安全、方法选择得当，品质分析恰当、检验证书基本符合要求。

合格——操作规范、生产安全、方法选择得当，品质分析不太恰当、检验证书不符合要求。

不合格——操作规范、生产安全、方法选择不当，品质分析不太恰当、检验证书不符合要求或缺勤。

五、作业

完成实验报告。

知识归纳

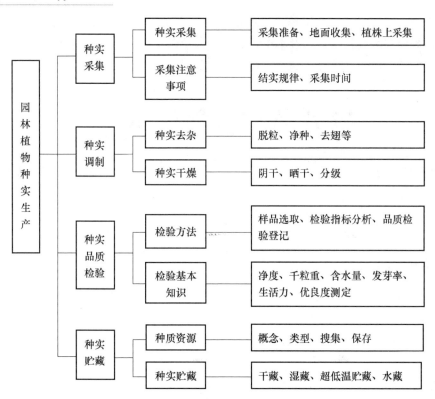

项目三　园林植物的繁育

【内容提要】

　　园林苗木是园林绿化建设的物质基础，培育数量充足、质量上乘的苗木是保证园林绿化成功的关键之一。育苗的根本任务就是在最短的时间内，以最低的成本，培育出优质高产的苗木。

　　园林植物的繁育主要包括有性繁殖和无性繁殖两种，有性繁殖即播种繁殖，无性繁殖包括扦插、嫁接、分株、压条、组织培养等。本项目主要介绍每一种繁殖方法的特点、操作规程和关键技术。通过本单元的学习，使同学能够根据植物的特性采用合适的繁殖方式，培育出质优价廉、满足市场需求的苗木。

任务一　播种繁殖

【知识点】

　　播种繁殖的特点

　　种子休眠与破眠

【技能点】

　　种子催芽技术

　　播种量计算

　　苗床准备技术

　　播种技术

　　播后管理

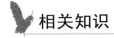 相关知识

一、播种繁殖的意义及概念

大部分园林植物的种子体积较小，采收、贮藏、运输、播种都相对简便，且能在短时间内获得大量的园林植物，满足生产、实践所需；经过播种繁殖所获得的园林植物因其根系强大且发达，抗旱、抗寒、抗风等对不良生长环境的抗性、适应性较强，所以播种繁殖在园林植物生产中应用广泛，占有极其重要的位置。

播种繁殖是利用园林植物的种子，经过一定的处理和培育，使其萌发、生长、发育，成为新的独立个体。播种繁殖所获得的苗木称之为播种苗或实生苗。

二、播种繁殖的特点

1. 播种苗的主根由胚根发育而来，因此，根系发达、主根明显，树体生长健壮，抗性强，适应性强，寿命长；

2. 种子体积小、采收容易、贮运相对方便，因此，播种繁殖在较短时间内可以获得大量园林植物；

3. 种子是有性后代，继承母本、父本遗传信息，因此，对于一些遗传性状不稳定的园林植物具有较大的变异性，一种可能是出现新品种，有利于选种、育种、驯化，对杂交育种和引种驯化有很大意义，另一种可能是不易保持优良性状，发生劣变；

4. 相对于营养苗（无性繁殖苗）来说，播种苗开花、结实较晚，寿命要长，对于要求尽早观花、观果的园林植物尽量选择其他繁殖方式。

三、播种时期

适时播种是育苗工作的重要环节之一。播种时期选择是否恰当直接影响到园林植物生长质量。适宜的播种时期能促使种子提早发芽，保证出苗的整齐度，幼苗生长健壮，抗性强，节省土地、人力、财力，提高生产效益和经济效益。播种时期的确定主要根据树种的生物学特性和育苗地的气候特点。在南方地区，全年可以播种；在北方地区，因冬季寒冷，露地育苗受到限制，播种时期以保证幼苗安全越冬为前提，一般在春、夏、秋三季，其中以春、秋季为主；若在设施内育苗，北方也可全年播种。

（一）春季播种

绝大多数园林植物适宜春季播种，时间在土壤解冻后，一般当土壤5cm深处的地温稳定在10℃左右时即可播种，但要保证在幼苗出土后不受到晚霜、低温和倒春寒的危害，对晚霜敏感的植物，如臭椿、洋槐等要适当晚播。春季播种要做好播种前种子贮藏和催芽的工作，以保证出苗。

（二）夏季播种

一些夏季成熟的种子生活力较弱、寿命短、含水量大、失水后丧失发芽能力、不易贮藏，如杨、柳、榆、桑等，宜随采随播。此外，还有一些种子种皮透水性差、生理休眠时间较长，也可夏季播种。夏季播种要注意适时灌水，保持土壤湿润，降低地表温度，遮阴和保湿。

（三）秋季播种

秋季是一个重要的播种季节。一般大、中粒种子（除含水量大容易受冻害的种子以外）都可以在秋季播种，特别是一些休眠期较长的种子，如红松、水曲柳、白蜡、椴树，或者栎类、胡桃楸、板栗、文冠果、榆叶梅、山桃、山杏等，适宜在秋季播种。秋季播种可使种子在圃地中通过休眠，完成催芽，翌年春天出苗整齐，幼苗生长健壮，成活率高，抗寒能力强，还可免去种子贮藏和催芽工作。秋季播种宜晚不宜早，可以在晚秋进行，以防止播后当年秋天发芽，幼苗遭受冻害。播种后要增加覆土厚度或覆盖塑料薄膜以保温，灌好冻水，同时防止鸟害、鼠害。

（四）冬季播种

在我国南方地区，如福建、两广，冬季气候温暖，雨量充沛，可以冬季播种。如当地的马尾松、杉木等常在初冬种子成熟后随采随播。

另外，对于一些含水量大的种子，如非洲菊、仙客来、报春、蜡梅、白玉兰、广玉兰、枇杷等，宜随采随播，以免失水后失去发芽能力。

四、播种密度

播种密度是指单位面积（或单位长度）上苗木的数量。在圃地育苗要有合理的密度，这样才能保证每株幼苗生长发育健壮的基础上获得单位面积（或单位长度）上最大限度的产苗量。苗木密度过小时，不但影响产量，而且由于苗木稀少，苗间空间过大，土地利用率低，容易滋生杂草，为各类病菌、微生物提供了存活的场所。苗木密度过大时，则苗木营养面积不足，通风不良，光照不足，降低了苗木的光合作用，使光合产物减少，影响苗木质量。

确定苗木的播种密度要依据树种的生物学特性、生长速度快慢、圃地的环境条件、育苗的年限以及育苗技术要求进行综合考虑。对一些生长快、生长量大、所需营养面积大的树种，播种时应稀一些，如山桃、泡桐、枫杨等。对一些生长缓慢的树种，播种时可以密一些。对出苗后不久就要移植的树种，宜密一些。对直接用于嫁接中砧木的树种，宜稀一些。

苗木密度大小取决于株行距的大小。苗床的一般行距为 8～25cm 左右，大田育苗一般为 50～80cm。行距过小不利于通风透光，不便于管理（如机械化操作）。经过实践得知单位面积的产苗量一般为：

针叶树　一年生播种苗为 150～300 株/m²；速生针叶树种可达 600 株/m²；

阔叶树　大粒种子或速生树种 25～120 株/m²；生长中速的树种 60～160 株/m²。

任务实施

一、播种前的准备工作

播种前的准备工作包括种子处理和播种地的准备，目的是为了提高场圃发芽率，保证出苗整齐，提高苗木质量。

（一）种子的处理

1. 精选与晾晒

为了获得纯净、优质的种子，播种前要对种子进行精选，除去各类夹杂物和霉烂的种子。精选的方法有：风选、水选、筛选、粒选。经过精选后的种子，可以进行晾晒消毒，除湿灭菌，激发种子的活力，从而达到提高发芽率、出苗整齐的目的。

2. 种子消毒

经过采集和贮藏，种子表面存在多种病菌，因此，在播种前对种子进行消毒，可以杀菌、除虫、防病，保护种子免遭土壤中病、虫的侵害。这是育苗工作中一项重要的技术措施，一般采用药剂浸种和药剂拌种两种方法。

（1）药剂浸种　是指把适量的种子浸入到一定浓度的药剂溶液中，对种子表皮进行杀菌，再用清水反复冲洗后阴干。常用的药剂浸种的方法有：

①硫酸铜溶液浸种

用浓度为 0.1% ~1% 的硫酸铜溶液浸种 4 ~6h，再用清水冲洗，阴干。

②高锰酸钾溶液浸种

用浓度为 0.5% 的高锰酸钾溶液浸种 2h，或用 5% 的高锰酸钾溶液浸种 30min，再用清水冲洗后阴干。注意：对已经发芽或破皮的种子不能用此方法。

③甲醛（福尔马林）溶液浸种

播种前 1 ~2d，用浓度为 0.15% 的甲醛溶液浸种 20 ~30min，取出密封 2h 阴干后即可播种。注意：长期沙藏的种子不要用甲醛溶液消毒。

④石灰水浸种

用浓度为 1% ~2% 的石灰水溶液浸种 25 ~35min，再用清水冲洗，阴干。

（2）药剂拌种　指的是把一定量的种子与混有一定比例药剂的细土或细沙搅拌在一起。播种时将种子与药土一起播入土中，以达到防止土壤中的病菌侵害种子的目的。药剂拌种的方法有：

①西力生（氯化乙基汞）或赛力散（磷酸乙基汞）拌种

播种前 15 ~20d，每千克种子混入 1 ~2g 西力生（氯化乙基汞）或赛力散（磷酸乙基汞），此法既能消毒，也有刺激种子发芽的作用。

②敌克松和五氯硝基苯混合药剂拌种

用 75% 的五氯硝基苯和 25% 的敌克松混合药剂，与 10 倍细土充分搅拌，配成药土。播种前将药土施入沟底或将药土与种子以 0.2% ~0.5% 的比例混合施入土中。

在操作的过程中要注意药剂的浓度，浸种（拌种）的时间，操作人员的安全。

3. 种子催芽

有些园林植物种子种皮坚硬或有厚蜡质层；有些种子休眠期长，播种后自然条件下发芽持续时间长，出苗慢；有些种子播种后发芽受阻，出苗不整齐。为了播种后能达到出苗快、整齐、均匀、健壮的标准，提高园林植物生产质量和产量，一般在播种前进行催芽处理。

种子催芽是指通过人为调节和控制种子发芽所需的外部环境条件，促进酶的活动，满足种子内部所进行的一系列生理生化反应，增强呼吸作用，加速营养物质转化，达到种子尽快萌发的目的。常用的催芽方法有：

（1）清水浸种

原理是种子吸水后种皮变软，体积膨胀，打破休眠，刺激发芽。

表 3-1　不同树种清水浸种水温参考表

方法	水温	浸泡时间	适宜树种
变温浸种	60 ~ 90℃，20 ~ 30℃	热水 5s，冷水 12 ~ 24h	种皮致密、坚硬的树种，如国槐、紫荆、紫穗槐等
温水浸种	40 ~ 50℃	1 ~ 3d，每 12h 换水一次	种皮厚、含水量不高的树种，如油松、侧柏、元宝枫、臭椿、桑等
冷水浸种	20 ~ 30℃	1 ~ 2d，或 6 ~ 12h	种皮薄、小粒的树种，如杨、柳、榆、紫薇、暴马丁香等

注意事项：用水量为种子体积的 5 ~ 10 倍；变温浸种时，要边倒热水边搅拌，维持 5 ~ 10s，然后倒入冷水浸泡；对浸泡时间长的种子要每天换水；对在浸泡过程中已经膨胀漂浮的种子可以先捞出进行催芽；小粒种子浸泡时间按情况而定。

（2）机械损伤

对一些种皮致密坚硬的种子，可以通过外力破坏种皮，如可以用粗砂、碎石与种子混合搅拌，或用剪刀、锤子、锉、砂纸等工具磨破种皮，也可剥去种皮立即播种。

（3）酸、碱处理

将具有坚硬种壳的种子浸泡到具有腐蚀性的酸、碱溶液中，使种皮变薄，增加透性、促进萌发。常用的药品有浓硫酸、氢氧化钠等，如对于种皮特别坚硬的皂角、腊梅、山楂等，生产上用 98% 的浓硫酸浸种 20 ~ 120min（根据种子不同适当调整浸泡时间），或用 10% 氢氧化钠浸种 24h 左右，捞出后用清水冲洗干净，阴干后再进行催芽处理。也可用温热的 1% 的碱水，或 1% 的苏打水，或 2% 的氨水浸种。

（4）层积催芽

层积催芽是将种子与湿润物（一般是洁净、湿润的河沙）混合，放置在一定湿度、温度、通气的条件下，完成种子后熟，解除休眠的重要方法。层积催芽分为低温层积处理和高温层积处理。

低温层积处理也叫层积沙藏。方法是：秋季选择地势高燥、排水良好的背风阴凉处，挖一个深和宽约为 1m、长约 2m 的坑，将种子与 3 ~ 5 倍的湿沙（湿度以手握成团、一触即散为宜）混合，也可一层沙一层种子交替；也可装入木箱、花盆中，埋入地下。坑中插入草把，以便于通气。层积期间温度一般保持 1 ~ 5℃，如天气较暖，可用覆盖物保持坑内低温。春季播种之前半个月左右，注意检查种子情况，当裂嘴露白种子达到 30% 以上时，即可播种。

高温层积处理，是将种子与湿沙混合后，堆放在 20℃ 左右的洁净之处。层积过程中，注意温度和湿度的变化，要保湿通气，防止发热、发霉或水分丧失。经常检查种子情况，当裂嘴露白种子达到 30% 以上时，即可播种。

注意事项：层积处理过程中出现烂种、霉变情况，要及时拣出烂种，分析霉烂原因，严重时要更换经过消毒的沙藏基质。

（5）其他处理

除以上常用的催芽方法以外，还可用微量元素的无机盐处理种子，进行催芽，使用药剂有硫酸锰、硫酸锌等。也可用有机药剂处理种子，如酒精、胡敏酸、酒石酸、对苯二酚、萘乙酸、吲哚乙酸、吲哚丁酸、赤霉素等。

4. 接种工作

①根瘤菌剂

根瘤菌能固定大气中的游离氮以满足苗木对氮的需要。豆科植物或赤杨类植物育苗时，需要接种根瘤菌剂。方法是将根瘤菌剂撒在种子上充分搅拌后，随即播种。

②菌根菌剂

菌根菌能供应植物营养，代替根毛吸收水分和养分，促进生长发育，在植物出苗期非常重要。通过菌根菌的接种，可以提高成活率和质量。方法是将菌根菌剂加水拌成糊状，拌种后立即播种。

③磷化菌剂

植物幼苗期很需要磷，而磷在土壤中容易被固定，因此可用磷化菌拌种后再进行播种。方法是将磷化菌剂与种子充分搅拌后播种。

5. 防鸟防鼠处理

播种前可用磷化锌、敌鼠钠盐拌种，以防鸟类及鼠类为害。

采用鼠鸟忌食剂附在植物种子或幼苗上，可驱避鼠鸟取食种子，防鼠类咬食幼苗，促进种子发芽。该方法成本低，药效稳定，环境污染小。

（二）播种地的准备

1. 整地

整地的目的是为种子发芽创造良好的条件，在作床、作垄前进行平整场地、碎土，为幼苗出土创造良好条件，以提高发芽率，便于幼苗的抚育管理。

整地主要包括耕、耙、镇压等3个环节。秋耕，翻地深度25～35cm。春耙，耙碎土块，斩断草根，耧平地面。耙后镇压，以贮水，保墒。

整地要求达到细致平坦，上松下实。具体要求土地细碎，无土块、石块和杂草根，种子越小其土粒也应越细，以满足种子发芽后幼苗生长对土壤的要求；播种地平坦，这样灌溉均匀，降雨时不会因土地不平、低洼积水而影响苗木生长；若经过整地后，土壤过于疏松，应进行适当的镇压，上松有利于幼苗出土，减少下层土壤的水分蒸发，下实可使毛细管水能够达到湿润土层中，以满足种子萌发时对土壤水分的要求，上松下实，为种子萌发创造了良好的土壤条件。

2. 施基肥

植物生长主要靠根系从土壤中吸取营养，根系的旺盛生长活动需要有通透性良好和富有肥力的土壤条件。基肥是播种前施用的肥料，目的是长期不断地供给苗木养分和改良土壤。基肥主要以有机肥为主，配合施以化肥。有机肥含有多种营养元素和大量的有机质，可以增加土壤中的腐殖质，有改良土壤的效果。施用的有机肥，要彻底腐熟和细碎，撒施后结合深翻熟土，可以改善土壤结构和理化性状，增加土壤孔隙度，提高土壤的保水力、保肥力、透水性和透气性，同时增加土壤微生物分解有机物的能力，能引导根系向土壤深处扩展。

3. 土壤消毒

土壤是传播病虫害的主要媒介，也是病虫繁殖的主要场所，许多病菌、虫卵、害虫都在土壤中生存或越冬，而且土壤中还常有杂草种子。土壤消毒的目的就是消灭土壤中残存的病原菌和地下害虫，为播种后植物的生长创造有利的生存环境。目前，国内外土壤消毒的方法主要是高温消毒和药物消毒。

（1）火焰消毒

我国传统的火焰消毒（燃烧消毒）就是在露地苗床上铺上干草，点燃，可消除表土中的病菌、害虫和虫卵，翻耕后还能增加一定量的钾肥。日本用特制的火焰土壤消毒机（汽油燃料），使土壤的温度达到 80～89℃，既能杀死各种病原微生物和草籽，也可杀死害虫，而土壤有机质并不燃烧。

（2）蒸汽消毒

有条件的地方可以用管道（铁管等）把锅炉中的蒸汽引过到一个木制的或铁制的密封容器中，把土壤装进容器进行消毒。蒸气温度在 100～120℃左右。消毒时间为 40～60min。在容器中铁管上打一些小孔，蒸汽由小孔喷发出来。

（3）溴甲烷消毒

溴甲烷是土壤熏蒸剂，可防治真菌、线虫和杂草。在常压下，溴甲烷为无色无味的液体，对人类有剧毒，因此，操作时要佩戴防毒面具。一般用药量为 50g/m²，将土壤整平后用塑料薄膜覆盖，压紧四周，然后将药罐用钉子钉一个洞，迅速放入膜下，熏蒸 1～2d，揭膜散气 2d 后再使用。由于此药有剧毒，必须经过专业人员培训后方可使用。

（4）甲醛消毒

40%的甲醛溶液（福尔马林），用 50 倍液浇灌土壤至湿润，用塑料薄膜覆盖，经两周后揭膜，待药液挥发后再使用。一般 3m³ 培养土均匀洒施 50 倍的甲醛 400～500mL。此药的缺点是对许多土传病害如枯萎病、根瘤病及线虫等效果较差。

（5）硫酸亚铁消毒

用硫酸亚铁干粉按 2%～3%的比例拌细土撒在苗床上，药土 150～200kg/hm²。

（6）石灰粉消毒

石灰粉能中和土壤的酸性，也可杀虫灭菌，南方多用。一般每立方米床面用 15～20kg，或每立方米培养土用 90～120g。

（7）硫磺粉消毒

硫磺粉能中和土壤中的盐碱，也可杀死病菌，北方多用。一般为每立方米床面用 25～30g，或每立方米培养土施入 80～90g。

此外，还可以用锌硫酸、代森锌、多菌灵、绿享 1 号、氯化苦、五氯硝基苯、漂白粉等给土壤消毒。近年来，必速灭颗粒剂是我国广谱性土壤消毒剂，经常用于高尔夫球场草坪、苗床、基质、培养土及肥料的消毒。使用量一般为 1.5g/m² 或 60g/m³ 基质，大田 15～20g/m²。施药后要经过 7～15d 才能播种，此期间可松土 1～2 次。

（三）作床

园林苗圃中的育苗方式可分为苗床育苗和大田育苗两种。

1. 苗床育苗（见图 3-1）

用于生长缓慢，需要细心管理的小粒种子以及量少或珍贵树种的播种，如金钱松、油松、侧柏、落叶松、马尾松、杨、柳、连翘、紫薇、山梅花等多种园林树种，一般均采用苗床播种。

高床：床面高于地面的苗床称为高床，整地后取步道土壤覆于床上，使床一般高于地面 15～30cm；床面宽约 100～120cm。高床可促进土壤通气，提高土温，增加肥土层的厚度，并便于排水，适用于我国南方多雨地区、黏重土壤易积水或地势较低条件差的地区以及要求排水良好的树种如油松、白皮松、木兰等。

低床：床面低于步道，步道宽 20～30cm，床面约 100～120cm，低床便于灌溉，适用于温度不足和干旱地区育苗。适用于喜湿的中、小粒种子的树种如悬铃木、太平花、水杉等。我国华北、西北地区多采用低床育苗。

平床：床面比步道稍高，平床筑床时，只需用脚沿绳将步道踩实，使床面比步道略高几厘米即可。适用于水分条件较好，不需要灌溉的地方或排水良好的土壤。

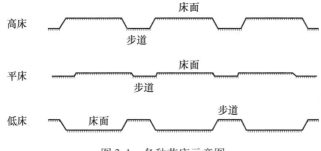

图 3-1　各种苗床示意图

2. 大田式育苗

大田式育苗又称农田式育苗，不作苗床，将树木种子直接播于圃地。便于机械化生产和大面积地进行连续操作，工作效率高，节省人力。由于株行距大，光照通风条件好，苗木生长健壮而整齐，可降低成本，提高苗木质量，但苗木产量略低，为了提高工作效率，减轻劳动强度，实现全面机械化，在面积较大的苗圃中多采用大田式育苗。常采用大田播种的树种有山桃、山杏、海棠、合欢、枫杨、君迁子等。

大田式育苗分为平作和垄作两种。平作在土地整平后即播种，一般采用多行带播，能提高土地利用率和单位面积产苗量，便于机械化作业，但灌溉不便，宜采用喷灌。垄作目前使用较多，高垄通气条件较好，地温高，有利于排涝和根系发育，适用于怕涝树种如合欢等。高垄规格，一般要求垄距 60～80cm，垄高 20～50cm，垄顶宽度 20～25cm（双行播种宽度可达45cm），垄长 20～25cm，最长不应超过 50cm。

二、播种量计算

播种量是指单位面积或长度上播种种子的重量。适宜的播种量既不浪费种子，又有利于提高苗木的产量和质量。播种量过大，会浪费种子，间苗也费工，幼苗拥挤和竞争营养，容易感染病虫害，导致苗木质量下降；播种量过小，产苗量低，容易滋生杂草，管理费工，也浪费土地。

计算播种量的公式是：

$$X = C \times \frac{A \times W}{P \times G \times 1000^2}$$

式中　X——单位面积或长度育苗所需的播种量，kg；

A——单位面积或长度上产苗数量，株；

W——种子千粒重，g；

P——种子的净度，%；

G——种子发芽率；

C——损耗系数；

1000^2——常数。

损耗系数因树种、圃地环境条件、育苗技术和经验而异，同一树种，在不同条件下的具体数值也可能不同。经过试验，C 值的变化范围大致如下：

大粒种子（千粒重在 700g 以上）$C=1$；

中粒种子（千粒重在 3 ~ 700g）$1<C<2$；

小粒种子（千粒重在 3g 以下）$C=10~20$。

三、播种方法

生产上常用的播种方法有撒播、条播和点播。

（一）撒播

将种子均匀地撒在苗床上为撒播。撒播适用于小粒种子，如杨树、柳树、悬铃木、紫薇、一串红、万寿菊等。优点是：可以充分利用土地，产苗量高。缺点是：用种量大，出苗后没有明显的株行距，中耕除草、病虫防治、间苗等管理操作较费工，易造成土壤板结，苗木通风、透光不良，生长势减弱，或生产大小苗的两极分化。

技术要点：播种一定要均匀，对特小粒种子可以掺入细沙播种；覆土要均匀，厚度应该是种粒直径的 2 ~ 3 倍；根据种子发芽情况及播种环境，确定合理的播种量，防止出苗过密，影响小苗生长。

（二）条播

按照一定的行距将种子均匀地撒在播种沟中称之为条播。条播适用于中粒种子，如刺槐、侧柏、松、海棠等。条播的宽度是阔叶树 10cm 左右，针叶树 10 ~ 15cm，行向一般为南北向，以利光照均匀。优点是：比撒播省种子；有一定行间距，可通风透光；保证小苗有一定的营养空间，提高苗木质量；便于养护管理和简单的机械化操作。缺点是：产量不如撒播高。

技术要点：根据不同树种生长情况确定行距；控制单位长度和单位长度播种量，过密会增加间苗工作量。

（三）点播

按一定的株行距将种子播于播种沟、穴中称之为点播。点播适用于大粒种子和发芽势强、幼苗生长旺盛的树种及一些珍贵树种，如核桃、七叶树、桃、杏、银杏、油桐等。优点是节约种子，幼苗有充分的营养空间。缺点是：费工，容易出现缺苗现象。

技术要点：根据种子大小和幼苗生长速度确定株行距；摆放种子时要侧放，使种子的尖端与地面平行，以便于胚根入土，胚芽萌发出土；覆土的厚度为种子直径的 1 ~ 3 倍。

四、播种技术

播种工作包括划线、开沟、播种、覆土、镇压五个环节。

1. 划线

播种前划线确定播种位置。划线要直，便于播种和起苗。

2. 开沟和播种

开沟和播种两项工作紧密结合，开沟后立即播种，以防播种沟干燥，影响种子发芽。播种宽度可根据实际情况确定，一般2～5cm；播种深度与覆土厚度相同，在干旱条件下，播种沟底要适当镇压，以促进毛细管水的上升，保证种子发芽所需的水分。

3. 覆土

覆土是播种后用土、细沙或腐殖土等覆盖种子，以保护种子能得到发芽所需的水分、温度和通气条件，又能避免风吹日晒、鸟兽等的危害，使其有一个持续适宜的温、湿度环境。为了保证种子顺利出土，覆土要均匀，厚度要适宜，一般覆土厚度是种子直径的1～3倍，过深幼苗不易出土，过浅土层容易干燥，因此，覆土厚度应根据以下条件确定：

（1）树种生物特性　大粒种子宜厚，小粒种子宜薄；子叶出土的可薄，子叶不出土的宜厚；

（2）气候条件　干燥条件宜厚，湿润条件宜薄；

（3）覆土材料　疏松的宜厚，否则宜薄；

（4）土壤条件　沙质土壤略厚，黏重土壤略薄；

（5）播种季节　一般春、夏播种宜薄，北方秋季播种宜厚。

4. 镇压

镇压可以使种子与土壤充分结合，尤其对疏松土壤很有必要，但要注意力度。

五、播后管理

（一）出苗前管理

这个阶段的工作要点是：保持和调整种子所处环境的湿度、温度、透气性，促使种子尽快萌发。具体工作内容有：覆盖保墒、灌溉、松土除草。

1. 覆盖保墒

播种后为了防止表土水分蒸发，控制地温，调节光照，对播种地进行覆盖。同时，减少灌水次数防止床面板结，特别是对小粒种子要进行覆盖。

覆盖材料应该就地取材、经济、实用，不能妨碍幼苗出土，不给播种地带来杂草种子和病虫害为前提。生产中常用的覆盖材料有苇帘、地膜、塑料布、干草、锯末、稻草、麦草、苔藓、以及松树、云杉的枝条等。其中尤以塑料薄膜效果最好，不仅可以防止土壤水分蒸发，保持土壤湿润、疏松，又能增加地面温度，促进发芽。

覆盖时应注意，覆盖物不能太厚，以免使土壤温度降低或土壤过湿，延迟发芽时间；出苗后要及时撤掉覆盖物，适时灌水，使根部基质严实。对于一些萌芽需要光线和一定积温的种子，如桦木、五针松、绣线菊、桧柏等，不宜使用遮阳覆盖物。使用塑料薄膜时要注意经常检查苗床温度，当苗床温度达28℃以上时，要打开薄膜的两端，进行通风降温。也在播种后在苗床表面喷洒增温剂，可以使种子提前3～5d出土。

2. 灌溉

播种后、出苗前，应适当补充水分，保持土壤湿润，以促进种子萌发。

不同树种、覆盖厚度不同，灌水的方法和数量也不同。一般在土壤水分不足，覆土厚度不到2cm，不再覆盖的播种地，要进行灌溉。播种中、小粒种子，要在播种前灌足底水，播种后在不影响种子发芽的情况下，尽量不灌水或减少灌水次数。

灌溉时要注意：垄播、高床育苗一般可以选择侧方灌溉，但不要漫过垄面或床面；土壤水分要适宜，水分过多会使种子腐烂；幼苗刚出土时不要用漫灌。

3. 松土除草

松土是苗床管理的重要工作之一，可以使苗床通气条件改善，减少土壤水分蒸发，减少幼苗出土时的机械阻碍。除草工作和松土工作结合进行，播种前没有用除草剂的苗床，播种后可以人工除草，也可喷除草剂。

松土除草时注意：宜浅，不宜深，以免伤害幼苗根系；松土除草要及时进行。

（二）出苗后的管理

出苗后的管理主要是指幼苗出土后，一直到冬季苗木生长结束，对苗木及土壤进行管理。重要工作内容包括：遮阴、灌溉、间苗补苗、截根、施肥、中耕除草、防寒防冻、病虫害防治等。

1. 遮阴

大多园林植物幼苗都不同程度地喜欢庇荫的环境，特别是一些喜阴树种，如红松、白皮松、落叶松、云杉、小叶女贞、泡桐、含笑、椴树、桉树等，这些植物的嫩茎易受到强光烧伤枯萎，因此幼苗出土后必须进行遮阴。

遮阴工作技术要点：可以采用苇帘、竹帘或遮阳网等做材料，可设活动的或固定的荫棚，其透光度以50%~80%为宜；遮阴时间一般为每天早上9点左右到下午4点左右。

2. 灌溉

水分在种子萌发和生长发育的过程中都有重要的作用。幼苗出土后组织嫩弱，对水分要求严格，稍有缺水即易发生萎蔫现象，水多又会发生烂根涝害，因此要特别注意灌水量和灌水次数。灌溉方法有侧方灌溉、喷灌、滴灌等。

灌溉工作技术要点：要根据不同树种的特性、土质类型、气候、季节及植物生长时期等具体情况来确定；一些常绿针叶树种不耐水湿，灌水量要小；刺槐、海棠、山楂等阔叶树种，水量过大易产生黄化现象；沙质土壤比黏土灌水量要小，次数要多；春季多风季节，气候干燥，比夏季灌水量要大，次数要多；生长初期，幼苗根系短、伸入土层浅，需水量不大，灌水量要小，次数要多；速生期，植物生长加速，茎叶的蒸腾量大，对水的吸收多，灌水量要大，灌水次数要增加；生长后期，植物生长缓慢，正是充实组织，枝干木质化，增加抗寒能力的阶段，应抑制其生长，减少灌水次数，控制水分，防止徒长。

3. 间苗补苗

苗木过密，通风透光不良，单位面积上幼苗数量过多，每株幼苗的营养面积小，苗木生长细弱，质量下降，易发生病虫害，为使幼苗的密度调整到适宜密度，必须进行间苗。补苗是补救缺苗的一种措施，可以和间苗同时进行。

间苗补苗工作技术要点：间苗的时间宜早不宜迟；间苗次数一般1~2次，第一次间苗在苗高5cm时或幼苗展开3~4片（对）真叶时进行，第二次间苗与第一次间苗相隔10~20天；针叶树在不太密的情况下一般不再间苗；间苗时不要伤害幼苗的根部；间苗后要立即浇水，以便填满被拔出的苗根空隙。补苗要选择阴天或傍晚，减少强光照射，防止萎蔫；补苗后要进行遮阴，提高成活率。

4. 截根

截根的目的是促使苗木多生侧根、须根，调高植物移植的成活率。

截根的技术要点：一般在秋季植物地上部分停止生长或春季根系开始活动之前进行；截根的深度一般为10~25cm；对于主根发达、侧根发育不良的树种，如樟树、核桃、栎类、梧桐等应在幼苗期幼苗展开2片真叶时进行截根。

5. 施肥

施肥的时间分基肥和追肥两种。基肥多随翻地时施用，以有机肥为主，适当配合施用不易被土壤固定的矿物质，也可在播种时施入基肥。追肥分为土壤追肥和根外追肥，土壤追肥可施有机肥，也可施化肥，一般都随水追肥；根外追肥是利用植物的叶片能吸收营养元素的特点，采用液肥喷施的方法，对需要量不大的微量元素和部分化肥做根外追肥效果好，既可减少肥料的流失又可收效迅速。

6. 中耕除草

利用浅层耕作，疏松表层土，减少土壤水分的蒸发，促进土壤空气流通，有利于微生物的活动，提高土壤中有效养分的利用率，促进苗木生长。

7. 防寒防冻

防寒防冻工作是春、秋季要做的重要工作。早春播种后，幼苗很嫩，细胞含水量大，极易受晚霜危害。秋梢入冬时不能完全木质化，抗寒力弱，易受冻害。

防寒防冻工作的技术要点：灌冻水，入冬前灌足冻水，增加土壤湿度，保持土壤温度，减少冻害的可能性，灌冻水不宜过早；埋土或培土，土壤封冻前，将小苗顺着风向依次按倒用土埋上，土厚一般为10cm左右，翌春土壤解冻时除去覆土并灌水；设风障，用竹竿、木支架等在小苗北侧与主风向垂直的地方架设风障；冬季可用稻草或落叶等把幼苗全部覆盖起来，翌春土壤解冻时除去覆盖物并灌水。

8. 病虫害防治

对于植物生长过程中发生的病虫害，其防治工作必须贯彻"防重于治"和"治早、治小、治了"的原则。主要注意地下害虫，地下害虫一般不容易防治，而且对小苗危害极大。对小苗易发生的苗木病害，如立枯病、根腐病，要及时喷施杀菌剂防治。

六、花卉的播种繁殖

（一）播种时期

花卉播种通常在温室中进行，这样受季节性气候条件的影响较小，因此播种期没有严格的季节性限制，常随所需要的花期而定。大多数种类在春季，即1~4月播种，少数种类如瓜叶菊、仙客来、蒲包花等通常在7~9月间播种。

（二）播种方法

1. 播种用盆及用土

常选用深10cm的浅盆、以富含腐殖质的沙质土为宜。一般配合比例如下：

细小种子：腐叶土5、河沙3、园土2。

中粒种子：腐叶土4、河沙2、园土4。

大粒种子：腐叶土5、河沙1、园土4。

2. 播种方法

用碎盆片把盆底排水孔盖下，填入碎盆片或粗沙砾，为盆深的1/3，其上填入筛出的粗粒培养土，厚约1/3，最上层为播种用土，厚约1/3。盆土填入后，用木条将土面压实刮平，使土面距盆沿约1cm。用"盆浸法"将浅盆下部浸入较大的水盆或水池中，使土面位于盆外水面以上，待土壤浸湿后，将盆提出，过多的水分渗出后，即可播种。

细小种子宜采用撒播法，播种不可过密，可掺入细沙，与种子一起播入，用细筛筛过的土覆盖，厚度约为种子大小的2~3倍；秋海棠、大岩桐等细小种子，覆土极薄，以不见种子为度；大粒种子常用点播或条播法。覆土后在盆面上覆盖玻璃、报纸等，减少水分的蒸发。多数种子宜在暗处发芽，像报春花等好光性种子，可用玻璃盖在盆面。

蕨类植物孢子的播种，常用双盆法。把孢子播在小瓦盆中，再把小盆置于大盆内的湿润水苔中，小瓦盆借助盆壁吸取水苔中的水分，更有利于孢子萌发。

3. 播种后管理

应注意维持盆土的湿润，干燥时仍然用盆浸法给水。幼苗出土后逐渐移至日光照射充足之处。

任务二　扦插繁殖

【知识点】

扦插繁殖的概念及特点

扦插生根的原理和生理基础

影响扦插成活的因素

扦插的时期

【技能点】

促进插条生根的方法

扦插繁殖的种类

扦插繁殖的方法

扦插后的管理

相关知识

扦插繁殖和任务三、四、五、六的嫁接、分株、压条、组织培养均属于营养繁殖（无性繁殖）。营养繁殖是利用园林植物的营养器官（根、茎、叶、芽）或营养器官的一部分，在适宜的条件下，培育新植株的方法，属于无性繁殖。

通过营养繁殖所获得的苗木，称之为营养苗。营养繁殖是利用了植物细胞的全能、再生能力以及园林植物之间的亲合力进行育苗的。

营养繁殖的特点：

优点：

1. 可以保持母株的优良性状。营养苗是由母株营养器官的一部分形成，他们具有与母株相同的遗传基因，因此，可以保持母本优良的遗传信息，即使偶尔发生芽变，也可将发生的芽变固定和保持下来；

2. 营养繁殖培育出的新植株的个体发育是在母株该部分的基础上的继续，没有幼苗期，因此可以加速植物生长，提早开花结实；

3. 营养繁殖可以使不结实、少结实、种实质量不高的园林植物种类或品种得以繁衍，如重瓣花品种、雌雄异株、无子果实等；

4. 营养繁殖可繁殖或制作特殊造型的树木，如龙爪槐、树形月季、梅桩等；

5. 对于一些珍贵树种和优良品种可以通过营养繁殖扩大繁殖系数；

6. 繁殖方法多样、易行，繁殖系数大。

缺点：

营养苗是在母株生长发育的基础上产生的，不同于播种苗，因此没有明显的主根（嫁接苗除外），抵抗不良环境的能力差，且寿命较短。一些植物长期进行营养繁殖，生长势会逐渐减弱或发生退化。

一、扦插繁殖的概念及特点

扦插繁殖是利用植物营养器官具有再生能力及发生不定根、不定芽的习性，切取其根、茎、叶的一部分，在一定的环境条件下插入土、沙或其他基质中，使其生根、发芽成为新植株的方法。扦插繁殖所获得的植株称为扦插苗。

扦插繁殖的特点：扦插繁殖可以经济利用繁殖材料，且材料充足，成苗迅速，可以进行大量育苗和多季育苗；可以保持母株的优良性状；与播种苗相比，可以提早开花结实；对于一些不结实或结实少的名贵园林植物是一种切实可行的繁殖方法。但扦插繁殖在管理上要求比较精细，因插条脱离母体，必须在最短时间内给予适当的温度、湿度等环境条件才能成活，因此对一些要求较高的树种，还要采用遮阴、喷雾等必要的措施。扦插苗比播种苗的根系浅，抗风、抗旱、抗寒的能力较弱，寿命也较短。

二、扦插生根的原理及生理基础

（一）扦插生根类型

园林植物细胞具有全能性，即每个细胞都具有相同的遗传物质，它们在适宜的环境条件下，具有潜在形成相同植株的能力。此外，植物体具有再生机能，即当植物体的某一部分受伤或被切除而使植物整体受到破坏时，能表现出弥补损伤和恢复协调的功能。当根、茎、叶等从母株脱离时，由于植物的全能性和再生机能的作用，就会从脱离的根上长出茎、叶，从脱离的茎上长出根，从脱离的叶上长出茎与根等。即枝条脱离母体后，枝条内的形成层、髓部等，能形成不定根的原始体，而后发育生长成不定根。而用根作插条，则在根的皮层，其薄壁细胞分化出不定芽，从而长成茎、叶。

扦插繁殖的主要任务就是对不定根的诱导。不定根形成的快慢取决于植物的再生能力：再生能力强的植物，枝条在生长期内就能形成大量的不定根原基，脱离母体后遇到适宜的环境条件，短时间内就可形成不定根；再生能力弱的植物，扦插的枝条在适宜的条件下，先形成愈伤组织，然后在愈伤组织的基础上再形成不定根，因而需要较长的时间促其生根。在此过程中，就不定根发生的部位而言，有两种生根类型：一种是皮部生根；一种是愈合组织生根。这两种生根类型，其生根的部位和机理是不同的，从而在生根难易上也不相同。在实际中很多园林植物都同时具有这两种生根类型，如月季、蔷薇、旱柳等。

1. 皮部生根

一般情况下，在枝条的形成层部位，能够形成许多特殊的薄壁细胞群，称为根原始体或称根原基。这些根原始体就是产生大量不定根的物质基础。根原始体多位于髓射线的最宽处与形成层的交叉点上（见图3-2），侵入韧皮部，通向皮孔，在根原始体向外发育和伸展的过程中，与其相连的髓射线也逐渐增粗，穿过木质部通向髓部，从髓细胞中取得营养物质。

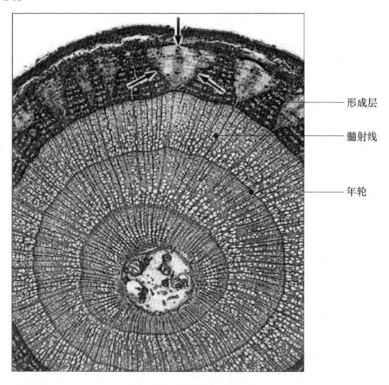

图 3-2　皮部生根示意图

很多园林植物的根原始体是在生长末期形成的，当采取的插条已经形成根原始体时，则在适宜的温度和湿度条件下，短时间内就能从皮孔中长出不定根。因为皮部生根速度快，所以凡是扦插容易成活，生根快的树种大多是皮部生根。

2. 愈伤组织生根

园林植物局部受伤后，均具有恢复生机、保护伤口、形成愈伤组织的能力。选取的插条，切口处的细胞分裂加速，导致切口边缘细胞的增生，形成愈伤组织（见图3-3）；

一些分化程度较低的薄壁细胞也会在愈伤过程中再次分裂；健康的植物会在伤口形成层的健康部分长出愈伤组织。愈伤组织一方面保护插条的切口免受外界不良环境的影响，同时还有着继续分生的能力。因为初生愈伤组织形成以后，其细胞继续分化，逐渐形成和插条相应组织发生联系的木质部、韧皮部和形成层等组织。最后充分愈合，这些愈伤组织细胞和愈伤组织附近部分的细胞，在生根过程中都是非常活跃的，这些细胞的不断分化，能形成根的生长点，在适宜的温度、湿度条件下，就能产生大量的不定根。因为这种生根情况是要先长出愈伤组织，然后再分化出根，需要的时间长，生根缓慢，所以凡是扦插成活较难、生根较慢的树种，其生根部位大多是愈伤组织生根。

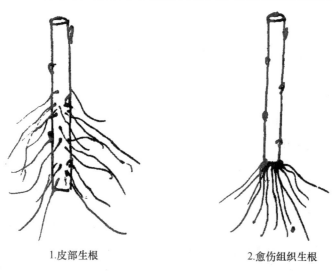

1. 皮部生根   2. 愈伤组织生根

图 3-3 皮部生根与愈伤组织生根部位比较图

（二）扦插生根的生理基础

1. 生长素与生根

植物的生长活动受植物体内专门的生长物质控制，而植物伤口愈伤组织的形成及扦插生根是植物本身的生命活动，因而受到生长素的控制和调节。

生长素根据来源分为以下两种：

内源生长素：植物体内产生的激素，现已发现的有 5 种，即生长素、赤霉素、细胞分裂素、脱落酸和乙烯。这些激素在植物体内含量很少，只有百万分之一，但对植物的生理活性起很大作用。与不定根的形成有关的主要是生长素，另外细胞分裂素和脱落酸也有一定的关系。枝条本身所合成的生长素，可以促进根系的形成，由于生长素在枝条幼嫩的芽和叶中合成，然后向基部运行，参与根系的形态建成，因此，幼嫩的芽与叶对扦插不定根的形成起很大作用。例如泡桐嫩枝扦插成功，主要是利用内源生长素含量最高的幼嫩枝条。

外源生长素：非植物产生，而是人工合成的各种生长素，如萘乙酸（NAA）、吲哚乙酸（IAA）、吲哚丁酸（IBA）等。嫩枝扦插促进生产不定根是依据植物体内源生长素含量高而促成的，硬枝扦插时没有幼嫩部分提供生长素，体内生长素含量极低，所以，需要补充外源生长素促进生根。试验证明，用人工合成的外源生长素处理插条基部后，枝条内养分及其他物质加速集中在切口附近，为插条生根提供了物质基础，因而提高了生根率，取得了一定效果。根据扦插实验分析，应用生长素，不仅促进了生根，而且根长、根粗、根数多，均比对照有明显的优越性，生根时间也缩短了，利用激素处理的扦插枝条形成的根系强大，苗木生长健壮，因此，对扦插育苗有着多、快、好、省的意义。应用人工合成激素配制成的 ABT 生根粉处理植物扦插部分，不但能补充外源生长素，而且能促进内源生长素的合成。

2. 生长促进物质对不定根形成的影响

生长素对插条生根的影响在许多试验和生产实践中都已证实，但同时也发现，生长素不是唯一促进扦插枝条生根的物质。生长素处理，对于很多难生根的植物往往难以达到预期的效果。这表明除生长素外，另有一类物质辅助，才能导致不定根的发生，这类物质即是生根辅助因子。这类生根辅助因子在易生根的植物中含量较高，但单独使用这类物质，对插条生根没有影响，只有与生长素结合，才能有效地促进生根。

目前的研究结果表明，生根促进物质主要是吲哚与酚类物质的化合物，生长素在酚类物质的辅助下，通过植物体内酶的作用，有效地促进生根。

3. 生长抑制剂与生根

生长抑制剂是植物体内一种对生根有妨碍作用的物质，在植物体内与生长激素呈拮抗反应。很多研究结果证明：在一些难生根植物体内，存在较高的生根抑制物质，而且不同的植物种、不同的年龄阶段、不同的采条时间以及枝条的不同部位，抑制物质含量都不相同。一般的说，随着母树年龄的增长，体内抑制物质的浓度不断增高（由此说明老龄树插条难以成活的原因之一是插条内抑制物质含量较高）；在树木年周期中抑制物质含量呈现一定的规律性的变化：在休眠期内，可溶性物质转换成固体物质，且体内水分少，抑制物质含量相对高，生长期内植物处于生长过程中，水分运输量大，抑制物质含量相对少；休眠枝扦插，靠近梢部剪取的插条中的抑制物质含量较树木基部枝条的含量高。

对于含有生长抑制物质的树种，为了提高生根率，通常采取相应的措施，如流水洗脱、低温处理、黑暗处理等，使抑制物质发生转化后，再进行扦插，如板栗、毛白杨等，可采用"浸水催根"提高生根率。

4. 解剖学观点与生根

生根的难易与插条皮层的解剖构造有着密切的关系。从事解剖学的工作者发现，如果插条皮层中有一层、两层，或者多层由纤维细胞构成的一圈环状厚壁组织时，则生根变得困难；如果插条皮层中没有或者有不连续的厚壁组织时，则生根变得容易。因此，在实践过程中，可以通过割破皮层的方法，破坏其环状厚壁组织而促进生根。

以上所介绍的观点，并非能全部解释扦插生根的各种现象，但各种观点都是利用植物本身的特性来克服生根的困难，采取相应的技术措施，就可提高扦插成活率。

三、影响扦插成活的因素

植物进行扦插育苗能否成活，除生理基础作用外，整个扦插过程是一个复杂的生理过程，影响因素不同，成活状况也不同，有难有易。即使同一植物种，品种不同也能造成生根情况的差异，这表明，插条的生根成活，既与植物种本身的特性有关，也与插条选取、温度、湿度、土壤等外界环境条件有关。

（一）内因

植物的遗传特性、采条母体的年龄、插条在母体上的部位、枝条的发育状况、插条所带叶和芽的数量等是影响扦插成活的内部因素。

1. 植物的遗传特性

不同的植物种有着不同的遗传特性，插条生根的难易与植物的遗传特性有关。不同植物扦插生根成活的难易差别很大，即使是同一科、同一属、同一种的不同单株，其生根能力也不一样。以木本植物为例，根据插条生根的难易，可分为四类：

①极易生根的植物。如柳树、青杨派、黑杨派、北京杨、紫穗槐、连翘、迎春、葡萄、地锦、木槿等，插条扦插后极易生根。

②较易生根的植物。如刺槐、国槐、毛白杨、泡桐、侧柏、茶树、山茶、罗汉松、珍珠梅、杜鹃等，插条扦插后较易生根。

③较难生根的植物。如臭椿、苦楝、梧桐、小叶赤杨、光叶赤杨、日本五针松、美洲五针松等，插条扦插需要一定的技术措施方能生根。

④极难生根的植物。如松类、板栗、核桃、栎类、桦树、柿树、鹅掌楸等，插条扦插后极难生根，即使经过特殊处理，生根率仍非常低。

2. 采条母体的年龄和部位

采条母体的年龄包括两个方面，一是采条母树的年龄，一个是所采枝条本身的年龄。

（1）母树的年龄

由于植物体新陈代谢作用的强弱，是随着发育阶段变老而减弱的，其生活力和适应性也逐渐降低，因此，在选插条时，应该采自年龄小的母树，其生命活动能力越强，所采下的插条成活率就越高，所以很多植物是以选取 1~2 年生实生苗上的枝条，扦插成活率最高。

（2）枝条本身的年龄和部位

插条的年龄以一年生枝的再生能力为最强，或采用母树根颈部位的一年生萌蘖条，其发育阶段最年幼，具有和实生苗相同的特点，再生能力强，又因萌蘖条生长的部位最靠近根系，通过和根系的相互作用，使它们积累了较多的营养物质，具有较高的可塑性，扦插后易于成活。相反树冠部位的枝条，由于阶段性较老，扦插后生根少，成活率低，生长差。

同一枝条的不同部位，在不同的时间生长状况不同，但具体哪一段好，则要看植物的生根类型，枝条成熟状况、不同的生长时期及扦插方法。例如：池杉在不同时期用枝条的不同部位进行嫩枝或硬枝扦插的结果表明，嫩枝扦插以梢段成活率最高，而硬枝扦插则以基部插条效果为好。

一般来说，常绿树种一年四季可插，但以中上部枝条较好，主要是由于常绿树种中上部枝条生长健壮，代谢旺盛，营养较为充足，而且中上部新生枝光合作用也强，对生根有利。落叶树种的休眠枝以中下部枝条较好。因为中下部枝条发育充足，贮藏的养分多，为根原基的形成和生长提供了有利因素。而且对具有根原基类型的植物，由于根原基多集中在中下部，也为生根提供了有利因素。若落叶树种嫩枝扦插，则中上部枝条较好。如毛白杨的嫩枝扦插，以梢部成活最好，主要是由于在幼嫩枝条的中上部生长素含量最高，而且细胞分生能力旺盛，为生根提供了有利因素。

3. 枝条的发育状况

枝条发育的好坏，即是否充实，影响枝条内营养物质含量的多少，对于插条的生根成活有一定的影响。插条内积存的养分，是扦插后形成新器官和最初期生长所需要营养物质的主要来源，特别是碳水化合物含量的多少，对于成活和成活后植物的生长有密切的关系。凡发育充实、营养物质丰富的插条，容易成活，生长也好；而枝条较细、不充实、营养物质少的插条不易成活，即使成活，生长也较差，所以采条扦插时，多选择生长健壮、发育充实、营养物质丰富的枝条作插条，以提高成活率、保证质量。一些植物1年生枝条多较纤细，营养物质含量少，虽然有的能成活，但生长速度较慢，苗木较弱。

为保证这类树种的成活率和生长效果，采取插条带部分2年生枝扦插，才能提高插条内营养物质含量，保证插条体内的生理活动，提高苗木的成活率。

4. 插条的叶面积

插条上的芽是形成茎、干的基础。芽和叶能供给插条生根所必需的营养物质和生长激素、维生素等，有利于生根。尤其对嫩枝扦插及针叶树种，常绿阔叶树种的扦插更为重要。

植物带叶扦插，插条上的叶面积对插条生根成活有两方面的影响，一方面，在不定根形成的过程中，插条上的叶片能够进行光合作用，补充碳素营养，供给根系生长发育所需的养分和生长激素，促进愈合生根；另一方面，当插穗的新根系未形成时，叶片过多，蒸腾量过大，易造成插穗失水而枯死。因此，带叶扦插应确定插穗上到底保留多少叶片，一般应根据具体情况而定，如插穗 10～15cm 长，留叶 4 片左右，若有喷雾装置，定时保湿，则可留多些叶片，有利于加速生根。

（二）外因

影响插条生根的外因主要有温度、湿度、光照和扦插基质等。各种因素之间有着相互影响、相互制约的关系。为了保证扦插成活，需使各种环境因素合理地协调，以满足插条生根的各种要求。

1. 温度

温度对插穗的生根成活及生根速度有极大影响，是扦插育苗中的一个限制因素，温度的变化影响到扦插植物生根的难易，成活率的高低。适宜的生根温度范围因树种、扦插材料不同而有所差异。一般植物休眠枝扦插时，切口愈伤组织和不定根的形成速度与温度变化有关；8～10℃时少量愈伤组织形成；10～15℃时愈伤组织形成较快；10℃以上开始生根；15～25℃时生根最适宜；25℃以上时，生根率开始下降；36℃以上时插条难以成活。由此可见，大多数树种休眠枝扦插的生根最适宜温度范围在 15～25℃，20℃为最适温度。不同树种由于生态习性不同，适宜的温度范围略有不同，最低、最高温度也不相同。如美国的 H. Malisch 认为温带植物在 20℃左右合适，而热带植物在 23℃左右合适。原苏联学者则认为温带植物的适宜温度为 20～25℃，热带植物的适宜温度为 25～30℃。通常在一个地区内，萌芽早的植物要求的温度比较低，萌芽晚的植物则要求的温度较高，如小叶杨、柳树在7℃左右，而毛白杨则为12℃以上。

不同的扦插材料对温度的要求不同，休眠枝扦插对温度的要求偏低，由于休眠枝为促进成活所用的营养物质是贮存物质，在未成活时，需要逐步消耗养分，促使愈合生根，过高的温度只能加速植物体内的营养物质消耗，导致扦插失败。而嫩枝扦插消耗的养分有一部分取自插穗上叶片光合作用所生成的营养物质，稍高的温度有利于枝条内部生根促进物质的利用，有利于不定根的生成，但若温度过高，超过30℃时，则抑制生根而导致扦插失败，因此，需通过遮阴和喷灌方法降低扦插的环境温度。休眠枝扦插要求地温与气温有适宜的温差，且地温高于气温，研究表明：插穗分生组织形成愈伤组织与根原基时，地温比适宜气温高3℃左右时，方有利于不定根形成而不利于芽的萌发，在不定根形成后芽再萌动则有利于插穗成活。可用马粪、地热线等升温物质提高地温，也可利用太阳能进行倒插催根。嫩枝扦插则相反，在30℃以下，气温高有利于光合作用，为扦插成活提供营养物质；地温适当低一些有利于插条愈合生根。因此，嫩枝扦插多采用遮阴、喷灌等措施，起到降温作用。

2. 湿度

在插条扦插至成活的过程中，插条体内水分平衡是幼苗成活的保证，而氧气则是插条呼吸、代谢的必要条件。水分因素主要涉及到空气湿度、基质（或土壤）湿度及插条的水分含量。而基质中氧气含量多少则与基质湿度有关。

（1）空气的相对湿度

扦插的过程中，为了防止插穗失水，尤其对一些难生根或生根时间很长的树种，保持较高的空气湿度是扦插生根的重要条件之一。

插穗在不定根形成之前，没有根系从土壤中吸收水分，只能从切口处吸收一些水分，但由于插穗及其叶片的蒸腾作用仍在进行，极易造成插穗体内水分失衡，导致插穗死亡。因此，通过增加空气湿度，减少插穗蒸腾量，可以保持插穗的体内水分平衡。扦插繁殖的空气相对湿度应控制在90%左右为宜，休眠枝扦插的湿度要求可低一些，而嫩枝扦插因需保留叶片进行光合作用，其空气相对湿度应控制在90%以上，方可使枝条、叶片蒸腾强度为最低。目前苗圃生产中为减少插穗内的水分损失，针对嫩枝扦插可采用喷水、间歇迷雾喷雾等方法提高空气相对湿度，针对休眠枝扦插除以上方法外，在空气湿度较低的情况下，适当地深插也可减少插穗水分散失。

（2）基质湿度

基质的湿度也是影响插穗成活的一个重要因素。插穗可以通过切口、皮孔从基质中获取一些水分，相对的基质湿度可以保护插穗在基质中的部分避免水分消耗。一般基质湿度保持干土重的20%～25%即可。基质空隙不单要保留水分的空间，而且要有适当的空气空隙，即保持良好的持水性和透水性，才能保证不定根的形成，基质湿度过量不利于不定根的形成。

（3）插条自身的水分含量

插条自身的水分含量直接影响扦插成活，插条的水分既可保持插条体内的活力，还可加强叶组织的光合作用，促进不定根的生成。体内水分充足时，叶片光合作用强，不定根形成快；体内水分不足时，不但影响叶片的光合作用，而且影响不定根的形成。因此，扦插繁殖的插条水分充足是生根的保证，保持插条中充足的水分，才能保持插条的活力，达到促进生根成活的目的。扦插前可将插条进行浸泡补水，扦插后采用喷水、喷雾、温室、大棚等设备提高空气湿度，防止插穗失水。

3. 空气

空气对插条成活的影响，主要是指扦插基质中的空气状况、氧气含量对插条成活的影响。插条成活要求空气湿度较高，但土壤或基质中的水分不宜过高，浇水量过大，不但降低土壤温度，还因土壤含水量过大，造成土壤通气条件变差，因缺氧而影响生根成活。插条生根率与插壤中的含氧量成正比。不同植物需氧量不同，如杨、柳对氧气的需求较少，插入较深的土层中仍能生根。而蔷薇则要求较多的氧气，要求疏松透气的插壤，或浅插方有利生根，扦插过深会造成通气不良而抑制生根。

插壤中的水分与空气条件既是互补的，也是相互矛盾的。为了协调两者关系，提高插条的成活率，扦插繁殖生产中现多通过两种办法解决，一是选择疏松透气的沙土作插壤，既能保持稳定湿度，又不积水，还无成本投入；二是用蛭石、珍珠岩等为扦插基质，保水性好，通透性强，能调节水与气的矛盾，但却无植物所需的营养物质，不利于植物长期生长，生根成活后，应及时移植于苗床中培养。

4. 光照

光照对插条成活既有有利作用，也有不利作用。充足的光照能够增加土壤温度，促进插条生根，对一些带叶的嫩枝插条，可保证一定的光合强度，增加插条中的营养物质，并且利用在光合生产中产生的内源生长素促进生根，缩短生根时间，提高成活率。但光照强度过大，会增大土壤蒸发量、插条及叶片的蒸腾量，造成插条体内失水而枯萎死亡。因此，在光照过强时，需通过喷水、遮阴等措施维持插条体内水分代谢平衡。

5. 扦插基质

（1）固态

将插条插于固体物质（或称为插壤）之中使其生根成活，这种插法是扦插繁育使用最普遍、应用最广泛的方法。目前国内使用的固体扦插基质如沙壤土、泥炭土、苔藓、蛭石、珍珠岩、河沙、石英砂、炉灰渣、泡沫塑料等材料，前两种既有保湿、通气、固定作用，还能提供养分；第三、四、五种主要起着保湿、通气、固定作用，后四种只能起着通气固定作用。在使用中，通常采用混合基质使用的方法，以给扦插插条提供较好的透气保水条件。有些基质（如蛭石、炉灰渣等）在反复使用过程中往往破碎，粉末成分增多，不利于透气，须进行更换或将其筛出，并补进新的基质。使用基质时，应注意进行更换，避免使用过的基质中携带病苗造成插穗感染，或采取药物消毒，如0.5%的福尔马林和高锰酸钾等，另外还可用日光消毒、烧蒸消毒等。

（2）液态

将插条插于水中或营养液中，使其生根成活，这种方法称为液插或水插。由于营养液易造成病菌增生，导致插条腐烂，所以多用水而少用营养液。此法主要用于易生根的植物扦插繁殖上。

（3）气态

增加空气湿度，将空气湿度造成雾状，把枝条吊于迷雾之中，使其成活，此种插法称为雾插或气插。这种方法能够充分利用营养空间，插条愈合生根快，能缩短育苗周期。但这种方法需在高温、高湿中进行，产生的根系较脆，所以雾插育苗需通过炼苗方能提高成活率。

基质的选择应随植物种类的不同要求，选择最适宜基质。在露地进行大面积扦插时，不可能大面积更换扦插土，所以通常选用排水良好的沙质壤土。

四、扦插的时期

在条件允许的情况下，植物扦插繁育一年四季皆可以进行，但因地区气候、植物特性不同，扦插方法也不同。

（一）春季扦插

适于大多数植物，落叶树种多利用此季进行。春插是利用前一年生的休眠枝直接进行或在冬季低温贮藏后进行，此时插条中营养物质丰富，生根抑制物质有的已经转化。为防止地上、地下部分发育不协调造成养分消耗、代谢失衡，春季扦插宜早，并创造条件，打破插条下部休眠，保持上部休眠，待不定根形成后，芽再萌发生长，提高成活率。

（二）夏季扦插

夏季扦插是采用植物当年生长旺盛的嫩枝或半木质化的插条进行扦插。针叶树种的扦插在第一次生长封顶、第二次生长开始前进行，采用半木质化的插条；阔叶树种宜用高生长旺盛时期的嫩枝。夏季扦插是利用插条处于旺盛生长期，细胞分生能力强、代谢作用旺盛、且内源生长激素含量高等方面的优势。但夏季气温较高，易造成嫩枝嫩叶失水死亡，因此，应采取措施提高空气相对湿度，减少插条的蒸腾，维持体内的水分代谢平衡，提高扦插成活率。

（三）秋季扦插

秋插是在插条已停止生长，但还未进入休眠期，叶片营养回输贮藏，插条营养物质丰富的时间进行。此时扦插，一是利用插条抑制物质还未达到高峰，可促进愈伤组织提前形成，以利生根；二是利用秋季气候变化，地温较气温冷得晚，有利于插条根原基及早形成：秋插宜早，以利物质转化完全，安全越冬，来春迅速生根，及时萌芽，提高插条成活率。

（四）冬季扦插

冬插是用休眠枝插条进行扦插，由于地区不同采取的技术措施相应不同。北方冬插在塑料棚及温室中进行，须进行低温处理，打破休眠后进行扦插，插壤采取增温措施促进插条生根成活。南方冬季可直接在苗圃地扦插，插条圃地里经过休眠处理，气温逐渐上升时，插条开始生根萌芽，扦插苗生长较春季扦插成活的苗木旺盛、健壮。

任务实施

一、催进插条生根的方法

（一）机械处理

在植物生长季中，用利刃、铁丝、绳索等对插穗进行环剥、刻伤、缢伤等方法阻止插穗上部的光合产物和生长激素向下运输，营养物质在伤口处积累集中，使插穗伤处膨大，插穗因养分充足而能显著提高插穗的生根成活率，有利于苗木生长。

（二）生长素及生根促进剂处理

扦插常用的生长激素有 α-萘乙酸（NAA）、β-吲哚乙酸（IAA）、吲哚丁酸（IBA）、2，4-D 等，这些生长激素对大多数植物的插穗都能起到促进生根的作用，使用水剂、粉剂均可。

用生长激素水剂进行插穗处理时，将已剪好的插穗按一定数量扎成一捆，下部切口在一个平面上，然后将插穗基部浸泡溶液 2cm 深即可。处理时间与溶液的浓度随树种和插穗种类不同而异。生根比较困难的树种，溶液浓度要高一些，或处理时间长一些；易生根的树种，溶液浓度宜低一些，或处理时间短一些。硬枝的处理溶液浓度要高一些，时间长一些；嫩枝则相反。生长激素配制水剂须先用少量酒精溶解后再加水稀释，必要时略微加温促进溶解。

粉剂处理插穗较水剂方便，将粉剂按使用浓度配好后，用剪好的插穗下部切口蘸上粉剂（下端过干可先蘸水），使粉剂沾上插穗后插入基质中，当插穗吸收基质水分时，生长激素溶解并被吸入插穗体内。粉剂处理的生长激素后来才吸入，容易流失，故粉剂浓度应高于水剂。

生产上常用生根促进剂处理，目前使用较为广泛的有中国林业科学院王涛研究员研制的"ABT 生根粉"系列，华中农业大学研制的广谱性"植物生根剂"，山西农业大学研制的"根宝"，昆明园林科研所研制的"系列促根粉"等，它们能提高多种树木的生根率。

（三）化学药剂处理

一些化学药剂也能有效地促进插穗生根，如醋酸、高锰酸钾、硫酸锰、硝酸银、硫酸镁、磷酸等。试验证明：用 0.1% 的醋酸浸泡卫矛、丁香等插穗，用 0.1% ~ 0.5% 的高锰酸钾溶液浸泡水杉，都能够促进插穗的生根。

（四）营养处理

有些植物体内营养不足，可用维生素、糖类及氮素等物质处理插穗，达到促进生根的目的，如用 4% ~ 5% 的糖溶液处理黄杨、白蜡及松柏类插穗效果良好，但单用营养物质促进生根效果不佳，有的甚至造成感染病菌，若与生长激素并用，效果可显著提高。嫩枝扦插时，可采取叶片上喷洒 0.1% 尿素溶液，促进养分吸收。

（五）低温贮藏处理

将休眠插穗放入 0 ~ 5℃ 的低温条件下冷藏一定时期（至少 40 天），使插穗内部抑制物质转化，有利于生根。

（六）增温处理

在春季温度回升时气温高于地温，因此需要采取措施，人工创造地温高于气温的环境，使插穗先生根后发芽，现常采用的方法如在插床中埋入地热线（即电热温床法）、埋设暖气管道或放入生马粪（即酿热物催根法），均可起到提高地温，促进生根的作用。早春温床催根需要注意，一要保证地温，二是催根过程中插穗上的芽不能萌动。

此外还可用倒插催根处理，此法是利用土层温度的差异，达到催根作用。在冬末春初，将插穗倒放置入埋藏坑内，用沙子覆盖，上部覆盖2cm厚，利用春季地表温度高于坑内温度，使倒立的插穗基部的温度高于插穗梢部，有利于插穗基部愈合及根原基形成。

（七）黄化处理

此法也称软化处理或变白处理。在插穗未剪之前的生长季中，用黑布、黑塑料布或泥土包裹插穗，使其在黑暗中生长，由于无光刺激，激发了激素的活性，加速代谢活动，使组织幼嫩，延迟芽组织的发育，促进根组织的生长，为生根创造条件；一些含有油脂、樟脑、松脂、色素等抑制物质的树种采取这种处理效果好。

二、扦插繁殖的种类

扦插繁殖的种类有枝插（茎插）、根插和叶插。生产实践中，以枝插应用最广，根插次之，叶插则常在花卉繁育中应用。

（一）硬枝扦插

凡是采用已经木质化的枝条来扦插的，都叫硬枝扦插。这是生产上最常用的方法。

1. 硬枝扦插的种类

采用两个以上芽的插条进行枝插称为长枝插，采用一个芽的插条进行扦插称为短枝插或单芽插。

（1）长枝插

通常有普通插、踵形插、槌形插等。（见图3-4）

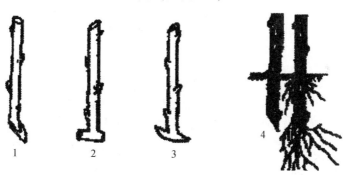

图 3-4　插条的截制与硬枝扦插
1—踵形插；2、3—槌形插；4—普通插及生根情况

（2）短枝插（单芽插）

用只具一个芽的枝条进行扦插，选用枝条短，一般不足10cm，较节省材料，但体内营养物质少，且易失水，因此，下切口斜切，扩大枝条切口吸水面积和愈伤面，有利于生根，并需要喷水来保持较高的空气相对湿度，使插条在短时间内生根成活。此法多针对一些常绿树种进行扦插繁殖。用此法插白洋茶，枝条2.5cm左右，2～3个月生根，成活率可达90%，桂花扦插的成活率在70%～80%左右。

2. 插条的选择

选择树龄较为年轻的母树上的当年生枝条或萌蘖条，要求枝条生长健壮，无病虫害，距主干近，已木质化。

3. 插条剪取时间

在休眠期，即在秋季自然落叶以后或开始落叶时至第二年春天萌芽前。

4. 扦插时期

一般在春季室外土温达 10℃ 以上时进行，具体进行时间，视植物种类及各地区气候条件而定。一般北方冬季寒冷、干旱地区，宜秋季采条贮藏后春插；而南方温暖、湿润地区宜秋插，可省去插条贮藏工作。抗寒性强的可早插，反之宜迟插。

5. 插条的截取（见图 3-5）

插条一般剪成长 10～20cm 左右的小段，北方干旱地区可稍长，南方湿润地区可稍短。每个插条一般保留 2～3 个芽或更多的芽。上端的剪口在顶芽上 1～2cm 处，一般呈 30°～45° 的斜面，斜面方向是有芽的一方高，背芽的一方低，以免扦插后切面积水；较细的插条剪成平面也可。下端剪口应在节下，剪口应平滑，以利于愈合，切口一般呈水平状，以便生根均匀；但有些生根缓慢的树种也可剪成斜面，以扩大与土壤的接触面。

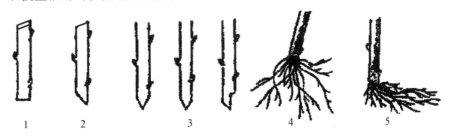

图 3-5　插条下切口的形状与生根

1—平切；2—斜切；3—双面切；4—下切口平切生根均匀；5—下切口斜根偏于一侧

6. 插条的贮藏

贮藏的方法以露地埋条较为普遍。选择高燥、排水良好、背风向阳的地方挖沟，将枝条捆扎成束，埋于沟内，盖上湿沙和泥土即可。若枝条过多，可竖一些草把于中间，以利于通气。北方地区有利用窖藏的，将枝条埋于湿沙中，堆放 2～3 层，更为安全。无论露地还是室内贮藏，均需经常检查有无霉烂现象，以免影响成活率。

7. 扦插方法

扦插前将插床进行翻耕，使土壤疏松、平整，然后每隔 50～60cm 开 15～20cm 的沟，沿沟底施入基肥。每亩施腐熟的堆肥 2500～4000kg，再加少量草木灰和过磷酸钙等。经与沟土充分拌匀后，按 10～15cm 的株距，直插或斜插入苗床。斜插时将插条斜插入沟内成 45°，顶芽露出地面，其方向必须相同。插条入土深度是其长度的 1/2～2/3，干旱地区、沙质土壤可适当深些。并用手将周围土壤压实，然后灌水，使土壤和枝条密接，最后再覆细润土一层，使与顶芽相平。注意扦插时不要碰伤芽眼，插入土中时不要左右晃动插条。

（二）嫩枝扦插

又叫绿枝扦插，是利用当年生嫩枝或半木质化枝条来扦插，其发根较已木质化枝条扦插的更强。

1. 插条的选择

嫩枝插一般是随采随插，在 5～8 月进行。插条要尽量剪取发育阶段年轻的母树，选择健壮、无病虫害、半木质化的当年生嫩枝。

2. 插条的截取

插条一般长 5~6cm。剪取插条时，插条上端芽的剪口必须在芽上 2~3cm 处，切面与枝条成 45°。插条上部须保留 1~3 片健壮叶片，并剪去叶片前端一半。枝条下端剪口应在节下，因节上养分多，有利于生根。为了防止枝条凋萎，最好在早晨枝条内含水最多时剪取。剪下后，将下端浸于清水中，上面用湿布盖住，以防插条萎蔫。常绿针叶树种的嫩枝扦插插条，一般只要把下剪口剪平即可，不必除去叶片；但若扦插入土困难时，可适当除去下部一些枝叶。

3. 扦插的方法

嫩枝扦插与硬枝扦插的方法相似，只是用地更要整理精细、疏松。因此常在冷床或温床上进行扦插，一般垂直插入土中，入土部分为总长的 1/3~1/2。嫩枝扦插对空气湿度要求严格。大面积露地扦插，如无完善的喷雾装置或保湿设备，成活率就不会高。必要时应盖塑料薄膜或搭遮阳网，以保持适当的温度、湿度。此外，还应该注意通风及遮阴。

（三）根插

利用植物的根进行扦插，叫做根插。

根插适用于枝条不易扦插的植物，如泡桐、漆树等，或者根部再生能力较强的植物，如紫藤、海棠、樱桃等。

1. 插条选择

选择在休眠期母树周围刨取种根，也可利用出圃起苗时残留在圃地里的根。

2. 插条的贮藏

选粗度在 0.8cm 以上的根条，切成 10~15cm 的节段，并按粗细分级埋藏于假植沟内，至翌年春季扦插。

3. 扦插方法

一般多用床插，先在床面开深 5~6cm 的沟，将种根斜插或全埋于沟内，覆土 2~3cm，平整床面，立即灌水，保持土壤适当湿度，15~20d 可发芽。

（四）叶插

利用植物的叶进行扦插，叫做叶插。

叶插用于能自叶上发生不定芽及不定根的种类。凡能进行叶插的花卉，大都具有粗壮的叶柄、叶脉或肥厚的叶片。叶插须选取发育充实的叶片，在设备良好的繁殖床内进行，以维持适宜的温度及湿度，才能得到良好的效果，如秋海棠、落地生根、非洲紫罗兰等。

1. 全叶插

以完整叶片为插穗。依扦插位置分为两种：

（1）平置法

切去叶柄，将叶片平铺沙面上，以铁针或竹针固定，下面与沙面紧接。落地生根从叶缘处产生幼小植株，秋海棠自叶片基部或叶脉处产生植株，蟆叶秋海棠叶片较大，可在各粗壮叶脉上用小刀切断，在切断处发生幼小植株。（见图3-6）

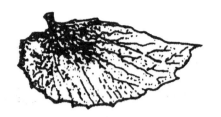

图 3-6　叶平置扦插法（秋海棠类）

（2）直插法（也称叶柄插法）

将叶柄插入沙中，叶片立于沙面上，叶柄基部就发生不定芽。大岩桐进行叶插时，首先在叶柄基部发生小球茎，之后发生根与芽。用此法繁殖的花卉还有非洲紫罗兰、耐寒苣苔、苦苣苔、豆瓣绿及球兰等。（见图3-7、图3-8）

图 3-7　叶直插法（虎尾兰）

图 3-8　叶柄直插法（大岩桐）

2. 片叶插（见图3-9）

将一个叶片分切为数块，分别进行扦插，使每块叶片上形成不定芽。用此法进行繁殖的有蟆叶秋海棠、大岩桐、椒草及千岁兰等。将蟆叶秋海棠叶柄从叶片基部剪去，按主脉分布情况，分切为数块，使每块上都有一条主脉、再剪去叶缘较薄的部分，以减少蒸发，然后将下端插入沙中，不久就从叶脉基部发生幼小植株。大岩桐也可采用片叶插，即在各对侧脉下方自主脉处切开，再切去叶脉下方较薄部分，分别把每块叶片下端插入沙中，在主脉下端就可生出幼小植株。椒草叶厚而小，沿中脉分切左右两块，下端插入沙中，可自主脉处发生幼株。千岁兰的叶片较长，可横切成5cm左右的小段，将下端插入沙中，自下端可生出幼株。千岁兰分割后应注意不可使其上下颠倒，否则影响成活。

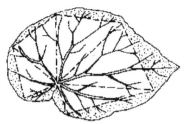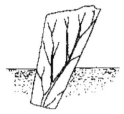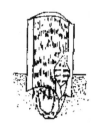

图3-9　片叶插

三、扦插的方法

不同植物的习性不同，扦插方法也不同。现将生产实践中常用的方法介绍如下：

（一）垂直插

是扦插繁殖中应用最广的一种，多用于较短的插条。

在大田里可采取这种方法大面积育苗；嫩枝扦插在全光照自动间歇喷雾扦插床上经常采取垂直插可节省空间。花卉生产上，采用垂直扦插繁殖，在换盆培养时可省去换土的工序，直接埋入即可。

（二）斜插

适用落叶植物，多在植物落叶后发芽前进行，将插穗（15～20cm）斜插入土中，插入土部分向南，与地面成45°角，插后将土壤踩实，使插穗与土壤紧密接触，保持土壤的水分与通气条件。

（三）船底插

蔓生植物枝条长，在扦插中将插穗平放或略弯成船底形进行扦插。

（四）深层插

将长插条（1m以上）深深插入土中，上部用松散土壤埋住，只露出梢部。此法由于插条切口位于无菌的地层深处，可以充分利用适宜生根的深层土温（冬季可保持10℃，夏季可保持20℃左右）和深层土壤水分。此法成活率较高，在较短的时间内培养成所需大苗，但使用扦插材料较多。由于插条扦插较深，下部土壤紧实，通气不良，因此下部至切口生根少，而上层土壤空气流通良好有利生根，从而形成埋在土里的部位上部根系多、下部稀少的状况。此种方法由于插条过长移植困难，所以具体扦插深度应根据扦插植物生根的难易、插条的长度以及土壤的性质决定。有直接用此方法进行扦插植树绿化的。

四、扦插后的管理

（一）保持插壤和空气湿度

扦插后立即浇足第一次水，使插条与土壤紧密接触。要经常保持土壤、空气的湿度（嫩枝扦插等要求空气湿度更重要），以调节插条体内的水分平衡，保持插壤中良好的通气效果，同时还应做好保墒及松土工作。

温室、大棚能保持较高的空气湿度和温度，并且具有一定的调节能力。插床的扦插基质具有通气良好、持水力强的特点。因此，既可用于硬枝扦插，也可用于叶插、嫩枝扦插。扦插之后，当插条生根展叶后方可逐渐开窗流通空气，降低空气湿度，使其逐渐适应外界环境。棚内温度过高，可通过遮荫网降低光照强度，减少热量吸收，或适当开天窗通风降温、喷水降温，保持室内、棚内适宜的环境条件，维持插条生根成活。当插条成活适应之后，逐渐移至栽植区栽培。

在空气温度较高、阳光充足的生长季节，可采用全光照自动间歇式喷雾扦插床进行嫩枝扦插，插后利用白天阳光充足进行光合作用，以间歇喷雾的自动控制装置来满足插条对空气湿度的要求，保证插条不萎蔫又有利于生根。插壤以无营养、通气保水的基质为主，在扦插成活后，为保证幼苗正常生长，应及时起苗移栽。

（二）保证插条营养

插条未生根之前地上部分展叶，应摘去部分叶片，减少养分消耗，保证生根的营养供给。当新苗长到 15~30cm 时，培育主干的植物应选留一个健壮直立的新梢，其余除去。除草配合松土进行，减少杂草对养分和水分的竞争。

任务三　嫁接繁殖

【知识点】

嫁接繁殖的意义和作用
嫁接繁殖成活原理
影响嫁接成活的因素

【技能点】

嫁接繁殖的种类和时期
砧木、接穗的选择
嫁接繁殖的方法
嫁接后的管理

相关知识

一、嫁接繁殖的意义和作用

嫁接也称接木，是人们有目的地利用两种不同植物结合在一起的能力，将欲繁殖母树的枝或芽接到另一株植物的茎或根上，使两者结合成为一个独立新植株繁殖方法。供嫁接用的枝或芽称为接穗，承受接穗的带根植物部分称为砧木。以枝条作为接穗的称"枝接"，以芽为接穗的称"芽接"。用嫁接方法繁殖所得的苗木称"嫁接苗"。嫁接苗和其他营养繁殖苗所不同的特点是借助了另一种植物的根，因此嫁接苗也称"他根苗"。

嫁接繁殖虽然需要先培养砧木，在操作技术上也较为麻烦，但嫁接有着其他营养繁殖起不到的作用。在生产实践中，仍以嫁接为园林植物和果树的重要繁殖方法之一。嫁接繁殖的优点如下：

1. 保持品种的优良特性

嫁接所用的接穗，均采自发育阶段较高的母树上，遗传性稳定，在园林绿化、美化上，观赏效果优于种子繁殖的植物。虽然嫁接后不同程度受到砧木的影响，但仍能保持母树原有的优良性状。

2. 增加抗性和适应性

嫁接所用的砧木，大多采用野生种、半野生种和当地土生土长的种类。这类砧木的适应性很强，能在自然条件很差的情况下正常生长发育。它们一旦被用作砧木，就能使嫁接品种适应不良环境，以砧木对接穗的生理影响，提高嫁接苗的抗性，扩大栽培范围，如提高抗寒、抗旱、抗盐碱及抗病虫害的能力。例如酸枣耐干旱、耐贫瘠，用它作砧木嫁接枣，就增加了枣适应贫瘠山地的能力；君迁子上接柿子，可提高抗寒性；苹果嫁接在海棠上可抗棉蚜。

3. 改变株型

在砧木的选择上如选用矮化砧，接后所得的苗木即为矮化植株，选用乔化砧就获得高大梢，因此可以用嫁接繁殖的方法，选择不同的砧木，培育出不同株型的园林苗木，其他一些树种的垂枝类、曲枝类品种，如垂枝梅、龙爪槐等，也都可繁殖应用，满足园林绿化对苗木的特殊需求。

4. 提早开花结果

嫁接能使观花观果树木及果树提早开花结果，使材用树种提前成材。嫁接促使观赏树木及果树提早开花结果的原因，主要是接穗采自已经进入开花结果期的成年树，这样的接穗嫁接后，一旦愈合和恢复生长，很快就会开花结果。例如用种子繁殖板栗，15 年以后才能结果，平均每株产栗子 1 ~ 1.5kg。而嫁接后的板栗，第二年就能开花结果，4 年后株产就可达 5kg 以上；柑橘实生苗需 10 ~ 15 年方能结果，嫁接苗 4 ~ 6 年即可结果；苹果实生苗 6 ~ 8 年才结果，嫁接苗仅 4 ~ 5 年。

在材用树种方面，通过嫁接提高了树木的生活力，生长速度加快，从而使树木提前成材。"青杨接白杨，当年长锄扛"就是指嫁接后树木生长加快、提前成材。

5. 克服不易繁殖现象

在园林树木中，有很多具有优良性状的树种和品种，但大多没有种子或种子很少。如花木中的重瓣品种，果树中的无核葡萄、无核柑橘、无核柿子等，又如日本五针松，原产于日本，我国引入后生长较好，但结实率低，且种子多发育不良，发芽率低，生长缓慢，只能用嫁接等营养繁殖方法解决繁殖问题，对于扦插繁殖困难或扦插后发育不良的树种，使用嫁接繁殖更为有效。

6. 扩大繁殖系数

嫁接所使用的砧木可采用种子繁殖，获得大量的砧木，而接穗仅用一小段枝条或一个芽接到砧木上，即能形成一个新的植株，在选用植物材料上比较经济，且能在短期内繁殖多数苗木。

7. 恢复树势、治救创伤、补充缺枝、更换新品种

园林中有很多古树，树势生长衰弱，一些树木也常因病虫害、人兽的破坏等使树势生长衰弱，可用生长健壮的砧木进行桥接或寄根接等方法，促进生长，挽回树势。如树

冠空裸，缺枝，可在树冠空裸处的枝上接上新的枝或芽，以充实树冠，使树冠丰满美观；如品种不良，影响果树的产量和园林绿化效果，则可用高接换头的嫁接方法，使产量提高或满足园林绿化功能的要求。

通过选用新品种嫁接能够保持优良性状方法来固定其优良持性，扩大繁殖系数。

二、嫁接繁殖成活原理

植物嫁接成活主要决定于砧木和接穗之间的亲和力以及双方形成层细胞的再生能力。嫁接后，砧木和接穗削面的形成层彼此紧密接触，薄壁细胞进行分裂，形成愈合组织，填满砧木、接穗之间的空隙。在细胞之间产生胞间连丝，由胞间连丝使原生质连通，然后新生细胞进一步分化，使接穗和砧木之间的形成层向内分化为木质部，向外分化为韧皮部，进而使导管和筛管等输导组织相互沟通，使得水分、养分得以输导，维持水分平衡，形成一个整体。在愈伤组织的外部细胞分化为栓皮细胞，使砧木和接穗相接处密合，砧木和接穗两个异质部分从此结合在一起，成为一个新的植株。

因此，在技术措施上，除了根据树种遗传特性考虑亲合力外，嫁接成活的主要关键在于：接穗砧木之间形成层紧密结合，结合面愈大，接触面平滑，各部分嫁接时对齐、贴紧、捆紧，才愈易成活。

三、影响嫁接成活的因素

（一）嫁接愈合与亲和力的关系

砧木和接穗经过嫁接能愈合，且能正常生长发育的能力，称为亲和力。亲和力是嫁接成活的最基本条件。砧木和接穗的亲和力越强，则嫁接成活率越高；反之，则低或不成活。

砧木和接穗间的亲和力大小主要由亲缘关系决定。亲缘关系越近，则亲和力越强。同种间的亲和力最强，如不同品种的月季间嫁接最易成活。同属异种间嫁接，亲和力次之，在生产上应用最广泛。同科异属间进行嫁接，亲和力一般较弱，但有些植物也能成活，例如女贞嫁接在白蜡上，桂花嫁接在女贞上。不同科的植物间亲和力更弱，嫁接很难获得成功，在生产上不能应用。

此外，亲和力与砧木、接穗间细胞组织结构、生理生化特性的差异也有一定的关系。

（二）砧木和接穗的生长特性

砧木生长健壮，体内贮藏物质丰富，形成层细胞分裂活跃，嫁接成活率就高。砧木和接穗在物候期上的差别与嫁接成活也有关系。凡砧木较接穗萌动早，能及时供应接穗水分和养分，成活率就高；相反，如果接穗比砧木萌动早，易导致接穗失水枯萎，嫁接不易成活。

（三）环境因子的影响

环境因子对嫁接成活的影响，主要反映在对愈伤组织形成与发育的速度上。影响嫁接成功的主要环境因子为温度、湿度、光照。

1. 温度

植物的愈伤组织要在一定温度下才能形成，一般适宜温度为 $20\sim25℃$。低于 $15℃$ 或高于 $30℃$，就会妨碍愈伤组织的旺盛生长。植物愈伤组织生长的最适温度，与不同植物萌芽、生长发育所需的最适温度成正相关。如桑树在春季4月嫁接成活率最高，因其形成层最适温度在20~25℃。

2. 湿度

湿度对愈伤组织的影响有两个方面：一是愈伤组织生长本身需要一定的湿度环境；二是接穗需要在一定的湿度条件下，才能保持生活力。空气湿度越接近饱和，对愈合越有利。但不能使嫁接部位浸水，因此，要做好包扎工作。

3. 光照

黑暗条件下，有利于促进愈伤组织的生长。

除以上主要环境因子影响嫁接成活率外，通气也有利于嫁接伤口愈合。一般空气中氧气含量（体积分数）在12%以下或20%以上，都会妨碍愈合作用进行。

四、嫁接时期

适宜的嫁接时期，是嫁接成活的关键因素之一。嫁接时期的选择，与植物种类、嫁接方法和物候期等有关。一般情况下，枝接宜在春季芽未萌动前进行，芽接则宜在夏、秋季砧木树皮易剥离时进行。而木本植物的嫩枝接，多在生长期进行。

（一）春季嫁接

春季是枝接的适宜时期，主要是2~4月，一般在早春树液开始流动时即可进行。落叶树宜选经贮藏后处于休眠状态的接穗，常绿树采用现采的未萌芽的枝条作接穗。春季，由于气温低，接穗水分平衡较好，易成活。

（二）初夏季嫁接

5月中旬~6月上旬，砧木和接穗皮层都能剥离时最适宜进行芽接和嫩枝接。一些常绿木本植物，如山茶和杜鹃，以及落叶树种，均适于此时嫁接。

（三）夏秋季嫁接

7~8月主要进行不带木质部的芽接。一些植物如红枫也可以进行腹接。我国中部和华北地区一般可延到9月下旬。这个时期适宜嫁接时期长，成活率高。因适宜嫁接时期长，所以对未接活的可以补接。

总之，只要砧木、接穗自身条件及外界环境能满足要求，即为嫁接适期。应视植物物候期和砧木、接穗的状态决定嫁接时期。同时也应注意短期的天气条件，如雨后树液流动旺盛，比长期干旱后嫁接为好；阴天无风，比干、晴、大风天气嫁接为好。

 任务实施

一、嫁接的种类和时期

嫁接的方法很多。其操作技术也都有一定差异，但总的可分两大类：枝接类和芽接类。

（一）枝接类

凡是以枝条为接穗的嫁接方法统称为枝接，包括劈接、腹接、插皮接、靠接、桥接、切接、舌接、根接等。目前生产上常用的方法为切接、劈接、腹接。

枝接一般在树木休眠期进行，多在春、冬两季，以春季为最适宜。在北京地区，一般从 3 月 20 日以后至 4 月 10 日左右最好。但对含单宁较多的树种，如柿子、核桃等枝接时期应稍晚，选在单宁含量较少的时期，一般在 4 月 20 日以后，即谷雨至立夏前后为最适宜。同一树种在不同地区进行枝接，由于各地的气候条件的差异，其进行时间也各有不同，均应选在形成愈合组织较有利的时期。如河南鄢陵在 9 月下旬（秋分）枝接玉兰；山东菏泽在 9 月下旬接牡丹。而针叶常绿树的枝接时期以夏季较适，如龙柏、翠柏、洒金柏、侣柏、万峰桧等在北京以 6 月份嫁接成活率为最高。冬季枝接在树木落叶后，春季发芽前均可进行，但这时期温度过低，必须采取相应措施，才不致失败。一般是将砧木掘起在室内进行，接好后假植于温室或地窖中，促其愈合，春季再栽于露地。在假植或栽植过程中，由于砧木、接穗未愈合牢固，不可碰动接口，防止接口错离，影响成活。现枝接采用蜡封接穗，可不受季节限制，一年四季均可进行，方法简便，成活率高，生产中值得推广采用。

（二）芽接类

凡是用芽为接穗的皆为芽接。由于取芽的形状和结合方式不同而分许多种，最广泛应用的是"T"字形芽接。

芽接可在树木整个生长季期间进行，但应依树种的生物等特性的差异，选择其适应的嫁接时期。除柿树等芽接时间以 4 月下旬至 5 月上旬为最适，龙爪槐、江南槐等以 6 月中旬至 7 月上旬芽接成活率最高外，北京地区大多数树种以秋季芽接最适宜。即 8 月上旬至 9 月上旬，此时嫁接，既有利操作，愈合又好，且接后芽当年不萌发，免遭冻害，有利安全过冬。在这个时期进行芽接，还应据不同树种的特点、物候期的早晚来确定具体芽接时间。樱桃、李、杏、梅花、榆叶梅等应早接，特别是在干旱年份更应早接，一般在 7 月下旬至 8 月上旬进行，因其停止生长早，时间稍晚，砧、穗不离皮，不便于操作。而苹果、梨、枣等在 8 月下旬进行较宜。但杨树、月季最好在 9 月上中旬进行芽接，过早芽接，接芽易萌发抽条，到停止生长前却不能充分木质化，越冬困难。

（三）髓心嫁接法（见图 3-10）

此法多应用于扦插难以生根或难以得到种子的园林植物类。仙人掌科的植物常采用髓心嫁接法进行繁殖。在温室内一年四季可进行。

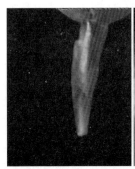

图 3-10　髓心嫁接法

1. 仙人球嫁接

先将仙人球砧木上面切平，外缘削去一圈皮肉，平展露出仙人球的髓心。再将另一个仙人球基部也削成一个平面，然后砧木和接穗平面切口对接在一起，中间髓心对齐，最后用细绳连盆一块绑扎固定，放半荫干燥处，1周内不浇水。保持一定空气湿度，防止伤口干燥。待成活拆去扎线，拆线后1周可移到阳光下进行正常管理。

2. 蟹爪兰嫁接

蟹爪兰嫁接是以仙人掌为砧木，蟹爪兰为接穗的髓心嫁接。将培养好的仙人掌上部平削去1cm，露出髓心部分。蟹爪兰接穗要采集生长成熟、色泽鲜绿肥厚的2~3节分枝，在基部1cm处两侧都削去外皮，露出髓心。在肥厚的仙人掌切面的髓垂直下切，再将接穗插入砧木髓心挤紧，用仙人掌针刺将髓心穿透固定。髓心切口处用溶解蜡汁封平，避免水分进入切口。1周内不浇水。保持一定的空气湿度，当蟹爪兰嫁接成活后移到阳光下进行正常管理。

二、砧木、接穗的选择

（一）砧木的选择与培育

砧木是形成新植株的基础，其好坏对嫁接苗以后的生长发育、树体大小、花量、结实及品质、产量等具有很大影响。例如，使嫁接苗乔化或矮化，变丛生为单干生，变灌木低位开花为小乔木高位开花，变常绿灌木为常绿小乔木，增强繁育品种的抗寒性，增加花色品种等，而且对嫁接成活关系重大。因此，嫁接时，选择适宜的砧木是保证嫁接达到理想目的的重要环节。选择砧木主要依据下列条件：

1. 与接穗树种具有良好的亲和力。

2. 与接穗发育均衡，对接穗的生长、开花、结实和寿命等有良好的影响，并能保持接穗原有的优良品性，如能使接穗生长健壮、花大、花美、果型大、品质好。

3. 生长健壮，根系发达，对栽植地区的环境条件适应性强，抗性强，如能抗旱、抗涝、抗寒、抗风、抗盐碱等。

4. 对主要病虫害有较强的抗性。

5. 种源丰富，易于大量繁殖。

6. 能满足园林绿化对嫁接苗的高度要求，符合栽培目的的特殊性状，如选用直立性强的砧木，而一般月季可选用刺玫等作砧木。

根据选择砧木须具备的条件，砧木除要求对接穗具有良好的亲和性和生长影响外，更重要的是对环境的适应性。不同类型的砧木对环境适应能力不同，砧木选择适当，能更好地满足栽培的需要。

不同地区、不同生态环境都有着相适应的砧木种类，根据栽培要求及区域化原则，可从本地乡土树种选择出各种适宜的砧木类型，当地的种源缺乏时，也可以就近引入砧木种类，引种地与当地生态条件愈相似，引种成功率愈大。砧木的培育，一般用实生苗最好，它具有根系发达、抗性强、寿命长、可塑性强又易于大量繁殖等优点。但对于种源不足或不宜于种子繁殖的树种，也可用营养繁殖法培育砧木。砧木的年龄、大小及粗细对嫁接成活和接后嫁接苗的生长很有影响。一般应根据所接树种的特性而定，除特殊目的外，一般繁殖砧木的年龄最好选用1~2年生的实生苗。培育砧木，除了一般正常管理外，可通过摘心控制苗木高生长，促进加粗生长。在进行插皮接或芽接时，为使砧木"离皮"，可于嫁接前1个月左右，在砧木基部进行培土和灌水，促进形成层活动，使其易于剥皮，提高嫁接成活率。

（二）砧木的利用方式

砧木的种类很多，性状不尽相同，在嫁接后的生长中反应不同，因此对砧木的利用方式也不同，现介绍几种常用的利用方式。

1. 共砧

又称为本砧，即砧木与接穗品种同属一种。砧木可以是种子繁殖，也可以是无性繁殖的自根砧。自根砧遗传与亲本相同，但无主根，抗性差。种子繁殖的砧木因异花授粉的缘故，变异大。但共砧种源丰富，利用方便，为嫁接首选砧木，果树栽培上常应用。如：苹果、梨、桃、柑、柿、枣、荔枝、龙眼、枇杷等多有应用，并在应用中选育出一些较好的类型。如苹果中，元帅的实生砧耐寒、抗火疫病和颈腐病及棉蚜等。

2. 乔化砧、矮化砧

根据嫁接后砧木对植株高度及大小的影响，将砧木分为乔化砧和矮化砧两类。乔化砧是使嫁接苗长势旺盛，高大的砧木，如桃、杏是梅、碧桃的乔化砧。矮化砧是能控制接穗生长、树体小于标准树体的一类砧木，如寿星桃是桃、碧桃的矮化砧。

3. 基砧和中间砧

基砧是指在双重或多重嫁接中位于苗木基部带根的砧木，也称根砧。

中间砧是指位于基砧和接穗之间的一段砧木。

双重嫁接的苗木是由基砧、中间砧、接穗三部分组成。这种利用砧木的目的，一是利用多种砧木特性共同对接穗影响，或补充一种砧木的性状不足，控制植株生长或提高抗性、适应能力；二是调节基砧与接穗的亲和性或解决中间砧种源不足的矛盾。如楹樘是梨的矮化砧，但接东方梨亲和力较差，因此利用哈蒂（Hardy）或故园（Old home）等西洋梨品种作中间砧，则有利于东方梨成活，并培育成矮化苗木。

（三）接穗的选择和贮藏

1. 接穗的选择

（1）采穗母体的选择。必须从栽培目的出发，从植物种、品种中选择品质优良纯正、观赏价值或经济价值高的优良植株为采穗母体。

（2）采穗的部位。从树冠的外围采健壮的发育枝，最好选向阳面光照充足、发育充实的枝条作为接穗。

（3）接穗的质量。一般采取节间短、生长旺盛、发育充实、芽体饱满、无病虫害、粗细均匀的 1 年生枝条较好。但有些树种，2 年生与年龄更大些的枝条也能取得较高的嫁接成活率，甚至比 1 年生枝条效果更好，如无花果、油橄榄等，只要枝条组织健全、健壮即可。针叶常绿树的接穗则应带有一段 2 年生的老枝，这种枝条嫁接成活率高，且生长较快。春季枝接应在休眠期（1～2 月份）采穗。若繁殖量小，也可随采随接。常绿树木、草本植物、多浆植物以及夏季嫩枝嫁接或芽接时，宜随采随接。

2. 接穗的贮藏

春季嫁接用的接穗，一般在休眠期结合冬季修剪将接穗采回，附上标签，标明树种、采条日期、数量，在适宜的低温下贮藏。可放在假植沟或地窖内。在贮藏期间要经常检查，注意保持适当的低温和适宜的湿度，以保持接穗的新鲜，防止失水、发霉。特别在早春气温回升时，需及时调节温度，防止接穗芽体膨大，影响嫁接效果。北京市东北旺苗圃用蜡封方法贮藏接穗，效果很好。其方法是：将枝条采回后，剪成 10～13cm 长、保证一个接穗上有 3 个完整、饱满的芽。用水浴法将石蜡熔解，即将石蜡放在容器中，再把容器放在水浴箱或水锅里加热，通过水浴使石蜡熔化。当蜡液达到 85～90℃ 时，将接穗分两头在蜡液中速蘸，一次完成，使接穗表面全部蒙上一层薄薄的蜡膜，中间无气泡，然后将一定数量的接穗装于塑料袋中密封好，放在 -5～0℃ 的低温条件下贮藏备用。一般万根接穗耗蜡量为 5kg 左右，翌年随时都可取出进行嫁接。存放半年以上的接穗仍具有生命力。这种方法不仅有利于接穗的贮藏和运输，而且可有效地延长嫁接时间，在生产上具有很高的实用性。多肉植物、草本植物及一些生长季嫁接的树种应随采随接，不需预先收集贮藏。木本植物芽接时，接穗采取后，为了防蒸腾，叶片需全部剪去，保留叶柄。

三、嫁接的方法

（一）嫁接前的准备

在选择好砧木和采集好接穗后，嫁接前应准备好嫁接所用的工具、包扎和覆盖材料。

1. 嫁接工具

根据嫁接方法确定所准备的工具。

嫁接工具主要有刀、剪、凿、锯、撬子、手锤。嫁接刀具可分为芽接刀、切接刀、劈接刀、根接刀、单面刀片等。为了提高工作效率，并使嫁接伤口平滑、接面密接，有利愈合，提高嫁接成活率，应正确使用工具，刀具要求锋利。

2. 涂抹和包扎材料

涂抹材料实际为覆盖材料，通常为接蜡，用来涂抹接合处和刀口，以减少嫁接部分丧失水分，防止病菌侵入，促使愈合，提高嫁接成活率。接蜡可分为固体接蜡和液体接蜡。

（1）固体接蜡

由松香、黄蜡、猪油（或植物油）按 4∶2∶1 比例配成，先将油加热至沸腾，再将其他两种物质倒入充分熔化，然后冷却凝固成块，用前加热熔化。

（2）液体接蜡

由松香、猪油、酒精按 16∶1∶18 的比例配成。先将松香溶入酒精，随后加入猪油，充分搅拌即成。液体接蜡使用方便，用毛笔蘸取涂于切口，酒精挥发后形成蜡膜。液体接蜡易挥发，需用容器封闭。

包扎材料以塑料薄膜应用最为广泛。包扎材料将砧木与接穗密接，保持切口湿度，防止接口移动。湿度低的时候可套塑料袋起到保湿作用。

（二）嫁接的方法

根据嫁接所采用的接穗和砧木情况，可分为枝接、芽接、根接和双重嫁接、多头高接、草本花类嫁接等。

1. 枝接

枝接优点是嫁接苗生长较快，早春进行嫁接，当年秋季即可出圃，而且，在嫁接时间上不受树木离皮与否的限制。下面介绍常见枝接的操作技术：

（1）切接

是枝接中最常用的一种，适用于大部分园林树种。其方法如图3-11所示。

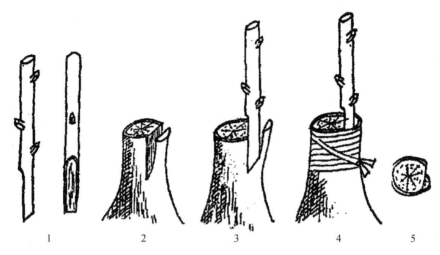

图3-11　切接

1—接穗下切口正侧面；2—砧木切法；3—砧接结合；4—绑扎；5—形成层结合断面图

砧木宜选用2cm粗的幼苗，稍粗些也可以，在距地面5cm左右处断砧，削平断面，选择较平滑的一面，用切接刀在砧木一侧（略带木质部，在横断面上约为直径的1/5～1/4）垂直下切，深约2～3cm左右。削接穗时，接穗上要保留2～3个完整饱满的芽，将接穗从距下切口最近的芽位背面，用切接刀向内切达木质部（不要超过髓心），随即向下与接穗中轴平行切削到底，切面长2～3cm，再于背面末端削成0.8～1cm的小斜面。将削好的接穗，长削面向里插入砧木切口中，使双方形成层对准密接，接穗插入的深度以接穗削面上端露出0.5cm左右为宜，俗称"露白"，有利愈合成活。如果砧木切口过宽，可对准一边形成层，然后用塑料条由下向上捆扎紧密，可兼有使形成层密接和保湿作用。必要时可在接口处封泥接蜡，或采用埋土办法，以减少水分蒸发，达到保湿目的。嫁接后为保持接口湿度和防止接穗失水干萎，可采取如下保湿措施：套塑料袋、堆土封埋、用塑料条缠缚、接蜡、涂沥青油等等。

（2）劈接

适用于大部分落叶树种，其方法如图3-12所示。通常在砧木较粗、接穗较细时使用。将砧木在离地面5～10cm处锯断，并削平剪口，用劈接刀从其横断面的中心垂直向下劈开，注意劈时不要用力过猛，要轻轻敲击劈刀刀背或按压刀背，使刀徐徐下切，切口长2～3cm。接穗削成楔形，削面长2～3cm，接穗外侧要比内侧稍厚，刀要锋利，削面要平滑。将削好的接穗插入砧木劈缝。接穗插入时可用劈刀的楔部将劈口撬开，轻轻将接穗插入，靠一侧使形成层对齐。砧木较粗时，可同时插入2个或4个接穗。劈接一般不必绑扎接口，但如果砧木过细，夹力不够用，可用塑料薄膜条或麻绳绑扎。为防止劈口失水影响嫁接成活，接后可培土覆盖或用接蜡封口。

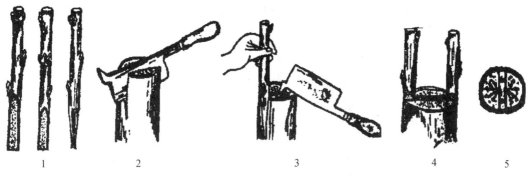

图 3-12　劈接

1—接穗切正、背、侧面；2—砧木劈开；3—接穗插入侧面；4—双穗插入正面；5—形成层结合断面

（3）靠接

主要用于培育一般嫁接法难以成活的珍贵树种。要求砧木与接穗均为自养植株，且粗度相近，在嫁接前还应移植到一起。在生长季，将砧木和接穗相邻的光滑部位，各削一长、宽均相等的切削面，长 3～6cm，深达木质部，使砧、穗的切口密接，双方形成层对齐，用塑料薄膜条绑缚严紧。待愈合成活后，将砧木从剪口上方剪去，即成一株嫁接苗。这种方法的砧木与接穗均有根，不存在接穗离体失水问题，故易成活（图 3-13）。

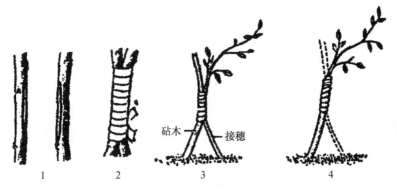

图 3-13　靠接

1—砧、穗削面；2—接合后绑严；3—绑缚砧木和接穗后的情况；
4—剪去砧木上端和接穗下端，即成一嫁接树

（4）合接和舌接

适用于枝条较软较细的树种。砧木和接穗的粗度最好相近。合接是将砧、穗各削成一长度为 3～5cm 的斜削面，把双方形成层对齐对搭起来，绑缚严紧即可。舌接的削法基本同合接，只是削好后再于削面距顶端1/3处竖直向下削一刀，深度为削面长度的1/2左右，呈舌状。将砧木、接穗各自的舌片插入对方的切口，使形成层对齐，用塑料薄膜条绑缚即可（图 3-14）。

2. 芽接

芽接的优点是节省接穗，对砧木粗度要求不高，1 年生砧木就能嫁接，即使嫁接不成活对砧木影响也不大，可立即进行补接。但芽接必须在树木皮层能够剥离时方可进行。常用的芽接方法有：带木质部芽接、"T" 字形芽接、块状芽接、套芽接等。

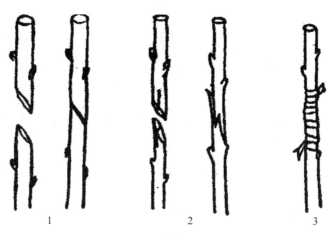

图 3-14　合接及舌接
1—合接；2—舌接；3—结合捆扎

（1）带木质部芽接

带木质部芽接也叫嵌芽接。此种方法不仅不受树木离皮与否的季节限制，而且用这种方法嫁接，接合牢固，利于嫁接苗生长，已在生产上广泛应用。

具体做法如图 3-15 所示。接穗上的芽，自上而下切取；先从芽的上方 1～1.5cm 处稍带木质部向下切一刀，然后在芽的下方 1.5cm 处横向斜切一刀，取下芽片。在砧木选定的高度上，取迎风面光滑处，从上向下稍带木质部削一与接芽片长、宽均相等的切面。将此切开的稍带木质部的树皮上部切去，下部留有 0.5cm 左右。然后将芽片插入切口使两者形成层对齐，再将留下部分贴到芽片上，用塑料薄膜条绑扎好即可。

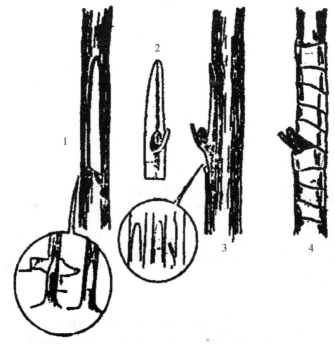

图 3-15　带木质部芽接
1—取芽片；2—芽片形状；3—插入芽片；4—绑扎

（2）"T"字形芽接

"T"字形芽接也是生产中常用的一种方法，因其接芽片呈盾形，故也称盾形芽接。"T"字形芽接必须在树液流动、树木离皮时进行。

具体做法如图3-16所示。采取当年生新鲜枝条为接穗，将叶片除去，留有一点叶柄，先从芽的上方0.5cm左右处横切一刀，刀口长0.8～1cm左右，深达木质部，再从芽下方1cm左右处稍带木质部向上平削到横切口处取下芽片，然后去掉木质部，芽在盾形芽片上居中或稍偏上。切记剥离时不可将芽肉维管束带下，芽片要保湿，不得风干。选用1～2年生的小苗作砧木。在砧木距地面5～8cm左右，选树干迎风面光滑处，横切一刀，深度以切断皮层为准，再从横切口中间向下垂直切一刀，使切口呈"T"字形。用芽接刀尾部撬开切口皮层，随即把取好的芽片插入，使芽片上部与"T"字形上切口对齐，最后用塑料薄膜条将切口自下而上绑扎好，芽露在外面，叶柄也露在外面，以便检查成活。

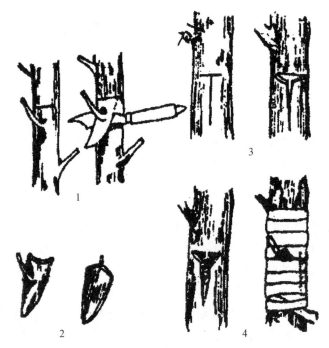

图3-16 "T"字形芽接
1—芽片；2—芽片形状；3—切砧木；4—芽片插入与绑扎

四、嫁接后的管理

1. 检查成活

枝接和根接，在接后20～30d，即可检查成活情况。凡接穗上的芽已经萌发生长或仍保持新鲜的即已成活。芽接苗在接后7～15d即可检查成活。接芽上有叶柄的很好检查，只要叶柄用手轻轻一碰即落的，表示已成活。这是因为叶柄产生离层的缘故，若叶柄干枯不落的为未成活。接芽不带叶柄的，则需要解除绑缚物进行检查。若芽体与芽片呈新鲜状态，已产生愈伤组织的，表明已嫁接成活，把绑缚物重新扎好。若在春、夏季嫁接的，由于生长量大，可能接芽已萌动生长，更易鉴别。若芽片已干枯变黑，没有萌动迹象，则表明已经死亡。

2. 解除绑缚物

当接穗已反映嫁接成活、愈合已牢固时，就要及时解除绑缚物，以免接穗发育受到抑制影响其生长。但解除绑缚物的时间也不宜过早，以防因其愈合不牢而自行裂开死亡。枝接、根接的在检查成活情况时，将缚扎物放松或解除，嫁接时培土的，将土扒开检查，芽萌动或未萌动，但芽仍新鲜、饱满，切口产生愈合组织，表示成活，将土重新盖上，以防受到曝晒死亡。当接穗新芽长至 2～3cm 时，即可全部解除绑缚物。

3. 剪砧、抹芽和除蘖

凡嫁接苗已检查成活但在接口上方仍有砧木枝条的，特指枝接中的腹接、靠接和芽接中的大部分，要及时将接口上方砧木的大部分剪去，以利接穗萌芽生长。剪砧可分两次完成，最后剪口紧靠接口部位。春季芽接的，可和枝接一样同时剪砧；秋季芽接的，应在第二年春季萌动前剪砧。

嫁接成活后，由于接穗砧木亲和差异，促使砧木常萌发许多蘖芽，与接穗同时生长，或提前萌生，争夺并消耗大量养分，不利于接穗成活。为集中养分供给接穗生长，要及时抹除砧木上的萌芽和根蘖，一般需去蘖 2～3 次。

4. 立支柱

接穗在生长初期很娇嫩，所以，在春季风大的地区，为防止接口或接穗新梢风折和弯曲，应在新梢生长后立支柱。上述两次剪砧，其中第一次剪砧时在接口以上留一定长度的茎干就是代替支柱的作用。待刮害风的季节过后再行第二次剪砧。近地面嫁接的可以用培土的方法代替立支柱，嫁接时选择迎风方向的砧木部位进行嫁接，可以提高接穗的抗风能力。

5. 补接

嫁接失败时，应抓紧时间进行补接。如芽接失败的，且嫁接时间已过，树木不能离皮，则于翌年春季用枝接法补接。对枝接未成活的，可将砧木在接口稍下处剪去，在其萌发枝条中选留一个生长健壮的进行培养，待到夏、秋季节，用芽接法补接。

6. 田间管理

嫁接苗接后愈合期间，若遇干旱天气，应及时进行灌水。其他抚育管理工作，如虫害防治、灌水、施肥、松土、除草等同一般育苗。

五、嫁接注意事项

1. 砧木与接穗形成层对齐，可使愈伤组织尽快形成并分化成各组织系统，以沟通上下部分的水分和养分运输。

2. 砧木与接穗的切面平整光滑，使砧木、接穗切面紧密结合，利于砧木、接穗吻合，便于成活。

3. 嫁接时操作速度快，切面在空气中暴露时间短，可减少切面失水，对单宁物质较多的植物还可减少单宁被空气氧化的机会，易于成活。

4. 接穗和砧木形成层的接触面大，接触紧密，输导组织沟通容易，成活率高。

5. 砧木、接穗切面保持清洁，不被泥土污染，可提高成活率。

6. 使用的嫁接刀锋利，能保证切削砧木、接穗时不撕皮，不破损木质部，利于成活。

任务四　分株繁殖

【知识点】

分株繁殖的概念

分株繁殖的特点

分株繁殖的时间

【技能点】

分株繁殖技术

分株繁殖的注意事项

相关知识

一、分株繁殖的概念及特点

分株繁殖，是将植物营养体从母株分离单栽，借以繁殖植株的一种繁殖方法。

分株繁殖安全可靠，成活率高，并且在短时间内可以得到大苗，但繁殖系数小，不便于大面积生产，获得的苗木规格不整齐，因此多用于少量苗木的繁殖或名贵花木的繁殖。

二、分株繁殖的时间

分株繁殖一般在春、秋两季进行。

春天在发芽前进行，秋天在落叶后进行，具体时间依各地的气候条件而定。由于分株法多用于花木类，因此应充分考虑到分株对开花的影响。一般夏秋开花的在早春萌芽前进行，春天开花的在秋季落叶后进行，这样在分株后给予一定的时间使根系愈合长出新根，有利于生长，且不影响开花。

任务实施

一、木本植物分株

（一）分株繁殖的树种选择

在园林植物的繁育中，分株方法适用于易生根蘖或茎蘖的园林树种。如刺槐、臭椿、枣、银杏、毛白杨、泡桐、文冠果、玫瑰等树种常在根上长出不定芽，伸出地面形成一些未脱离母体的小植株，这种是根蘖。根蘖是由根上的不定芽长出的枝条，具有幼龄植株的生理特性。

易产生根蘖的树种，根插也容易成活。为了刺激产生根蘖，早春可在树冠外围挖环形或条状的、深和宽各为30cm左右的沟，切断部分1~2cm粗的水平根，施入腐熟的基肥后覆土填平、踏实；根蘖苗有时呈丛生状，出苗后可间除部分过密的幼苗，以保证留下的苗木能健壮、整齐地生长。又如珍珠梅、黄刺玫、绣线菊、迎春等灌木树种，多能在茎的基部长出许多茎芽，也可形成许多不脱离母体的小植株，这是茎蘖。这类花木都可以形成大的灌木丛，把这些大灌木丛用利刃切分成若干个小植丛，单独栽植，或把根蘖从母树上切挖下来，单独栽植，获得新植株的方法就是分株。

（二）分株繁殖的方法

分株的具体方法有三种：灌丛分株（见图3-17）、根蘖分株（见图3-18）、掘起分株（见图3-19）。

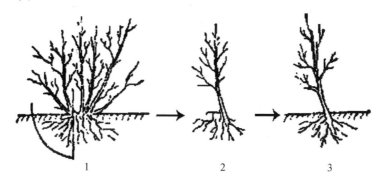

图3-17　灌丛分株
1—侧分；2—分离；3—栽植

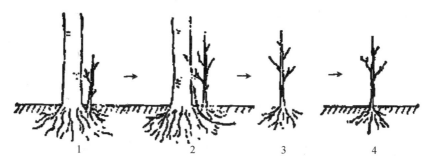

图3-18　根蘖分株
1—根蘖；2—切割；3—分离；4—栽植

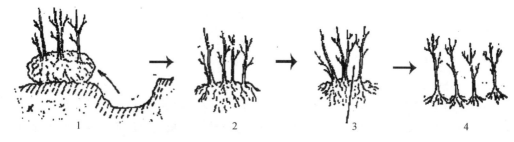

图3-19　掘起分株
1、2—挖掘；3—切割；4—栽植

分株过程中要注意根蘖苗一定要有较完好的根系，茎蘖苗除要有较好的根系外，地上部分还应有1~3个基干，这样有利于幼苗生长。

（三）分株繁殖的注意事项

1. 分株过程中要注意根蘖苗一定要有较好的根系。

2. 茎蘖苗除要有较好的根系外，地上部分还应有 1 ~ 3 个茎干，这样有利于幼苗的生长。

3. 幼株栽植的入土深度，应与根的原来入土深度一致，切忌将根颈部埋入土中。

4. 对分株后留下的伤口，应尽可能进行清创和消毒处理，以利于愈合。

5. 对于新栽植的分株苗床，要注意适当遮阴养护，待新芽萌发后再转入正常养护管理。

二、草本植物的分株

根据草本植物的生物学特性可分为分株法和分球根法两种方式，前者多用于萌蘖力强的多年生草花，后者则用于球根类花卉。

（一）盆栽花卉的分株繁殖

多用于草花，分株前先把母本从盆内脱出，抖掉大部分泥土，找出每个萌蘖根系的延伸方向，并把盘在一起的根分解开来，尽量少伤根系，然后用刀把分蘖苗和母株连接的根颈部分割开，并对根系进行修剪，剔除老根及病根然后立即上盆栽植。浇水后放在荫棚养护，如发现有凋萎现象，应向叶面和周围喷水来增加湿度，待新芽萌发后再转入正常养护。如兰花、鹤望兰、萱草等。

多肉植物如芦荟、虎尾兰、十二卷等，根部常有许多小株，这些小植株很快就长得和母株同样形状并长出自己的根系，可在生长初期结合换盆把它们单独上盆。

另外有些草本植物常在根际或叶腋间具有匍匐茎、吸芽、珠芽等变态茎。如虎耳草、吊兰、草莓及草坪植物的一些种类长有匍匐茎，摘下扦插即可；将芦荟、凤梨等的吸芽切离母体另栽即成；落地生根、伽蓝菜等的珠芽取下后栽入土壤中即可生根长出一个新的植株。

（二）分球繁殖（见图 3-20）

大部分球根类花卉的地下部分分生能力都很强，每年都能长出一些新的球根，用它们进行繁殖，方法简便，开花也早。分球根的方法因球根部分的植物器官不同而不同，主要有以下几类：

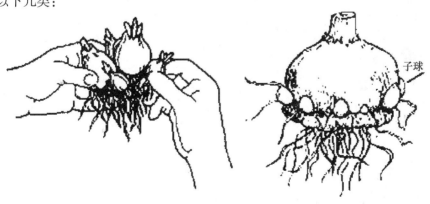

图 3-20　分球繁殖

1. 球茎类

唐菖蒲、小苍兰的球根属于球茎。唐菖蒲和小苍兰分生能力都很强，开花后在老球茎干枯的同时，能分生出几个大小不等的球茎。大球茎第二年分栽后，当年即可开花，小球茎则需培养 2~3 年后才能开花，它们还能分生出许多 0.5cm 直径的仔球，这些仔球条播后，可逐渐长成大球。

2. 鳞茎类

鳞茎是变态的地下茎，具有鳞茎盘，其上着生肥厚多肉的鳞片而呈球状。每年从老球基部的茎盘部分分生出几个仔球，抱合在母球上，把这些仔球分开另栽来培养大球。鳞茎因其外层膜状皮的有无分有皮鳞茎如郁金香、风信子、水仙等和无皮鳞茎如百合、贝母等。

3. 块茎类

由茎肥大而成的变态茎，近块状，芽通常在块茎顶端。如美人蕉的地下部分具有横生的块茎，并发生很多分枝，其生长点位于分枝的顶端，在分割时，每块分割下来的块茎分枝都必须带有顶芽，才能长出新的植株，新根则在块茎的节部发生，这种块茎分栽后，当年都能开花。

4. 块根类

由地下的根肥大变态而成，块根上没有芽。它们的芽都着生在接近地表的根颈上，单纯栽一个块根不能萌发新株。因此分割时每一部分都必须带有根颈部分才能形成新的植株。如大丽花、花毛茛等。

5. 根茎类

一些植物具有肥大而粗长的根状变态茎，具有节、节间、芽等与地上茎类似的结构，节上可形成根，并发出侧芽，切离后即可成为新的植株。如马蹄莲、蜘蛛抱蛋等。

任务五　压条繁殖

【知识点】

压条繁殖的概念
压条繁殖的特点

【技能点】

压条繁殖的方法
促进压条生根的方法
压条繁殖后管理

相关知识

一、压条繁殖的概念

压条繁殖是将未脱离母体的枝条压入土中或空中包以湿润物，待生根后把枝条切离母体，成为独立新植株的一种繁殖方法。此法多用于扦插繁殖不容易生根的园林植物，如玉兰、蔷薇、桂花、樱桃、龙眼等。

二、压条繁殖的特点

压条繁殖在生根之前不与母体脱离，可以借助母体水分、养分供给压条生根发芽，所以成活率很高。虽然这种方法繁殖简单，设备少，但受母体限制，操作费工、繁殖系数低，且生根时间较长，不能大规模使用。

 任务实施

一、压条繁殖的方法

（一）低压法

1. 普通压条法（见图 3-21）

是压条繁殖中最为常见的一种压条方法。常用于枝条长且易弯曲的树种，如迎春、木兰、大叶黄杨等园林植物。

具体操作：在休眠期或生长期中，将长度能弯曲到地面的 1~2 年生枝条压到地面挖出的 10cm 深的土沟中，近母体一侧沟成斜坡状，梢头处的沟壁垂直，枝条顺坡放置于沟中，梢头露出地面，用木钩插于枝条向上弯曲处固定，将土壤压实灌水，待枝条生根成活后，切断与母体连结的部分，形成新的植株。此法一枝繁殖一棵新生株。

图 3-21 普通压条

2. 波状压条法（见图 3-22）

适用于枝条长、柔软易弯曲的园林植物，如葡萄、紫藤、迎春等。

具体操作：春季萌芽前将枝条波状压入土壤，波谷处埋入土壤，波峰处露在地表，形成压于土堆中的枝条部分生根，露在外面的部分萌芽抽生新枝，成活后方能与母体切离形成新的植株，切离形成新株时要求有新梢与根系组成一个个体。

图 3-22 波状压条

3. 水平压条法（见图3-23）

适用于枝条着生部位低、长而且容易生根的树种，如葡萄、连翘、迎春、紫藤等。

具体操作：在春季萌芽前，顺枝条的着生方向，按枝条长度开水平沟，沟深2～5cm，将枝条水平压入沟中，用木钩分段插住固定，上覆薄层土壤压住枝条，不可过厚，待萌芽生长后再覆薄土，以促进每个芽节处下方产生不定根系，上部萌芽发新枝。新枝长10cm以上时，进行多次培土，促进生根，未埋入土中的枝条基部由于优势地位易促使萌芽生蘖，消耗养分，导致压条不易发根生枝。宜经常对这些部位进行抹芽除蘖。秋季落叶后，将其基部生根的小苗自水平枝上剪下形成新的植株，用此法埋压一根枝条可得到多个新植株。

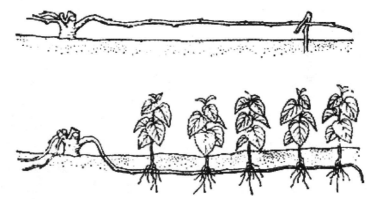

图3-23　水平压条法

4. 堆土压条法（见图3-24）

也叫直立压条法，适用于丛木和根蘖性强的园林植物，如贴梗海棠、八仙花等。

具体操作：在早春萌芽前，将植株平茬截干，促进萌蘖，当新生枝长到15～20cm时，随着枝条生长逐渐培土。可根据萌条发根能力，在培土前对萌条基部进行刻伤和环状剥皮，然后培土。在压条培土过程中，注意保持土壤湿度。一般经过雨季后就可生根成活。第二年春季把形成新株的枝条从基部剪断，切离与母体的联系后进行栽培。

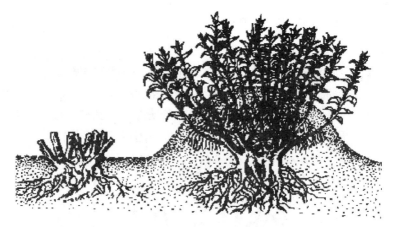

图3-24　堆土压条

（二）高压法（见图3-25）

也称为空中压条，主要用于树体高大、树冠较高、枝条难以弯曲的木本植物进行压条繁殖，如桂花、山茶、米兰、荔枝、龙眼等。

具体操作：高压法可在生长期内进行。先将所选枝条的被压处用刀进行刻伤或环剥处理，阻止枝条上部叶片光合的营养物质下移，在该处积累膨大并形成大量愈伤组织。然后用塑料袋或对开竹筒套在被压处，里面填充疏松、保温透气性好的基质，如蛭石、苔藓、草炭或肥沃土壤等，用绳扎紧，以利在包裹内生根，待枝条生根后，方从树上剪下移栽。

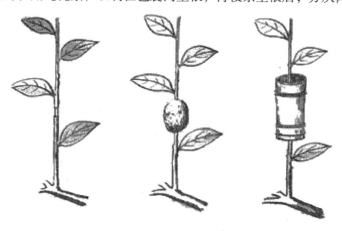

图 3-25　高空压条法

二、促进压条生根的方法

对于不易生根或生根时间较长的园林植物，为了促进压条快速生根，可采用刻伤法、软化法、生长刺激法、扭枝法、缢缚法、劈开法及土壤改良法等阻滞有机营养物质向下运输而不影响水分和矿物质的向上运输，使养分集中于处理部位，促进不定根的形成。

常用的刻伤方法有以下几种：

1. 刻伤

在被压的部位纵向刻出几道伤痕，或横向刻伤一二圈，深达木质部，这种方法多用于容易发根的花卉。

2. 去皮法

在被压的部位刻掉一块或两块舌状的皮层，同时带少量木质部。有些则需剥掉一圈较宽的韧皮部，并将形成层刮干净，以防它们产生愈伤组织将割断的韧皮部接通，甚至需要将伤口处的木质部晾干后再包泥土，这样才能促使环剥上方的形成层发生新根，这种方法多用于发根困难的花卉。

3. 缢扎法

用较细的铁丝紧紧地绑扎在压埋的部位，使它深达木质部而不能加粗生长，并将韧皮部的筛管切断，使同化养分在这里集中而刺激生根。

4. 扭枝法

对一些比较柔软和容易离皮的花卉，在大量高压时，为提高工作效率，常用双手将被压部分扭曲，使韧皮部和木质部分离。

在通过上述方法制造伤口时，还可结合使用生长激素处理。高压后要保持土壤湿度。用塑料薄膜包扎的泥土，不容易变干，加水时可解开上面的绑扎绳，或用注射器加水。高枝压条大多需要半年以上的养护再剪离母体，然后带原土上盆栽植。

三、压条繁殖后的养护管理

压条后，外界环境因素对压条生根成活有很大影响，应注意保持土壤湿润，适时灌水；保持适宜的土壤通气条件和温度，需及时进行中耕除草；经常检查埋入土中的压条是否露出地面，露出的压条要及时重压埋入土壤。压条留在地面上的部分生长过长时，需及时剪去梢头，有利于营养积累和生根。

分离压条苗的时期，取决于根系生长状况。当被压处生长出大量根系，形成的根群能够与地上枝条部分组成新的植株，能够协调体内水分代谢平衡时，即可分割。较粗的枝条需分 2～3 次切割，逐渐形成充足的根系后方能全部分离。新分离的植株抗性较弱，需要采取措施保护，适量的灌水、遮阴以保持地上、地下部分的水分平衡，冬季采取防寒措施有利压条苗越冬。土厚的地方，幼芽不易出土，影响产苗量，应扒除厚土。

任务六　组织培养

【知识点】

组织培养的发展历史
组织培养的特点
组织培养的意义与应用
组织培养的分类
组织培养的基本设备

【技能点】

培养基的配制
植物组织培养的一般方法
杂菌污染的识别及其预防
外植体的褐变及玻璃化现象

相关知识

一、组织培养的发展历史

植物组织培养的生物学原理的确立最早可追溯至 1902 年德国植物生理学家 Haberlandt 首次提出的高等植物的器官和组织可以不断分割培养的设想和尝试。1934 年 P. R. White 在离体条件下，用添加了酵母浸出液的培养基，培养番茄根尖成功。1939 年法国的 Nobecourt、Gautbezet 和 White 三人分别培养胡萝卜根、马铃薯块茎薄壁组织和烟草幼茎切断原形成层组织于合成培养基上，继代培养成功。至此，确立了植物组织培养的基本方法，使之成为一门新兴的学科。1958 年，英国学者 Steward 在美国将胡萝卜髓细胞培育成一个完整的植株，首次以实例证明了 Haberlandt 的设想，是植物组织培养的第一突破。我国植物组织培养研究工作开展也较早。1931 年李继桐培养银杏的胚。1935～1942 年罗宗洛进行了玉米根尖离体培养。20 世纪 70 年代尤其是全国科学大会以来，我国在植物组织培养方面进行了大量研究，取得了一些举世瞩目的成就，不少研究已走在世界前列。

二、组织培养的特点

（一）优点

1. 培养材料经济

生产上，外植体往往只需几毫米甚至更小的材料。相对传统繁殖，取材少、培养效果好，对于新品种的商品化生产，有重大的实际意义。

2. 培养条件可人为控制

植物组织培养繁殖过程中，植物材料完全是在人为配制的培养基质及保护设施内生长的，不受外界环境条件的限制，可以稳定地进行周年无间断生产。

3. 生长周期短，繁殖系数大

在人为提供的环境下，植物材料的生长不受外界环境的限制，往往较为迅速，一般1～2 个月就可完成一个生长周期，半年可由 1 株植物繁殖 100 万株新个体。

4. 管理方便，利用自动化控制

植物组织培养是在保护设施内进行的，是可人为提供的。苗木的培育高度集约化、规模化、自动化。

5. 不受季节限制

一年四季均可进行，可实现工厂化育苗。

6. 能培育脱毒苗

培养茎尖分生组织（0.2～0.3mm），可以脱掉病毒，育出无病毒苗（又称脱毒苗）。脱毒苗抗逆性强，质优，生长旺盛。

7. 有利于种子资源的保存。

8. 解决常规育苗困难的问题。

（二）缺点

1. 设备、技术要求较高

需要一定的设备条件，技术要求较高，操作人员需要专门培训。从成本角度出发，并不是每种植物使用这种方法都合算。

2. 组织培养技术并不能解决所有植物的繁殖问题

到目前为止许多难以用常规方法繁殖的植物的组织培养繁殖技术仍未成熟，需要继续探索。

3. 试验阶段成本较高。

三、组织培养的意义和应用

1. 无性系的快速繁殖

利用组织培养技术进行的快速繁殖，特点是可以在短时间内获得数量庞大的新植株。对于不能用普通繁殖法或用普通繁殖太慢的植物，组织培养技术是实现商品化生产的最佳途径。组织培养技术快速增殖的特点也被应用于新育成、新引进品种、稀缺品种、濒危植物和优良单株等的扩繁。

2. 无病毒育苗

组织培养过程中，利用植物茎尖病毒分布少甚至没有的特点，进行培养、增殖，进而通过无性系的快繁获得脱毒、无病毒种苗和种球。使用无病毒种苗，可以从遗传上杜绝病毒病的传播。

四、组织培养的分类

（一）依据用作外植体的植物材料划分

1. 植株培养

是以具备完整植株形态的材料（如幼苗、较大植株）为外植体的无菌培养。

常用于提供适合接种的外植体，或用于研究植株在某些培养基上的反应等。

2. 器官培养

即以很少的植物器官（如根尖和根切段，茎尖、茎节和茎切段，叶原基、叶片、叶柄、叶鞘、子叶，花瓣、花药、花丝，果实、种子等）为材料进行无菌培养，形成新植株。

3. 胚胎培养

即指通过对幼胚、子房等的培养，使之发育不完全的胚胎部分，形成完整植株的过程。它又可分为胚乳培养、原胚培养、胚珠培养、种胚培养等。胚胎培养在某种程度上可克服远缘杂交胚的败育障碍。采用胚乳进行培养，为三倍体植物育种开辟了新的途径。

4. 组织培养

是以分离出的植物各部位的组织（如分生组织、形成层、木质部、韧皮部、表皮、皮层、胚乳组织、薄壁组织、髓等）或诱导出的愈伤组织为外植体的无菌培养。这是狭义的组织培养。

5. 细胞培养

指对单个离体细胞或较小细胞团的培养。

6. 原生质体培养

指对去掉细胞壁后所获得的原生质体的离体培养，通常分为非融合培养、融合培养等类型。此类培养可进行植物体细胞杂交，形成新个体，为品种改良开辟新途径。

（二）依据所用的培养基不同来划分

1. 固体培养

使用固体培养基进行组织培养。

2. 液体培养

使用液体培养基进行组织培养，又可分为静止培养、旋转培养、振荡培养等。

五、组织培养的基本设备

（一）植物组织培养实验室的生产设施

1. 准备室

用以进行组织培养时所需器具的洗涤、干燥、保存；蒸馏水的制备；培养基的配制、分装、包扎和高压消毒；处理大型植物材料，以及进行生理、生化的分析等各种操作。其要求与一般化学实验室相同，需要的设备和用具有：天平、酸度计、冰箱、烘箱、实验台、药品柜、洗涤用水槽、各种试剂瓶和容量瓶等。

2. 接种室（无菌室）

接种室是植物材料接种的设施，要求室内干爽、安静、清洁、明亮，保持良好的无菌或低密度有菌状态。主要用于培养材料的表面消毒、外植体的接种、无菌材料的继代转接等。室内设超净工作台、紫外灯、双目实体解剖镜、接种工具等。

接种要在无菌环境下进行，无菌条件的好坏、持续时间的长短对减轻植物材料的污染和接种工作效率关系重大。

3. 培养室

培养室是在人工环境条件下培养接种物和试管苗的场所。为满足培养材料生长、增殖的需要，培养室必须具备人工调控温度、湿度、光照和通风的设备。要求室内洁净、干燥，是进行初代、继代、生根培养的场所。主要设备和用具有：空调、培养架、定时器、日光灯、光照培养箱等。

4. 温室

温室或大棚等保护设施是植物组织培养所必需的。生根培养后的幼苗必须经过保护设施下的过渡才能适应自然环境。

（二）植物组织培养的仪器设备

1. 天平

配制培养基，需要不同精密度的天平称量药品。常用的有药物天平、分析天平和电子天平等。

2. 高压蒸汽灭菌锅

灭菌锅用于培养基及器械的灭菌。常用的是手提式内热高压灭菌锅。

3. 烘箱

用于玻璃器皿的干燥或灭菌。

4. 冰箱

家用冰箱即可，用于药剂或植物材料的保存。

5. 蒸馏水器

植物组织培养常使用蒸馏水或无离子水，可以用蒸馏水器大批量备用。

6. 空调机

用于培养室环境温度的调控。

7. 超净工作台

超净工作台是利用风机将空气经过细菌过滤装置，输送至工作台面。

8. 培养架

用于培养容器的放置，由支架、隔板和灯具组成。

9. 玻璃器皿

（1）培养器皿　培养植物材料和贮存药剂，应选用硬质玻璃容器。常用的有试管、三角瓶、培养皿等。

（2）盛装器皿　配制培养基时盛装药剂所使用的烧杯、试剂容器等。

（3）计量器皿　试剂的计量器具，有量筒、容量瓶、移液器等。

10. 金属器械

组织培养不但需要玻璃器皿，具体操作时还需要一些金属工具，如镊子、剪刀、解剖刀、过滤器械及接种针等。这些器械可以与医用器械或微生物实验室所用的器械通用。

11. 消毒剂

（1）70% 酒精　用于操作人员的手及用具的消毒。

（2）植物材料的表面消毒剂　常用的有次氯酸钠、次氯酸钙、溴水、升汞溶液等。

任务实施

一、培养基的配制

植物组织培养过程中，植物材料的生长、增殖除了受到外界环境条件的影响，还与培养基的种类、成分密切相关。要成功完成某种植物的组织培养，必须根据所取植物材料的种类和部位，选择合适的培养基和培养环境。

（一）配制母液

生产中，为减少工作量，常将药剂配成比培养基所需浓度高 10 ~ 100 倍的母液，待使用时按比例稀释。以最常用的 MS 培养基为例，制成 5 种母液：大量元素母液、微量元素母液、铁盐母液、有机添加物母液和生长调节物质母液。制备母液，可以配制成单一化合物的母液或混合物母液。在配制大量元素的无机盐母液时，应使各种成分充分溶解，然后混合，以防止混合时产生沉淀。配制微量元素的混合母液时，应注意药品的添加顺序，以免发生沉淀。铁盐母液必须单独配制。

为避免药品中的杂质对培养物产生不良影响，应采用化学纯或分析纯级别的药品。称量时，为避免失误，最好两人协作，一人称量，一人记录并标记。配制好的母液应贴好标签，注明配制倍数、日期及配 1L 培养基时应取的量。母液的使用期不应超过一个月，最好在 2℃ 冰箱内保存。

（二）配制培养基

配制培养基前，应做好准备工作。各母液按顺序排好，各种玻璃器皿、量筒、烧杯、吸管、玻璃棒、移液管等放在指定的位置。

制备培养基的步骤如下：

1. 按规定数量称取琼脂，加水在恒温水浴或电炉上加热，待其溶化后，加入蔗糖，溶解后定容至最终容积的 75%。

2. 按顺序加入各种母液，定容至最终容积。用 pH 计或 pH 试纸测 pH。

3. 充分混合后，用 0.1mol/L 的 NaOH 或 HCl 溶液调整 pH。

4. 配制好的培养基趁热分装。可以利用漏斗直接分装，也可使用虹吸式分注法或滴管法。一般每培养容器内含 1/4 ~ 1/3 容积培养基为宜。分装后立即塞上塞子，进行灭菌。

5. 灭菌时，压力 0.8~1.1kg/cm²，121℃时保持 15~20min 即可。灭菌后，切断电源，锅内压力示数接近 0 时，打开放气阀排出剩余蒸汽，再取出培养基。

二、植物组织培养的一般方法

（一）组织培养前的准备工作

1. 母本植株的栽培管理

植物材料的质量状况直接影响到其大批量后代的品质和苗圃的经济效益。为获得理想的植物材料，对母本植株进行专门的栽培管理。

针对母本植株生长的环境，通过管理措施降低植株携带的杂菌数量，促进植株的生长。具体措施包括：

（1）尽量避免连作。

（2）栽种前，对栽培基质进行消毒灭菌。

（3）生长季中尽量使用无机肥，以免有机肥引起材料污染。

（4）尽可能为母本植株提供适宜的环境条件，有条件的进行保护地栽培以保证培养材料的健壮生长。

2. 培养材料的选择

目前组织培养获得成功的植物，培养材料的来源几乎涵盖了植物体的各个部位。但是，不同植物或者同种植物不同取材部位的再生能力不一样，应选择最易培养增殖的部位。

取材部位：对大多数植物来说，茎尖是组织培养较为理想的部位，但是生产中常会受到植株茎尖数量较少的限制。目前，茎段、叶片、根、花瓣、鳞茎等材料的培养应用也非常广泛。选取培养材料时，一方面要考虑材料的来源是否有保证，能否进行大批量繁殖，另一方面要考虑培养过程中茎尖分化产生愈伤组织是否会引起不良变异而丧失原品种的优良性状。还要考虑取材部位的发育状况，幼年组织具有比老年组织更高的形态发生能力。

取材时间的选择：植物的生长随季节发生变化，生长状况不同，培养材料对于外界诱导的反应也不一样。大多数植物应在生长开始的时期获取培养材料，生长末期或进入休眠期的外植体对诱导反应较为迟钝。

材料的大小：许多植物的茎尖组织培养证明，材料越小，培养成功的几率越低。因此，不宜将外植体切取得过小。外植体也不是越大越好，有实验表明过大容易引起污染。一般要求茎尖培养的材料应大于 0.2~0.3mm，叶片和花瓣应大于 5mm²，茎段长度应大于 0.5mm。

3. 工具、用品等的准备

切取植物材料用的工具有解剖刀、接种针、镊子、放大镜等，药品有酒精、无菌水、漂白粉、升汞溶液等，无菌滤纸等用品要在培养前准备妥当。

（二）材料的灭菌

常用的消毒剂有漂白粉（次氯酸钙 1%~10% 的滤液）浸泡 5~30min、次氯酸钠溶液（0.5%~10%）浸泡 5~30min、升汞溶液（0.1%~1%）浸泡 2~10min、酒精（70%）浸泡 0.2~2min、双氧水（3%~10%）浸泡 5~15min 等。

漂白粉应随配随用，妥善保存。70%的酒精较其他浓度的酒精有更强的杀菌力和穿透力，但杀菌不彻底，一般不单独使用，常用作表面消毒。升汞溶液杀菌效果好，但有剧毒，且消毒后不容易去除残余的汞，需要多次冲洗。

消毒前，一般先用自来水流水冲洗。自田间采回的较大的植物材料可先用洗衣粉进行洗涤。消毒时，将植物材料浸入70%酒精浸泡数秒钟，进行表面杀菌。然后，浸入消毒溶液，处理规定时间。倒出消毒液，用无菌水冲洗3次后，带入超净工作台准备接种培养。

（三）接种

1. 接种室的消毒

接种前，应首先清洁地面，并使用70%的酒精喷雾以降低接种室内的灰尘。打开紫外灯照射20min左右，杀灭空气中的杂菌。工作台面用酒精或新洁尔灭溶液清洗。工作人员的头发、衣服、手指都会带来许多杂菌，因此，接种前工作人员应穿好工作服，戴上帽子，剪除指甲并彻底洗手。

2. 材料的分离与接种

经消毒处理的植物材料按其所需大小，在解剖放大镜或肉眼直接观察下即可进行分离。为防止污染的发生，通常在无菌滤纸上切取培养材料。刀和镊子每次使用后，都应放入70%酒精中浸泡，灼烧冷却后备用。

接种时，要求迅速、准确，尽量减少暴露在空气中的时间。接种时，先用左手拿培养容器，右手轻轻取下封口纸。将容器以45°左右的角度倾斜靠近酒精灯火焰，在灯焰上灼烧口部几秒钟时间后，用右手无名指和小指取下橡胶塞。在灯焰上旋转灼烧瓶口或试管口，用镊子将切取好的材料送入培养容器。镊子使用后浸入消毒酒精中备用。当培养容器内已均匀接种若干材料后，再在灯焰上灼烧口部几秒钟时间。塞好塞子，扎好封口纸，进行标记，注明接种名称及日期。

（四）培养

1. 初代培养

也称诱导培养。培养基由于植物种类的不同而不同，通常是MS基本培养基加入适量的植物生长调节剂及其他成分。首先在一定温度（22～28℃）下进行暗培养，待长出愈伤组织后转入光培养。如对于赤道附近的花卉，应在恒温状态下培养；而对原产于温带的花卉，用变温培养效果更好。此阶段主要诱导芽体解除休眠，恢复生长。

2. 继代培养

也称增殖培养。将见光变绿的芽体组织从诱导培养基转接到芽丛培养基上，在每天光照12～16h、光照强度1000～2000lx条件下培养，不久即产生绿色丛生芽。将芽丛切割分离，进行继代培养，扩大繁殖，平均每月增殖一代，每代增殖5～10倍。为了防止变异或突变，通常只继代培养10～12次。根据需要，一部分进行生根培养，一部分仍继代培养。

3. 生根培养

培养基通常为1/2MS培养基加入适量的植物生长调节剂，如1/2MS＋NAA或IBA（0.1mg/L）。切取增殖培养瓶中的无根苗，接种到生根培养基上进行诱根培养。有些易生根的植物在继代培养中通常会产生不定根，可以直接将生根苗移出进行驯化培养。或者将未生根的试管苗长到 3~4cm 长时切下来，直接栽到蛭石为基质的苗床中进行瓶外生根，效果也非常好，省时省工，降低成本。这个阶段可筛选淘汰生长不良和感病的试管苗。

4. 移植与炼苗

发根的组培苗（或称试管苗）从培养瓶中移出，在温室中栽培。至植株长大发生 5~6 片叶为止的过程，为驯化培养阶段，这是组培苗从异养到自养的阶段。

组培苗移出前，要加强培养室的光照强度和延长光照时间，进行光照锻炼，一般进行 7~10d。再打开瓶盖，让试管苗暴露在空气中锻炼 1~2d，以适应外界环境条件。

移栽基质最好用透气性强的珍珠岩、蛭石、泥炭。如果移栽在土壤中，土壤应为疏松的沙壤土，或为沙土掺入少量有机质或林地的腐殖土。用营养钵育苗，可用直径 6cm 的塑料营养钵。移栽时选择 2~4cm、3~4 片叶的健壮试管苗，将根部培养基冲洗干净，以避免微生物污染而造成幼苗根系腐烂。如果是瓶外生根，将植株基部愈伤组织去掉，用水冲洗一下，直接插入基质中。移栽后浇透水，加塑料罩或塑料薄膜保湿。

一般炼苗的最初 7d，应保持 90% 以上的空气相对湿度，适当遮阴。7d 以后适当通风降低空气相对湿度，温度保持在 23~28℃。半个月后去罩、掀膜，每隔 10d 喷一次稀释 100 倍的 MS 大量元素母液。培养 4~6 周后，试管苗便可转入正常管理。

三、杂菌污染的识别及其预防

当污染现象发生时，最好先根据污染情况做出判断，分清楚是细菌污染还是真菌污染，以便采取相应措施进行处理。

（一）细菌污染及其预防

在培养过程中，培养基或外植体上出现黏液状或水迹状物，有时要仔细辨认才能看清，这是细菌污染的特征。细菌污染主要是由于培养基灭菌不够彻底，或在接种操作时没有对外植体进行彻底灭菌所致。因此，所用的培养基一定要在培养室中预培养 2~3d，然后再进行检验，确定无细菌感染的迹象后再使用。为了防止因接种造成细菌感染，应对初代培养、继代培养的材料进行系统检查，发现有被细菌污染的迹象时，应立即清除。

（二）真菌污染及其预防

在接种后，培养基或外植体表面出现白、黑、绿等色的块状真菌孢子，其蔓延速度较快，为真菌污染的特征。真菌污染易通过空气、培养容器、瓶口进行，因此要加强对空气的灭菌管理。在每次操作前，最好先用紫外线灯灭菌 20~30min，再用 75% 的酒精对容器、材料表面进行喷雾灭菌。

四、外植体的褐变及玻璃化现象

（一）外植体褐变

是指在接种后，其表面开始褐变，有时甚至会使整个培养基变褐的现象。褐变现象的发生与植物品种、外植体的生理状态（较成熟）、培养基成分（无机盐浓度过高或细胞分裂素的水平过高）和不当的培养条件（光照过强、温度过高、培养时间过长等）有关。为了防止褐变现象的发生，通常采取如下措施：

1. 选择合适（生长旺盛）的外植体。

2. 培养条件合适：如适宜的无机盐浓度与细胞分裂素水平，适宜的温度和光照，及时继代培养等。

3. 使用抗氧化剂。

4. 连续转移：对易褐变的材料培养 12～24h 后，即转移到新培养基上，连续转移 7～10d 后，褐变现象会得到控制。

（二）玻璃化

当植物材料不断进行离体繁殖时，有些培养物的嫩茎、叶片往往会呈半透明状、呈水迹状，这种现象称为玻璃化。解决这一问题常用的方法有：

1. 增加培养基的溶质水平。

2. 减少培养基含氮化合物的用量。

3. 增加光照。

4. 增加通风，最好施用 CO_2 气肥。

5. 降低培养温度，进行变温培养。

6. 降低培养基中细胞分裂素含量，可考虑加入适量脱落酸。

【思考与练习】

1. 播种繁殖的概念、特点？

2. 播种繁殖的技术措施有哪些？

3. 播种后的管理方法有哪些？

4. 营养繁殖的概念、特点？

5. 促进扦插生根的方法有哪些？

6. 扦插的概念？扦插的方法有哪些？

7. 嫁接的概念？嫁接的方法有哪些？

8. 分株繁殖的概念？分株的类型有哪些？

9. 压条繁殖的概念？压条繁殖的方法有哪些？

10. 组培的概念？组培有哪几个阶段？

技能训练

技能训练一　苗圃整地

一、目的要求

使学生熟悉苗圃整地的过程，掌握整地的要求。

二、材料与工具

铁锨、锄头。

三、方法步骤

1. 分组：以 2～3 人为一组。

2. 明确任务：根据苗圃原有地块情况确定整地面积。

3. 耕地、耙地、土壤消毒。

4. 镇压、苗床制作。

四、结果评价

根据整地质量要求进行成绩评定。

优秀——操作规范、生产安全、土碎地平、床面平整、床高合适、无草根瓦片。

良好——操作规范、生产安全、土不够碎、床面较平整，床高较合适，基本无草根瓦片。

合格——注意安全生产、操作尚规范、土不够碎，作床不够整齐，存在草根瓦片等。

不合格——不注意安全生产、床面不平整、土不碎。

五、作业

完成实验报告。

技能训练二　园林植物的播种

一、目的要求

让学生掌握播种方法，播种技术，并灵活运用。

二、材料与工具

园林植物种子、锄头等。

三、方法步骤

1. 分组：以 2 ~ 3 人为一组。

2. 明确任务：根据播种地面积确定播种量、播种方法。

3. 划线、开沟、播种、覆土、镇压。

4. 浇水。

5. 播后管理。

四、结果评价

根据播种技术，种子发芽数量，播后管理情况对学生进行成绩评定。

优秀——操作规范、生产安全、播种量计算合理、播种方法选择得当、播种技术熟练、种子发芽率高、播后管理好。

良好——操作规范、生产安全、播种量计算基本合理、播种方法选择得当、播种技术正确、种子发芽率较高、播后管理良好。

合格——注意安全生产、操作尚规范、基本完成播种任务、进行播后管理。

不合格——不注意安全生产、播种量计算不准确、没有完成播种任务、种子发芽率低、没有进行播后管理。

五、作业

完成实验报告。

技能训练三　硬枝扦插

一、目的要求

通过本实习使学生了解插条的抽芽和生长发育特点，掌握插条的选择与截取、扦插方法及扦插后的管理技术。要求学生独立完成硬枝扦插的全部过程。

二、材料与工具

1. 植物材料：选择休眠枝若干（插条）。

2. 用具及药品：修枝剪、卷尺、喷水壶、铁锹、铁铲、锄、平耙、NAA 或 IBA 等药品、酒精、天平、量筒等。

三、实训内容与技术操作规程

1. 采条

选择生长健壮、品种优良的幼龄母树，取组织充分木质化的 1～2 年生枝条作插条。落叶树种在秋季后到翌春发芽前剪枝；常绿树插条，应在春季萌芽前采取，随采随插。

2. 插条的截取

将粗壮、充实、芽饱满的枝条，剪成 15～20cm 的插条。每个插条上带 2～3 个发育充实的芽，上切口距顶芽 0.5～1cm，下切口靠近下芽，上切口平剪，下切口斜剪。

3. 插条的处理

将切制好的插条 50 根或 100 根捆一捆（注意上、下切口方向一致），竖立放入配制好的生长素溶液中，浸泡深度 2～3cm，浸泡时间 12～24h。

4. 扦插

将插条垂直插入或倾斜 45°（倾斜方向要一致）插入基质中，插入深度为插条的 2/3 或 3/4，插入后要充分与土壤接触，避免悬空。扦插后要立即灌水。

5. 管理工作

（1）浇水，扦插后立即浇透水，并且保持插床湿润。

（2）遮阴，为了防止插条因光照增温，苗木失水，插后 4～5 个月应搭荫棚，遮阴降温。

（3）抹芽，扦插成活后，当新苗长至 15～30cm，应选取一个健壮的直立芽保留，其余除去。

（4）施肥，适当施入浓度淡的速效性化学肥料。

四、注意事项

1. 插条在春季进行扦插前应用水浸泡，浸泡时间不宜过长；

2. 一般扦插深度不宜过浅，插条要与土壤紧密接触；

3. 扦插后要经常保持土壤湿润。

五、考核内容与评分标准

优秀——剪穗合乎要求，接削操作正确，成活率高，实验报告完成质量高。

良好——剪穗基本合乎要求，接削操作正确，成活率较高，实验报告完成质量较好。

合格——剪穗基本合乎要求，接削操作基本正确，成活率一般，实验报告完成质量尚可。

不合格——剪穗不合乎要求，接削操作不正确，成活率低，实验报告完成质量差。

技能训练四　嫩枝扦插

一、目的要求

通过本实习使学生了解插条的抽芽和生长发育特点，掌握插条的选择与截取、扦插方法及扦插后的管理技术。要求学生独立完成嫩枝扦插的全部过程。

二、材料与工具

选择红枫嫩枝（生长枝）插条若干、ABT1 号生根粉、GGR 溶液、基质、剪枝剪、铲、锄、耙、喷雾器、塑料薄膜、支架等。

三、实训内容与技术操作规程

1. 插条及母树的选择：剪取嫁接母树上生长健壮无病虫害、叶片完整的枝条作插条。

2. 采条及扦插时间：5 ~ 6 月。

3. 插条规格及处理：插条长 7 ~ 12cm，顶端留叶 2 ~ 3 片，基部用利刃切成平切口。然后浸泡在浓度为 100ppm 的 ABT1 号生根粉或 GGR 溶液中 1 ~ 2h。

4. 扦插床的准备：插床长 10m，宽 1.2m，高 35cm。其表层垫 5cm 厚的河沙，上面再铺 3cm 厚的干净黄泥土。

5. 扦插的方法及插后管理：株距 2 ~ 3cm，行距 5cm。用锄开沟，扦插深度是条长的 1/3 ~ 1/2。用手压紧，再浇一次透水。搭塑料小拱形棚，保持床内相对空气湿度，并在拱形薄膜拱棚上搭一高的荫棚遮阴，遮光率在 20% ~ 30%。

6. 效果：应用 ABT1 号生根粉或 GGR 处理红枫，生根快、健壮、生根率高。

四、注意事项

1. 嫩枝扦插的插条要选择半木质化或尚未木质化的为宜。

2. 扦插后要立即浇透水，保持土壤湿润。

3. 插条与土壤紧密接触。

4. 扦插后要搭遮阳网以保持空气湿度。

五、考核内容与评分标准

优秀——剪穗合乎要求，截枝操作正确，成活率高，实验报告完成质量高。

良好——剪穗基本合乎要求，截枝操作正确，成活率较高，实验报告完成质量较好。

合格——剪穗基本合乎要求，截枝操作基本正确，成活率一般，实验报告完成质量尚可。

不合格——剪穗不合乎要求，截枝操作不正确，成活率低，实验报告完成质量差。

技能训练五　芽接

一、目的要求

让学生通过芽接实习掌握砧木的选择、接芽的削取、芽接方法，并独立完成芽接操作过程，并掌握芽接后的管理。

二、材料与工具

1. 工具：劈接刀、修枝剪、芽接刀、塑料绑扎条、盛穗容器、接蜡、湿布等。

2. 植物材料：砧木若干、接芽若干。

三、实训内容

1. 剪穗：采穗母体必须是具有优良性状、生长健壮、无病虫害的植株。选采穗母本冠外围中上部向阳面的当年生、离皮的枝作接穗。采穗后要立即去掉叶片（带 0.5cm 左右的叶柄），注意穗条水分平衡。

2. 芽接方法：主要进行"T"字形芽接和嵌芽接实习。

3. 嫁接技术：切削砧木与接芽时，注意切削面要平滑，大小要吻合；绑扎要紧松适度；要露出叶柄。

4. 管理：芽接后要及时剪断砧木，两周内要检查成活率，并解绑，适时补接和除萌蘖以及采取其他管理措施。

四、考核内容与评分标准

优秀——剪穗合乎要求，接削操作正确，成活率高，实验报告完成质量高。

良好——剪穗基本合乎要求，接削操作正确，成活率较高，实验报告完成质量较好。

合格——剪穗基本合乎要求，接削操作基本正确，成活率一般，实验报告完成质量尚可。

不合格——剪穗不合乎要求，接削操作不正确，成活率低，实验报告完成质量差。

技能训练六　枝接

一、目的要求

让学生通过本次实训熟练掌握园林植物枝接方法，独立完成枝接的全部操作过程，了解枝接砧木选择、接穗截取，掌握枝接方法和枝接后管理。

二、材料与工具

1. 工具：劈接刀、修枝剪、枝接刀、塑料绑扎条、盛穗容器、接蜡、湿布等。

2. 植物材料：砧木若干、接穗若干。

三、实训内容与技术操作规程

1. 采穗：枝接采穗要求用木质化程度度高的 1～2 年生的枝。

2. 嫁接方法：主要进行劈接、切接、插皮接等的实习。

3. 嫁接技术：切削接穗与砧木时，注意切削面要平滑，大小要吻合；砧木和接穗的形成层一定要对齐，绑扎要紧松适度。

4. 嫁接后及时检查成活率，及时松绑，做好除萌、立支柱等管理工作。

四、注意事项

1. 嫁接操作技术要求：齐、平、快、紧、净。

2. 嫁接刀具锋利。

3. 切削砧木、接穗时，不撕皮，不破损木质部。

五、考核内容与评分标准

优秀——接穗、削砧木操作正确，成活率高，实验报告完成质量高。

良好——接穗、削砧木操作合乎要求，成活率较高，实验报告完成质量较好。

合格——接穗、削砧木操作基本合乎要求，成活率一般，实验报告完成质量一般。

不合格——接穗、削砧木操作不正确，成活率低，实验报告完成质量较差。

技能训练七 分株繁殖

一、目的要求

让学生通过本次实训熟练掌握园林植物分株繁殖方法。要求学生按照实训要求完成实践操作的各个环节，最终使每个学生都能独立完成分株繁殖整个过程，强化学生的实践动手能力。

二、材料与工具

易生根蘖或茎蘖的园林植物一种；铁锹、利斧或利刀。

三、实训内容与技术操作规程

1. 灌丛分株

将母株一侧或两侧土挖开，露出根系，将带有一定茎干（一般 1~3 个）和根系的萌株带根挖出，单独栽植。

2. 根蘖分株

将母株的根蘖挖开，露出根蘖，用利斧或利铲将根蘖株带根挖出，单独栽植。

3. 掘起分株

将母株全部带根挖起，用利斧或利刀将植株根部分成有较好根系的几份，每份地上部分有 1~3 个茎干，独立栽植。

四、注意事项

挖掘时注意不要对母株根系造成太大的损伤，若有伤根、烂根用利刀直接去掉，以免影响母株的生长发育。

五、考核内容与评分标准

优秀——分株时间合适，操作正确，分株成活率高，实验报告完成认真。

良好——分株时间较为合适，操作基本正确，分株成活率较高，实验报告完成较认真。

合格——分株时间掌握尚可，操作基本正确，分株成活率一般，实验报告完成一般。

不合格——分株时间掌握不对，操作不正确，分株成活率低，实验报告完成较差或没完成。

技能训练八 压条繁殖

一、目的要求

让学生通过本次实习掌握压条繁殖技术和压条后的管理技术。

二、材料与工具

铁锹、利斧或利刀、修枝剪、喷雾器等。

三、实训内容与技术操作规程

1. 普通压条法

此法为最普通的一种方法，适用于枝条离地面近且容易弯曲的树种。如迎春、夹竹桃、无花果等。

2. 水平压条法

适用于枝条长且易生根的树种，如连翘、紫薇等。

3. 波状压条法

适用于枝条长而柔软或为蔓性的树种，如紫薇、迎春等。即将整个枝条呈波浪状压入沟中，枝条弯曲的波谷压入土中，波峰露出地面。

4. 堆土压条法

适用于丛生性和根蘖性强的树种，如杜鹃、木兰、贴梗海棠、八仙花、玫瑰等。

5. 高压法

凡是枝条坚硬、不易弯曲，或树冠太高、枝条不能弯到地面的树枝，可采用高压繁殖。高压法一般在生长期进行。

四、考核内容与评分标准

优秀——压条方法正确，时间合适，压条后成活率高，实验报告完成认真。

良好——压条方法较为正确，时间合适，压条后成活率较高，实验报告完成较认真。

合格——压条方法基本正确，时间选择尚可，压条后成活率一般，实验报告完成一般。

不合格——压条方法不正确，时间不合适，压条后成活率低，实验报告完成差或没完成。

技能训练九　培养基的配制

一、目的要求

通过实验，使学生掌握 MS 培养基的配制及技术。

二、材料与工具

1. 药品：培养基药品、蔗糖、琼脂、NaOH、细胞分裂素、生长素等。

2. 工具：培养瓶、量筒、移液管、玻璃棒、电子天平、不锈钢锅、电炉、酸度计（pH 试纸）高压灭菌锅、标签纸等。

三、实习内容

（一）母液的配制

分别称取大量元素、微量元素、铁盐、有机物的各种药品，按照要求分别溶解，定容 1000mL 母液。

1. 大量元素母液配制

表 3-2

母液种类	成分	规定量	扩大倍数	称重量
大量元素	NH_4NO_3	1.65g	10	16.5g
	KNO_3	1.9g	10	19.0g
	$MgSO_4 \cdot 7H_2O$	0.37g	10	3.7g
	KH_2PO_4	0.17g	10	1.7g
	$CaCl_2 \cdot 2H_2O$	0.44g	10	4.4g

（1）称量：一般将大量元素配制成 10 倍的母液，称量各种化合物的用量应扩大 10

倍。称取药品，分别放入烧杯。

（2）混合：用少量蒸馏水将药品分别溶解，然后依次混合。

（3）定容：加蒸馏水定容至1000mL，成10倍液。

2. 微量元素母液配制

表3-3

母液种类	成分	规定量	扩大倍数	称重量
微量元素	H_3BO_3	6.2mg	100	0.62g
	$MnSO_4 \cdot 4H_2O$	22.3mg	100	2.23g
	$ZnSO_4 \cdot 7H_2O$	8.6mg	100	0.86g
	KI	0.83mg	100	0.08g
	$NaMoO_4 \cdot 2H_2O$	0.25mg	100	0.03g
	$CuSO_4 \cdot 5H_2O$	0.025mg	100	0.003g
	$CoCl_2 \cdot 6H_2O$	0.025mg	100	0.003g

（1）称量：称量药品放入烧杯。

（2）混合：加少量蒸馏水分别溶解，然后依次混合。

（3）定容：加蒸馏水定容至1000mL，成100倍溶液。

3. 铁盐母液配制

表3-4

母液种类	成分	规定量	扩大倍数	称重量
铁盐	Na_2-EDTA	37.3mg	100	3.73g
	$FeSO_4 \cdot 7H_2O$	27.8mg	100	2.78g

（1）称量：称取药品，放入烧杯。

（2）混合：用少量蒸馏水将药品分别溶解后混合。

（3）定容：加蒸馏水定容至1000mL，成100倍母液。

4. 有机物母液配制

表3-5

母液种类	成分	规定量	扩大倍数	称重量
有机物	肌醇	100mg	100	10g
	甘氨酸	2mg	100	0.2g
	烟酸	0.5mg	100	0.05g
	VB_6	0.5mg	100	0.05g
	VB_1	0.1mg	100	0.01g

（1）称重：称取药品，分别放入烧杯。

（2）混合：用少量蒸馏水分别将药品溶解，然后依次混合。

（3）定容：加蒸馏水定容至500mL，成100倍液。

5. 生长调节物质母液的配制

（1）称量：用天平称取生长素（或细胞分裂素）50～100mL。

（2）溶解：生长素（如IAA，IBA，NAA）可用少量95%的酒精或0.1mol/L的NaOH溶液；细胞分裂素（如KT，ZT，6-BA）可用0.1mol/L的HCl加热溶解。

（3）定容：加蒸馏水定容至100mL，配制成浓度为0.5～1mg/mL的溶液。

（二）母液的保存

1. 装瓶

将配制好的母液分别倒入瓶中，母液瓶上贴好标签，注明母液号、配制倍数（或浓度）与配制日期。

2. 储藏

将母液瓶储放在冰箱里备用。

（三）培养基的配制

1. 首先将所需的各贮藏母液按顺序放好，将洁净的各种玻璃器皿，如量筒、烧杯、移液管、玻璃棒等放在指定位置。

2. 提取母液

按母液顺序和规定量，用吸管吸取母液，放入盛有一定量蒸馏水的量筒中。大量元素母液100mL，微量元素母液10mL，铁盐母液10mL，有机物母液10mL。

注意：取各种母液的吸管不能混用。

3. 加热溶解

先在锅中加700～800mL的蒸馏水，水温30～50℃时加入琼脂7g，加热并不断搅拌，直至琼脂完全熔化，再加入蔗糖、母液混合液和生长调节剂原液。

注意：琼脂必须完全熔化，以免造成浓度不均匀。

4. 定容

各种物质完全溶解，充分混合后，加蒸馏水将培养基定容至1000mL。

5. 调整pH值

用酸度计或pH试纸测试培养基酸碱度。用0.1mol/L的NaOH和0.1mol/L的HCl，把培养基的pH值调整到5.8左右。

6. 装瓶

把配好的培养基分别装入培养瓶中，每瓶20mL左右。装瓶后，立即加盖，贴上标签，注明培养基的名称与配置时间等。

7. 灭菌

将培养瓶放入高压灭菌锅。设定温度为121℃，保持15～20min，然后切断电源，让灭菌锅自然冷却。

四、考核内容与评分标准

优秀——母液配制方法正确，称量熟练且符合要求，pH调试合适，培养基分装量合适，凝固性好。

良好——母液配制方法基本正确，称量较为熟练且符合要求，pH 调试合适，培养基分装量较合适，凝固性良好。

合格——母液配制方法基本正确，能在老师的指导下完成称量及 pH 调试，培养基分装量基本合适，凝固性一般。

不合格——母液配制方法不正确，不能认真倾听老师建议，培养基分装量不合适，不能凝固。

技能训练十　无菌接种与培养

一、目的要求

让学生通过本次实习，了解、掌握组培无菌接种技术及各阶段培养技术。

二、材料与工具

1. 工具：超净工作台、酒精灯、剪刀、解剖刀、镊子、培养皿、滤纸等。

2. 材料：园林植物材料、培养基。

三、实习内容

（一）准备工作

1. 开启接种室紫外灯 30 分钟。

2. 用水和肥皂清洗双手，穿上消过毒的专用实验服、帽子和鞋子，进入接种室。

3. 用浸有 70% 酒精的酒精棉擦拭双手和工作台。

4. 用浸有 70% 酒精的酒精棉擦拭装有培养基的培养瓶和培养皿，放到工作台。

5. 把高温灭菌后的剪刀、解剖刀、镊子等工具浸泡在 95% 的酒精中，放到工作台。

（二）接种

1. 在工作台上，把植物材料浸泡在 70% 的酒精溶液中 5～30s，再浸泡在 0.1% 的升汞中 5～10min，然后用无菌水冲洗 3～5 次。

2. 开瓶前用酒精灯火焰烧瓶口，转动瓶口使各个部分都能烧到，打开瓶口后再在火焰上消毒。

3. 把培养材料迅速插入培养瓶中，瓶口、瓶盖在酒精灯上灭菌后，再盖好瓶盖。每瓶中接种 3～5 个植物材料。

4. 将接种好的培养瓶放入培养室内。

5. 接种一周后，到培养室观察植物材料污染情况，并做记录，总结原因。

四、考核内容与评分标准

1. 接种前的准备工作。（20 分）

2. 接种过程是否规范。（20 分）

3. 根据污染情况，统计数据，总结污染原因。（50 分）

4. 完成实习报告。（10 分）

知识归纳

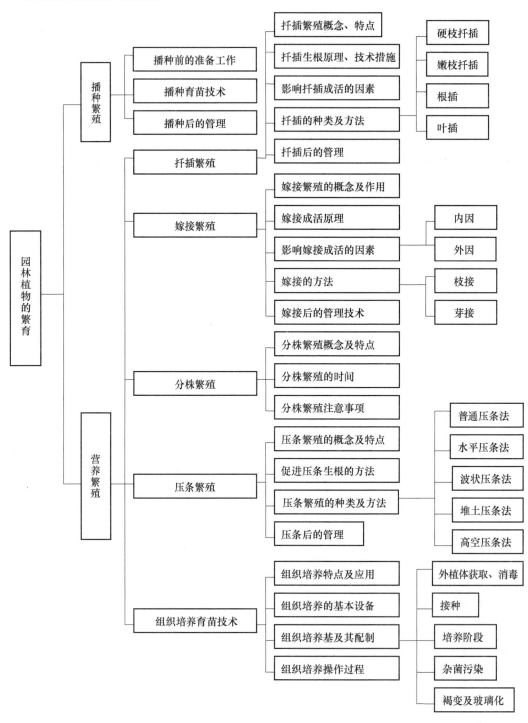

```
园林植物的繁育
├── 播种繁殖
│   ├── 播种前的准备工作
│   ├── 播种育苗技术
│   └── 播种后的管理
├── 营养繁殖
│   ├── 扦插繁殖
│   │   ├── 扦插繁殖概念、特点
│   │   ├── 扦插生根原理、技术措施
│   │   ├── 影响扦插成活的因素
│   │   ├── 扦插的种类及方法
│   │   │   ├── 硬枝扦插
│   │   │   ├── 嫩枝扦插
│   │   │   ├── 根插
│   │   │   └── 叶插
│   │   └── 扦插后的管理
│   ├── 嫁接繁殖
│   │   ├── 嫁接繁殖的概念及作用
│   │   ├── 嫁接成活原理
│   │   ├── 影响嫁接成活的因素
│   │   │   ├── 内因
│   │   │   └── 外因
│   │   ├── 嫁接的方法
│   │   │   ├── 枝接
│   │   │   └── 芽接
│   │   └── 嫁接后的管理技术
│   ├── 分株繁殖
│   │   ├── 分株繁殖概念及特点
│   │   ├── 分株繁殖的时间
│   │   └── 分株繁殖注意事项
│   ├── 压条繁殖
│   │   ├── 压条繁殖的概念及特点
│   │   ├── 促进压条生根的方法
│   │   ├── 压条繁殖的种类及方法
│   │   │   ├── 普通压条法
│   │   │   ├── 水平压条法
│   │   │   ├── 波状压条法
│   │   │   ├── 堆土压条法
│   │   │   └── 高空压条法
│   │   └── 压条后的管理
│   └── 组织培养育苗技术
│       ├── 组织培养特点及应用
│       ├── 组织培养的基本设备
│       ├── 组织培养基及其配制
│       │   ├── 外植体获取、消毒
│       │   ├── 接种
│       │   ├── 培养阶段
│       │   ├── 杂菌污染
│       │   └── 褐变及玻璃化
│       └── 组织培养操作过程
```

项目四　园林植物的露地栽培技术

【内容提要】

园林植物露地栽培是指园林植物主要生长期的发育过程是在露地自然条件下进行的栽培形式。一般露地栽培植物的生长周期与露地自然条件的变化周期基本一致。本项目主要介绍木本，一、二年生草本，宿根草本，球根草本，垂直绿化植物及水生园林植物的露地栽培技术。

露地栽培具有投入少、设备简单、生产程序简便等优点，是园林植物生产、栽培中常用的形式。露地栽培的缺点是产量较低，产品质量不稳定，抗御自然灾害的能力较弱。通过本项目的学习使学生掌握各类露地植物的栽植技术。

任务一　木本植物的露地栽植技术

【知识点】

木本植物栽植季节

我国各大地区木本植物栽植季节

【技能点】

栽植前的准备

起苗技术

栽植技术

栽植后管理

非适宜季节木本植物栽植技术

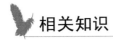

相关知识

一、木本植物栽植季节

就目前露地栽植技术而言，一年四季均可进行木本植物栽植，但就降低栽植成本和提高栽植效果来说，其经济适栽期还是以春季和秋季为好。

（一）春季栽植

早春是我国大多数地方栽植的适宜时期，但持续时间较短，一般 2～4 周。春季栽植只要没有冻害，便于施工，应该尽早进行。其中最好的时期是在新芽开始萌动之前两周或数周。因为此时树木根系开始活动，地上部分仍处于休眠状态，先生根后发芽，植物容易恢复生长，有利水分代谢的平衡。尤其是落叶树种，必须在新芽开始膨大或新叶开放之前栽植。若延至新叶开放之后，常易枯萎或死亡，即使能够成活也是由休眠芽再生新芽，当年生长多数不良。如果常绿树种种植偏晚，萌芽后栽植的成活率反而比同样情况下栽植的落叶树种高。虽然常绿树种在新梢生长开始以后还可以栽植，但远不如萌动前栽植好。一些具肉质根的树种，如山茱萸、木兰、鹅掌楸等，根系易遭低温伤冻，也以春植为好。在冬季严寒地区或对那些在当地不甚耐寒的次适树种以春植为妥，也可免却越冬防寒之劳。

（二）秋季栽植

秋季气温逐渐下降，土壤水分状况稳定，许多地区都可以进行栽植。气候比较温暖的南方地区、春季严重干旱和风沙大的地区、春季较短的地区更适宜秋季栽植。但若在易发生冻害和兽害的地区不宜采用秋栽。从树木生理来说，由落叶转入休眠，地上部分的水分需求量减少，地下部分的根部尚未完全休眠，而外界的气温还未显著下降，地温也比较高，可有新根长出。翌春，这批新根即能迅速生长，有利树体地上部分枝芽的生长恢复。

不耐寒的、髓部中空的、或有伤流的树木不适宜在秋季栽植。

（三）夏季栽植

夏季树木生长旺盛，枝叶蒸腾量大，根系需要吸收大量的水分；而土壤的蒸发作用很强，容易缺水，易使新栽植树木在数周内遭受旱害。但如果冬春雨少，夏季又恰逢雨季的地方，可以把握时机选择雨季栽植，成活率较高。

（四）冬季栽植

在比较温暖、冬季土壤不结冻或结冻时间短，天气不干燥的地区，可以进行冬季栽植。一般来说，冬季栽植主要适合落叶树种，它们根系冬季休眠时期短，栽植后仍能愈合生根，有利于第二年的萌芽和生长。

二、我国各大地区木本植物栽植季节

（一）华北大部、西北南部

华北大部与西北部地区冬季时间较长，约有 2～3 个月的土壤封冻期，且少雪多风。春季尤其多风，空气较干燥。夏秋雨水集中，土壤为壤土且多深厚，贮水较多，春季土壤水分状况仍然较好。因此该区的大部分地区和多数树种以春栽为主，有些树种也可雨

季栽和秋栽。3月中旬至4月中下旬，土壤化冻后尽量早栽。本区夏秋气温高，降雨量集中，也可植树，但只限栽植常绿树针叶树。注意掌握时机，以当地雨季于第一次下透雨开始或以春梢停长而秋梢尚未开始生长的间隙移植，并应缩短移植过程的时间，要随掘、随运、随栽，最好选在阴天和降雨前进行。本区秋冬时节，雨季过后土壤水分状况较好，气温下降。原产本区的耐寒落叶树，如杨、柳、榆、槐、香椿、臭椿以及须根少而来年春季生长开花旺盛的牡丹等以秋栽为宜，10月下旬至12月上中旬为宜。

（二）东北大部分和西北北部、华北北部

本区因纬度较高，冬季严寒，故应春栽为好，成活率较高，可不用防寒，约以4月上旬至4月下旬（清明至谷雨）为宜。在一年中当植树任务量较大时，也可秋栽，以树木落叶后至土壤未封冻前进行，时期约在9月中下旬至10月底，成活率较春栽低，又需防寒，费工费料。另外对当地耐寒力极强的树种，可利用冬季进行"冻土球栽植法"。

（三）华中、华东长江流域地区

本地区冬季不长，土壤基本不冻结，除夏季酷热干旱外，其他季节雨量较多，有梅雨季。除干热的夏季以外，其他季节均可栽植。春栽可在树木萌芽前进行，主要集中在2月上旬至3月中下旬。但对早春开花的梅花、玉兰等为了不影响开花则应于花后栽植；对春季萌芽展叶迟的树种，芽萌动时栽为宜；部分常绿阔叶树，如香樟、柑橘、广玉兰、枇杷、桂花等也宜晚春栽，有时可延迟到4～5月份开始展新叶时栽；萌芽早的花木（如牡丹、月季、蔷薇、珍珠梅等）宜秋季移栽。

（四）华南地区

本地区年降水量丰富，主要集中在春夏季，平均温度较高，雨季来得较早。一般春栽应从2月份开始。由于秋旱，秋栽应晚。冬季土壤不冻结，可冬栽。

（五）西南地区

有明显的干、湿季。冬、春为旱季，夏、秋季为雨季。由于冬春干旱，土壤水分不充足，气候温暖且蒸发量大，春栽往往成活率不高。其中落叶树可以春栽，但宜尽早并有充分的灌水条件。夏季为雨季且较长，由于该区海拔较高，不炎热，栽植成活率较高。

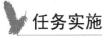 **任务实施**

一、栽植前的准备

（一）了解设计意图与工程概况

木本植物在栽植前应向设计人员了解设计思想、目的或意境，以及施工完成后近期所要达到的效果，并通过设计单位和工程主管部门了解工程概况，包括：

1. 栽植、土方、道路、给排水、山石、园林设施等工程施工范围和工程量；

2. 施工期限，应保证在最适宜栽植期内进行栽植；

3. 工程预算；

4. 施工现场的地物及处理要求、地下的管线和电缆分布与走向情况，以及定点放线的依据；

5. 工程材料的来源和运输条件，尤其是出圃的地点、时间、质量和规格要求等。

（二）现场踏勘与调查

在了解设计意图和工程概况之后，负责施工的主要人员必须亲自到现场进行细致的踏勘与调查。应了解：

（1）各种地物（如房屋、原有树木、市政或农田设施等）的去留及须保护的地物（如古树名木等）。要拆迁的如何办理有关手续与处理方法。

（2）现场内外交通、水源、电源情况，如能否使用机械车辆，若不能使用则应开辟的线路。

（3）施工期间生活设施（如食堂、厕所、宿舍等）的安排。

（4）施工地段的土壤调查，以确定是否换土，估算客土量及其来源等。

（三）编制施工组织方案

根据对设计意图的了解和对施工现场的踏勘，应组织有关技术人员研究制订出一个全面的施工安排计划（即施工组织方案或施工组织计划），并由一名或几名经验丰富的工程技术人员执笔，负责编写初稿，再广泛征求意见，然后修改定稿。其内容包括：施工组织领导和机构；施工程序及进度；制定劳动定额；制订机械及运输车辆使用计划及进度表；制订工程所需的材料、工具及提供材料工具的进度表；制定栽植工程的技术措施和安全、质量要求；给出平面图，在图上标出苗木假植、运输路线和灌溉设备等的位置；制定施工预算。

（四）施工现场的清理

对栽植工程的现场进行清理，拆迁或清除有碍施工的障碍物，然后按设计图纸进行地形整理。

（五）选择苗木

苗木质量的好坏直接影响栽植的质量、成活率、养护成本及绿化效果。栽植的苗（树）木来源有当地培育或从外地购进及从园林绿地或野外搜集。不论哪一种来源，栽植苗（树）木的树种、年龄和规格都应根据设计要求选定，并加以编号。根据城市绿化的需要和环境条件的特点，一般绿化工程多需用较大规格的幼青年苗木，移栽较易成活，绿化效果发挥也较快，为提高成活率，尤其应该选用苗圃多次移植的大苗。园林植树工程选用的苗木规格，落叶乔木最小胸径为 3cm，行道树和人流活动频繁的地方还应更大些。常绿乔木最小也应选树高 1.5m 以上的苗木。

（六）定点放线

1. 绳尺徒手定点放线法

放线时选取图纸上保留下来的、最近的固定性建筑物或植物作为依据，并在图纸和实地量出它们之间的距离，由近到远逐步定点放线，这种方法误差大。

2. 平板仪定点法

一般在绿化面积范围较大且测量基点准确时采用。此方法相对误差较小。

3. 网格放线法

适用于面积较大且地势平坦的绿地。可以在图纸上画等距方格网，再把方格网按比例采用经纬仪等放桩并设到施工现场，再在每个方格内按图纸相对位置进行定点。此方法误差相对较小。

4. 交会法

适用于范围小、现场建筑物或其他标记与设计图相符的绿地。以建筑物的两个固定位置为依据，根据设计图上与该两点的距离相交会的位置，定出栽植位置。

（七）挖栽植穴

乔木类栽植树穴的开挖，在可能的情况下，以预先进行为好。特别是春植计划，若能提前至秋冬季安排挖穴，有利于基肥的分解和栽植土的风化，可有效提高栽植成活率。树穴的平面形状没有硬性规定，多以圆、方形为主，以便于操作为准，可根据具体情况灵活掌握。树穴的大小和深浅应根据树木规格和土层厚薄、坡度大小、地下水位高低及土壤墒情而定。实践证明：大坑有利树体根系生长和发育，一般坑的直径与深度比根的幅度与深度或土球大 20~40cm，甚至 1 倍。如种植胸径为 5~6cm 的乔木，土质又比较好，可挖直径约 80cm、深约 60cm 的坑穴。但缺水沙土地区，大坑不利保墒，宜小坑栽植；黏重土壤的透水性较差，大坑反易造成根部积水，除非有条件加挖引水暗沟，一般也以小坑栽植为宜。定植坑穴的挖掘，上口与下口应保持大小一致，切忌呈锅底状，以免根系扩展受碍。

挖穴时应将表土和心土分边堆放，如有妨碍根系生长的建筑垃圾，特别是大块的混凝土或石灰下脚等，应予清除。情况严重的需更换种植土，如下层为白干土的土层，就必须换土改良，否则树体根系发育受抑。地下水位较高的南方水网地区和多雨季节，应有排除坑内积水或降低地下水位的有效措施，如采用导流沟引水或深沟降渍等。此外如发现地下管线，应停止操作，及时找有关部门协商解决。穴挖好后按规格质量要求验收，不合格者应该返工。

树穴挖好后，有条件时最好施足基肥，腐熟的植物枝叶、生活垃圾、人畜粪尿或经过风化的河泥、阴沟泥等均可利用，用量每穴 10kg 左右。基肥施入穴底后，须覆盖深约 20cm 的泥土，以与新植树木根系隔离，不致因肥料发酵而产生烧根现象。

二、起苗

起挖是园林树木栽植过程中的重要技术环节，也是影响栽植成活率的首要因素，必须加以认真对待。苗（树）木的挖掘与处理应尽可能多地保护根系，特别是须根。这类根吸收水分与营养的能力最强，其数量的明显减少，会造成栽植后树木生长的严重障碍，降低树木恢复的速度。

根据苗木的根系暴露的状况，可以分为裸根挖掘和带土挖掘。

（一）挖掘前的准备

挖掘前的准备工作包括挖掘对象的确定，包装材料及工具器械的准备等。首先要按计划选择并标记中选的苗（树）木，其数量应留有余地，以弥补可能出现的损耗；其次是拢冠，即对于分枝较低，枝条长而比较柔软的苗（树）木或丛径较大的灌木，应先用粗草绳将较粗的枝条向树干绑缚，再用草绳打几道横箍，分层捆住树冠的枝叶，然后用草绳自下而上将各横箍连接起来，使枝叶收拢，以便操作与运输，以减少树枝的损伤与折裂。对于分枝较高，树干裸露，皮薄而光滑的树木，因其对光照与温度的反应敏感，若栽植后方向改变易发生日灼和冻害，故在挖掘时应在主干较高处的北面用油漆标出

"N"字样，以便按原来的方向栽植。

（二）裸根起挖

绝大部分落叶树种可行裸根起挖。挖掘开始时，先以树干中心为圆心，以胸径的4~6倍为半径划圆，于圆外绕树起苗，垂直挖至一定深度，切断侧根，然后于一侧向内深挖，适当摇动树干查找深层粗根的方位，并将其切断，如遇难以切断的粗根，应把四周土壤掏空后，用手锯锯断，切忌强按树干和硬切粗根，造成根系劈裂。根系全部切断后，放倒苗木，轻轻拍打外围土块，对已劈裂的根应进行修剪。如不能及时运走，应在原穴用湿土将根覆盖好，进行短期假植。如较长时间不能运走，应集中假植；干旱季节还应设法保持覆土的湿度。

根系的完整和受损程度是决定挖掘质量的关键，树木的良好有效根系，是指在地表附近形成的由主根、侧根和须根所构成的根系集体。一般情况下，经移植养根的树木挖掘过程中所能携带的有效根系，水平分布幅度通常为主干直径的6~12倍；垂直分布深度，约为主干直径的4~6倍，一般深根系树种多在60~80cm，浅根系树种多在30~40cm。绿篱用扦插苗木的挖掘，有效根系的携带量，通常为水平幅度20~30cm，垂直深度15~20cm。起苗前如天气干燥，应提前2~3d对起苗地灌水，使土质变软、便于操作，多带根系；根系充分吸水后，也便于贮运，利于成活。而野生和直播实生树的有效根系分布范围，距主干较远，故在计划挖掘前，应提前1~2年挖沟盘根，以培养可挖掘携带的有效根系，提高移栽成活率。树木起出后要注意保持根部湿润，避免因日晒风吹而失水干枯，并做到及时装运、及时种植。运距较远时，根系应打浆保护。

（三）带土球起挖

一般常绿树、名贵树和花灌木的起挖要带土球，土球直径不小于树干胸径的8~10倍，土球纵径通常为横径的2/3；灌木的土球直径约为冠幅的1/3~1/2。为防止挖掘时土球松散，如遇干燥天气，可提前一两天浇以透水，以增加土壤的粘结力，便于操作。挖树时先将树木周围无根生长的表层土壤铲去，在应带土球直径的外侧挖一条操作沟，沟深与土球高度相等，沟壁应垂直；遇到细根用铁锹斩断，胸径3cm以上的粗根，则须用手锯断根，不能用锹斩，以免震裂土球。挖至规定深度，用锹将土球表面及周边修平，使土球上大下小呈苹果形；主根较深的树种土球呈倒卵形。土球的上表面，宜中部稍高、逐渐向外倾斜，其肩部应圆滑、不留棱角，这样包扎时比较牢固，扎绳不易滑脱。土球的下部直径一般不应超过土球直径的2/3。自上而下修整土球至一半高时，应逐渐向内缩小至规定的标准。最后用利铲从土球底部斜着向内切断主根，使土球与地底分开。在土球下部主根末切断前，不得扳动树干、硬推土球，以免土球破裂和根系裂损。如土球底部已松散，必须及时堵塞泥土或干草，并包扎紧实。

（四）土球包扎

带土球的树木是否需要包扎，视土球大小、质地松紧及运输距离的远近而定。一般近距离运输土质紧实、土球较小的树木时，不必包扎。土球直径在30cm以上一律要包扎，以确保土球不散。包扎的方法有多种，最简单的是用草绳上下绕缠几圈，称为简易扎或"西瓜皮"包扎法，也可用塑料布或稻草包裹。较复杂的还有井字式（古钱包式）（图4-1）、五星式（图4-2）和桔子式（图4-3）3种。比较贵重的大苗、土球直径在

1m 左右、运输距离远、土质不太紧实的采用桔子式。而土质坚实、运输距离不太远的，可用五星式或井字式包扎。

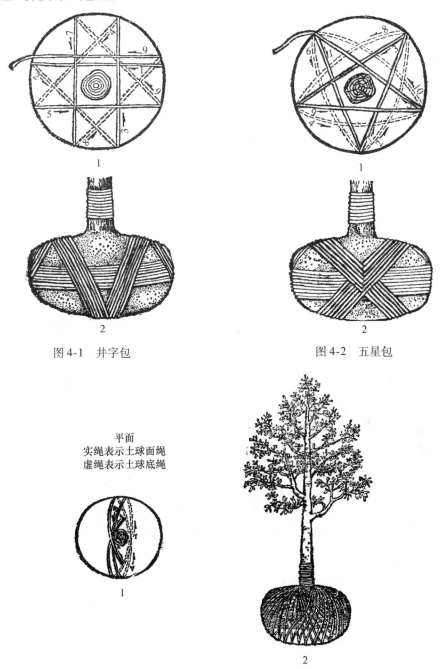

图 4-1 井字包

图 4-2 五星包

平面
实绳表示土球面绳
虚绳表示土球底绳

图 4-3 桔子包

　　土球包扎，有些地区用双股双轴法，即先用蒲包等软材料把土球包严实，再用草绳固定。包扎时以树干为中心，将双股草绳拴在树干上，然后从土球上部稍倾斜向下绕过土球底部，从对面绕上去，每圈草绳必须绕过树干基部，按顺时针方向距一定间隔缠绕，间距 8cm（土质疏松可适当加密）。边绕边敲，使草绳嵌得紧些。草绳绕好后，留一双股的草绳头拴在树干的基部。江南一带包扎土球，一般仅采用草绳直接包扎，只有当土质松软时才加用蒲包、麻袋片包裹。

1. 扎腰箍　大土球包扎，土球修整完毕后，先用 1～1.5cm 粗的草绳（若草绳较细时可并成双股）在土球的中上部打上若干道，使土球不易松散，避免挖掘、扎缚时碎裂，称为扎腰箍。草绳最好事先浸湿以增加韧性，届时草绳干后收缩，使土球扎得更紧。扎腰箍应在土球挖至一半高度时进行，2 人操作，1 人将草绳在土球腰部位缠绕并拉紧，另 1 人用木槌轻轻拍打，令草绳略嵌入土球内以防松散。待整个土球挖好后再行扎缚，每圈草绳应按顺序一道道地紧密排列，不留空隙，不使重叠。到最后一圈时可将绳头压在该圈的下面，收紧后切断。腰箍的圈数（即宽度）视土球的高度而定，一般为土球高度的 1/4～1/3。

腰箍扎好后，在腰箍以下由四周向泥球内侧铲土掏空，直至泥球底部中心尚有土球直径 1/4 左右的土连接时停止，开始扎花箍。花箍扎毕，最后切断主根。

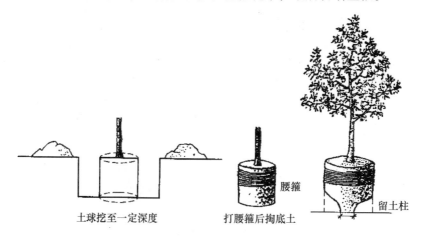

土球挖至一定深度　　打腰箍后掏底土　　留土柱

腰箍

图 4-4　扎腰箍

2. 扎花箍　扎花箍的形式主要有井字包（又叫古钱包）、五星包和桔子包三种扎式。运输距离较近、土壤又较黏重条件下，常采用井字包或五星包的扎式；比较贵重的树木，运输距离较远或土壤的沙性较大时，则常用桔子包扎式。

三、栽植

也叫定植，是根据设计要求，对树木进行定位栽植的行为。定植后的树木，一般在较长时间内不再被移植。定植前，应对树木进行核对分类，以避免栽植中的混乱出错，影响设计效果。此外，还应对树木进行质量分级，要求根系完整、树体健壮、芽体饱满、皮色光泽、无病虫检疫对象，对畸形、弱小、伤口过多等质量很差的树木，应及时剔出，另行处理。远地购入的裸根树木，若因途中失水较多，应解包浸根一昼夜，等根系充分吸水后再行栽植。

（一）栽植修剪

园林树木栽植修剪的目的，主要是为了提高成活率和培养树形，同时减少自然伤害。因此应对树冠在不影响树形美观的前提下进行适当修剪。修剪量依不同树种及景观要求有所不同。

对于较大的落叶乔木，尤其是生长势较强、容易抽出新枝的树种，如杨、柳、槐等，可进行强修剪，树冠可减少至1/2以上，这样既可减轻根系负担、维持树体的水分平衡，也可减弱树冠招风、防止体摇，增强树木定植后的稳定性。具有明显主干的高大落叶乔木，应保持原有树形，适当疏枝，对保留的主侧枝应在健壮芽上短截，可剪去枝条的1/5～1/3。无明显主干、枝条茂密的落叶乔木，干径10cm以上者，可疏枝保持原树形；干径为5～10cm的，可选留主干上的几个侧枝，保持适宜树形进行短截。枝条茂密具有圆头形树冠的常绿乔木可适量疏枝，枝叶集生树干顶部的树木可不修剪。具轮生侧枝的常绿乔木，用作行道树时，可剪除基部2～3层轮生侧枝。常绿针叶树，不宜多修剪，只剪除病虫枝、枯死枝、生长衰弱枝、过密的轮生枝和下垂枝。用作行道树的乔木，定干高度宜大于3m，第一分枝点以下枝条应全部剪除，分枝点以上枝条酌情疏剪或短截，并应保持树冠原形。珍贵树种的树冠，宜尽量保留，以少剪为宜。

花灌木的修剪可较重，尤其是丛木类，做到中高外低，内疏外密。带土球或湿润地区带宿土的裸根树木及上年花芽分化已完成的开花灌木，可不作修剪，仅对枯枝、病虫枝予以剪除。分枝明显、新枝着生花芽的小灌木，应顺其树势适当强剪，促生新枝，更新老枝。枝条茂密的大灌木，可适量疏枝。

落叶乔木如必须在非种植季节种植时，应根据不同情况分别采取以下技术措施：树木必须提前采取疏枝、环状断根或用容器假植育根；树木栽植时应进行强修剪，疏除部分侧枝，保留的侧枝也应短截，仅保留原树冠的三分之一，修剪时剪口应平而光滑，并及时涂抹防腐剂，以防水分蒸腾、剪口冻伤及病虫危害；加大土球体积，可摘叶的应摘除部分叶片，但不得伤害幼芽。裸根树木定植之前；还应对断裂根、病虫根和卷曲的过长根进行适当修剪。

（二）树木栽植

1. 栽植深度与方向　栽植深度应以新土下沉后，树木基部原来的土印与地平面相平或稍低于地平面（3～5cm）为准。栽植过浅，根系经风吹日晒，容易干燥失水，抗旱性差；栽植过深，树木生长不旺，甚至造成根系窒息，几年内就会死亡。

苗木栽植深度也因树木种类、土壤质地、地下水位和地形地势而异。一般发根（包括不定根）能力强的树种，如杨、柳、杉木等和穿透力强的树种，如悬铃木、樟树等可适当深栽；榆树可以浅栽。土壤黏重、板结应浅栽；质地轻松可深栽。土壤排水不良或地下水位过高应浅栽；土壤干旱、地下水位低应深栽；坡地可深栽，平地和底洼地应浅栽，甚至须抬高栽植。此外栽植深度还应注意新栽植地的土壤与原生长地的土壤差异。如果树木从原来排水良好的立地移栽到排水不良的立地上，其栽植深度应比原来浅5～10cm。

苗木，特别是主干较高的大树，栽植时应保持原生长的方向。因为一般树干和枝叶原来的方向不同，组织结构的充实程度或抗性存在着差异，朝西北面的结构坚实（年轮窄就是证明），抗性强。如果原来树干朝南的一面栽植时朝北，冬季树皮容易冻裂，夏季容易遭受日灼。此外还有阴阳生叶的差异。若无冻害或日灼，应把观赏价值高的一面朝向主要观赏方向。栽植时除特殊要求外，树干应垂直于东西、南北两条轴线。

2. 栽苗

①裸根苗栽植　先检查坑的大小是否与树木根深和根幅相适应。坑过浅要加深，并在坑底垫 10～20cm 的疏松土壤，踩实以后栽植。由于树木根系生长时一般都与土壤水平面成一夹角下扎，所以在植根底部最好先做一锥形土堆，然后按预定方向与位置将根系骑在土堆上，并使根系沿锥形土堆四周自然散开。这样就能保证根系舒展，防止窝根。树木放好后可逐渐回填土壤。填土时最好用湿润疏松肥沃的细碎土壤，特别是直接与根接触的土壤，一定要细碎、湿润，不要太干也不要太湿。太干浇水，太湿加干土。切忌粗干土块挤压，以免伤根和留下空洞。当土壤回填至根系约 1/2 时，可轻轻抖动树木，让土粒"筛"入根间，排除空洞（气袋），使根系与土壤密接。填土时应先填根层的下面周围，逐渐由下至上，由外至内压实，不要损伤根系。如果土壤太黏，不要踩得太紧，否则通气不良，影响根系的正常呼吸。

栽植前如果发现裸根树木失水过多，应将植株根系放入水中浸泡 10～20h，充分吸水后栽植。对于小规格乔灌木，无论失水与否，都可在起苗后或栽植前浆根后栽植，即用过磷酸钙 2 份，黄泥 15 份，加水 80 份，充分搅拌后，将树木根系浸入泥浆中，使每条根均匀沾上黄泥后栽植，可保护根系，促进成活，但要注意泥浆不能太稠，否则容易起壳脱落，损伤须根。

②带土球苗栽植　先量好已挖坑穴的深度与土球高度是否一致，对坑穴作适当填挖调正后，再放苗入穴。在土球四周下部垫入少量的土，使树直立稳定，然后剪开包装材料，将不易腐烂的材料一律取出。为防栽后灌水土塌树斜，填入表土至一半时，应用木棍将土球四周砸实，再填至满穴并砸实（注意不要弄碎土球），做好灌水堰，最后把捆拢树冠的草绳等解开取下。如果是容器苗，必须从容器中脱出以后栽植。在主干垂直于水平面后分层向土球四周围土踩实。

3. 立支架　为防止灌水后土壤松软沉降，树体发生倾斜倒伏现象，尤其在多风地区，会因摇动树根影响成活，所以需立即扶正。扶树时，可先将树体根部背斜一侧的填土挖开，将树体扶正后还土踏实。特别对带土球树体，切不可强推猛拉、来回晃动，以致土球松裂，影响树体成活。对新植树木，在下过一场透雨后，必须进行一次全面的检查，发现树体已经晃动的应紧土夯实；树盘泥土下沉空缺的，应及时覆土填充，防止雨后积水引起烂根。此项工作在树木成活前要经常检查，及时采取措施。

栽植胸径 5cm 以上树木时，特别是在栽植季节有大风的地区，植后应立支架固定，以防冠动根摇，影响根系恢复生长。常用通直的木棍、竹竿做支柱，长度视苗高而异，以能支撑树的 1/3～1/2 处即可。一般用长 1.7m，粗 5～6cm 的支柱。但要注意支架不能打在土球或骨干根系上。支架时捆绑不要太紧，应允许树木能适当地摆动，以利提高树木的机械强度，促进树木的直径生长、根系发育、增加树木的尖削度和抗风能力。如果支撑太紧，在去掉支架以后容易发生弯斜或翻倒。因此树木的支撑点应在防止树体严重倾斜或翻倒的前提下尽可能降低。裸根树木栽植常采用标杆式支架，即在树干旁打一杆桩，用绳索将树干缚扎在杆桩上，支架与树干间应衬垫软物。带土球树木常采用扁担式支架，即在树木两侧各打入一杆桩，杆桩上端用一横担缚联，将树干缚扎在横担上完成固定。有些带土球移栽的树木也可不进行支撑。三角桩或井字桩的固定作用最好，且有良好的装饰效果，在人流量较大的市区绿地中多用。

4. 浇水 俗话说："树木成活在于水，生长快慢在于肥"，水是保证植树成活的重要条件，定植后必须连续浇灌几次水，尤其是气候干旱、蒸发量大的北方地区更为重要。

（1）开堰、作畦

①开堰 单株树木定植后，在植树坑（穴）的外围用细土培起 15～20cm 高的土埂称"开堰"。用脚将灌水埂踩实，以防浇水时跑水、漏水等。

②作畦 株距很近、连片栽植的树木，如绿篱、色块、灌木丛等可将几棵树或呈条、块栽植的树木联合起来集体围堰称"作畦"。作畦时必须保证畦内地势水平，确保畦内树木吃水均匀，畦壁牢固不跑水。

（2）灌水

树木定植后必须连续浇灌 3 次水，以后应根据土壤墒情及时补水。黏性土壤，宜适量浇水，根系不发达树种，浇水量宜较多；肉质根系树种，浇水量宜少。秋季种植的树木，浇足水后可封穴越冬。干旱地区或遇干旱天气时，应增加浇水次数。新植树木应在当日浇透第一遍水，水量不宜过大，主要目的是通过灌水使土壤缝隙填实，保证树根与土壤紧密结合。在第一次灌水后应检查一次，发现树身倒歪应及时扶正，树堰被冲刷损坏处及时修整。然后再浇第二次水，水量仍以压土填缝为主要目的。第二次水距第一次水时间为 3～5d，浇水后仍应扶直整堰。第三次水距第二次 7～10d，此次水一定要灌透、灌足，即水分渗透到全坑土壤和坑周围土壤内，水浸透后应及时扶直。

在浇水中应注意两个问题，一是不要频繁少量浇水。因为这样浇水只能湿润地表几厘米内的土层，诱使根系靠地表生长，降低树木抗旱和抗风能力；二是不要超量大水灌溉，否则不但赶走了根系正常发育的氧气，影响生长，而且还会促进病菌的发育，导致根腐，同时浪费水资源，因此只要树木根系周围的土壤经常保持湿润即可。

（3）封堰

封堰是指将树堰埋平，即将围堰土埂平整覆盖在植株根际周围。封堰时间要依据树木习性、栽植季节、土壤质地等情况来定，不可千篇一律。封堰时土中如果含砖石杂质等物应拣出，否则影响下一次开堰。封堰土堆应稍高于地面，使在雨季中绿地的雨水能自行径流排出，不在树下堰内积水。秋季栽植应在树基部堆成 30cm 高的土堆，以保持土壤水分，并保护树根，防止风吹摇动，以利成活。

5. 树干包裹与树盘覆盖

①裹干 常绿乔木和干径较大的落叶乔木，定植后需进行裹干，即用草绳、蒲包、苔藓等具有一定的保湿性和保温性的材料，严密包裹主干和比较粗壮的一、二级分枝。经裹干处理后，一可避免强光直射和干风吹袭，减少干、枝的水分蒸腾；二可保存一定量的水分，使枝干经常保持湿润；三可调节枝干温度，减少夏季高温和冬季低温对枝干的伤害。目前，亦有附加塑料薄膜裹干，此法在树体休眠阶段使用效果较好，但在树体萌芽前应及时撤除。因为塑料薄膜透气性能差，不利于被包裹枝干的呼吸作用，尤其是

高温季节，内部热量难以及时散发而引起的高温，会灼伤枝干、嫩芽或隐芽，对树体造成伤害。树干皮孔较大而蒸腾量显著的树种如樱花、鸡爪槭等，以及香樟、广玉兰等大多数常绿阔叶树种，定植后枝干包裹强度要大些，以提高栽植成活率。

②树盘覆盖　对于特别有价值的树木，尤其在秋季栽植的常绿树，用稻草、腐叶土或充分腐熟的肥料覆盖树盘，沿街树池也可用沙覆盖，可提高树木移栽的成活率。因为适当的覆盖可以减少地表蒸发，保持土壤湿润和防止土温变幅过大。覆盖物的厚度至少是全部遮蔽覆盖区而见不到土壤。覆盖物一般应保留越冬，到春天揭除或埋入土中，也可栽种一些地被植物覆盖树盘。

四、非适宜季节木本植物栽植技术

园林绿化施工中，有时由于特殊需要的临时任务或其他工程的影响，不能在适宜季节植树。需要采用一些措施突破栽植季节。

（一）预先做好计划

由于一些因素的影响不能适时栽植树木时，可在适合季节起掘（挖）好苗，并运到施工现场假植养护，等待其他工程完成后立即种植和养护。

1. 起苗

由于种植时间是在非适合的生长季，为提高成活率，应预先于早春未萌芽时带土球掘（挖）好苗木，落叶树应适当重剪树冠。所带土球的大小规格可按一般大小或稍大一些。包装要比一般的加厚、加密。如果是已在去年秋季掘起假植的裸根苗，应在此时另造土球（称作"假坨"），即在地上挖一个与根系大小相应的，上大下略小的圆形底穴，将蒲包等包装材料铺于穴内，将苗根放入，使根系舒展。分层填入细润之土并夯实（注意不要砸伤根系），直至与地面相平。将包裹材料收拢于树干捆好。然后挖出假坨，再用草绳打包，正常运输。

2. 假植

在距离施工现场较近、交通方便、有水源、地势较高，雨季不积水的地方进行假植。假植前为防天暖引起草包腐烂，要装筐保护。选用比球稍大、略高20~30cm的箩筐（常用竹丝、紫穗槐条和荆条所编）。土球直径超过1m的应改用木桶或木箱。先在筐底填些土，放土球于正中，四周分层填土并夯实，直至离筐沿还有10cm高时为止，并在筐边沿加土拍实做灌水堰。按每双行为一组，每组间隔6~8m作卡车道（每行内以当年生新稍互不相碰为株距），挖深为筐高1/3的假植穴。将装筐苗运来，按树种与品种、大小规格分类放入假植穴中。筐外培土至筐高1/2，并拍实，间隔数日连浇3次水，适当施肥、浇水、防治病虫、雨季排水、适当疏枝、控徒长枝、去蘖等。

3. 栽植

等到施工现场可以种植时，提前将筐外所培的土扒开，停止浇水，风干土筐；发现已腐朽的应用草绳捆缚加固。吊栽时，吊绳与筐间垫块木板，以免松散土坨。入穴后，尽量取出包装物，填土夯实。经多次灌水或结合遮阴保证成活。

（二）临时需要栽植

预先无计划，因特殊需要，在不适合季节栽植树木。可按照不同类别树种采取不同措施。

1. 常绿树的栽植

应选择春梢已停，2次梢未发的树种；起苗应带较大土球。对树冠进行疏剪或摘掉部分叶片。做到随掘、随运、随栽；及时多次灌水，叶面经常喷水，晴热天气应结合遮阴。易日灼的地区，树干裸露者应用草绳进行卷干，入冬注意防寒。

2. 落叶树的栽植

最好也选春梢已停长的树种。疏掉徒长枝及花、果。对萌芽力强，生长快的乔、灌木可以重剪。最好带土球移植；如裸根移植，应尽量保留中心部位的心土。尽量缩短起（掘）苗、运输、栽植的时间，裸根根系要保持湿润。栽后要尽快促发新根，可灌溉一定浓度的（0.001%）生长素，晴热天气，树冠应遮阴或喷水。高日灼地区应用草绳卷干。应注意伤口防腐，剪后晚发的枝条越冬性能差，当年冬季应注意防寒。

任务二　草本地被植物的露地栽培技术

【知识点】

草本地被植物露地栽培概述

【技能点】

一、二年生草本园林植物的露地栽培技术

球根类植物露地栽培技术

相关知识

草本地被植物露地栽培概述

（一）草本地被植物分类

目前草本地被植物的分类有多种，总体上可以分为以下几类：

1. 一、二年生草本地被植物

一、二年生草花是鲜花类群中最富有的家族，其中有不少是植株低矮、株丛密集自然、花团似锦的种类，如紫茉莉、太阳花、雏菊、金盏菊、香雪球等。它们风格粗放，是地被植物组合中不可或缺的部分，在阳光充足的地方，一、二年生草花作地被植物，更显出其优势和活力。

2. 多年生草本地被植物

多年生草本地被植物包括球根类花卉。其中观花为主的花色丰富，品种繁多，种源广泛，作为地被应用不仅景观美丽，而且繁殖力强，养护管理粗放，如鸢尾、玉簪、萱草、马蔺等。被广泛应用于花坛、路边、假山园及池畔等处，尤其是耐阴的观花地被植物更受欢迎。那些观赏价值高、颜色丰富、生长稳定、抗逆性强的宿根地被植物被广泛应用到绿化设计中，而花期长、节日开花的种类如五一节开花的玲兰、山罂粟、铁扁豆等，国庆节开花的葱兰、矮种美人蕉等在节日期间被广泛应用。宿根观叶地被植物，大多数植物低矮，叶丛茂密贴近地面而且多数是耐阴植物，如麦冬、石菖蒲、万年青等，在全国各大城市园林绿化中被大量应用，生态效果良好。而叶形优美、耐阴能力强的虎耳草、蕨类等植物以及经济价值高的薄荷、霍香等阔叶型观叶植物也越来越被人们所关注。

（二）地被植物露地栽培特点

1. 一、二年生草本园林植物的露地栽培

在露地栽培的园林植物中，一、二年生花卉对栽培管理条件的要求比较严格，在花圃中应占用土壤、灌溉和管理条件最优越的地段。

2. 多年生宿根草本园林植物的露地栽培

多年生草本花卉寿命超过两年以上，一次种植可多年开花结实。多年生花卉育苗地的整地、作床、间苗、移植管理与一、二年生草花基本相同。

特点：宿根花卉的地下部分形态正常，不发生变态，根宿存于土壤中，冬季可露地越冬。地上部分冬季枯萎，第二年春萌发新芽，亦有植株整株安全越冬的。宿根花卉生长健壮，根系比一、二年生花卉强大，入土较深，抗旱及适应不良环境的能力强。园林应用一般是使用花圃中育出的成苗，栽植地整地深度应达 30～40cm，甚至 40～50cm，并应施入大量的有机肥，以长时期维持良好的土壤结构。应选择排水良好的土壤，一般幼苗期喜腐殖质丰富的土壤，在第二年后则以黏质土壤为佳。定植初期加强灌溉，定植后的其他管理比较简单。为使其生长茂盛、花多、花大，最好在春季新芽抽出时追施肥料，花前和花后再各追肥一次。秋季叶枯时，可在植株四周施腐熟的厩肥或堆肥。由于栽种后生长年限较长，要根据花卉的生长特点，设计合理的密度。

 任务实施

一、一、二年生草本园林植物的露地栽培技术

（一）整地作床（畦）

露地栽培一、二年生草本园林植物，要选择光照充足、土地肥沃、地势平整、水源方便和排水良好的地块，在播种或栽植前进行整地。

1. 整地

整地质量与植物生长发育有很大关系。整地可改善土壤的理化性质，使土壤疏松透气，利于土壤保水和有机质的分解，有利于种子发芽和根系的生长。整地还具有一定的杀虫、杀菌和杀草的作用。整地深度根据花卉种类及土壤情况而定。一、二年生花卉生长期短，根系较浅，整地深度一般控制在 20～30cm。

对土壤要求：沙土宜浅，黏土宜深。

对时间要求：多在秋天进行，也可在播种或移栽前进行。

改良要求：应先将土壤翻起，使土块细碎，清除石块、瓦片、残根、断茎和杂草等，以利于种子发芽及根系生长。结合整地可施入一定的基肥，如堆肥和厩肥等，也可以同时改良土壤的酸碱性。

2. 作床（畦）

一、二年生草花的露地栽培多用苗床栽培的方式。常用的有高床和低床两种形式，与播种繁殖床相同。

（二）栽植

一、二年草本露地花卉皆为播种繁殖，其中大部分先在苗床育苗或容器育苗，经分苗和移植，最后再移至盆钵或花坛、花圃内定植。对于不宜移植的花卉，可采用直播的方法。

1. 移植

时间：一般以春季发芽前为好。

方法：可分为裸根移植和带土移植。裸根移植主要用于小苗和易成活的大苗。带土移植主要用于大苗。由于移植必然损伤根系，使根的吸水量下降，减少蒸腾量有利于成活。所以在无风的阴天移植最为理想。天气炎热时应在午后或傍晚阳光较弱时进行。移植时边栽植边喷水，一床全部栽植完后再进行浇水。栽植的株行距依花卉种类而异，生长快者宜稀，生长慢者宜密；株形扩张者宜稀，株形紧凑者宜密。移植与定植的株行距也有不同，移植比定植的密些。

过程：

（1）起苗：起苗应在土壤湿润的条件下进行，以减少起苗时根系受伤。如果土壤干燥，应在起苗前一天或数小时前充分灌水。裸根苗，用铲子将苗带土掘起，然后将根群附着的泥土轻轻抖落。注意不要拉断细根和避免长时间曝晒或风吹。带土苗，先用铲子将苗四周泥土铲开，然后从侧下方将苗掘起，尽量保持土坨完整。为保持水分平衡，起苗后可摘除一部分叶片以减少蒸腾，但不宜摘除过多。

（2）栽植：栽植的方法可分为沟植、孔植和穴植。沟植是依一定的行距开沟栽植，孔植是依一定的株行距打孔栽植，穴植是依一定的株行距挖穴栽植。裸根苗栽植时，应使根系舒展，防止根系卷曲。为使根系与土壤充分接触，覆土时用手按压泥土。按压时用力要均匀，不要用力按压茎的基部，以免压伤。带土苗栽植时，在土坨的四周填土并按压。按压时，防止将土坨压碎。栽植深度应与移植前的深度相同。栽植完毕，用喷壶充分灌水。定植大苗常采用漫灌。第一次充分灌水后，在新根未发之前不要过多灌水，否则易烂根。此外，移植后数日内应遮阴，以利苗木恢复生长。

2. 直播

适于：不耐移植的一、二年生的草本花卉。

播种的方法：与一、二年生花卉方法相同。

注意：播种后间苗。

间苗要点：露地花卉间苗通常分两次进行，最后一次间苗称为"定苗"。第一次间苗在幼苗出齐、子叶完全展开并开始长真叶时进行，第二次间苗在出现3~4片真叶时进行。间苗时要细心操作，不可牵动留下的幼苗，以免损伤幼苗的根系，影响生长。间苗要在雨后或灌溉后进行，用手拔除。间苗后需浇灌一次，使保留的幼苗根系与土壤紧密接触。间苗通常拔除生长不良、生长缓慢的弱苗。并注意照顾苗间距离。间苗是一项很费工的操作工序，应通过做好选种和播种工作，确定适当的播种量，使幼苗分布均匀以减少间苗的操作。

二、球根类植物露地栽培技术

（一）整地

土壤要求：对土壤的疏松度及耕作层的厚度要求较高。栽培球根花卉的土壤应适当深耕（30~40cm，甚至40~50cm），并通过施用有机肥料、掺和其他基质材料，以改善土壤结构。

施肥：栽培球根花卉施用的有机肥必须充分腐熟，否则会导致球根腐烂。磷肥对球根的充实及开花极为重要，钾肥需要量中等，氮肥不宜多施。

注意事项：对于一些呈酸性土壤，需施入适量的石灰加以中和。

（二）栽植

球根较大或数量较少时，可进行穴栽；球小而量多时，可开沟栽植。如果需要在栽植穴或沟中施基肥，要适当加大穴或沟的深度，撒入基肥后覆盖一层园土，然后栽植球根。球根栽植的深度因土质、栽植目的及种类不同而有差异。黏质土壤宜浅些，疏松土壤可深些；为繁殖子球或每年都挖出来采收的宜浅，需开花多、花朵大的或准备多年采收的可深些。栽植深度一般为球高的3倍。晚香玉及葱兰以覆土到球根顶部为宜，朱顶红需要将球根的1/4~1/3露出土面，百合类中的多数种类要求栽植深度为球高的4倍以上。栽植的株行距依球根种类及植株体量大小而异，如大丽花为60~100cm，风信子、水仙20~30cm，葱兰、番红花等仅为5~8cm。

（三）注意事项

1. 球根栽植时应分离侧面的小球，将其另外栽植，以免分散养分，造成开花不良。

2. 球根花卉的多数种类吸收根少而脆嫩，折断后不能再生新根，所以球根栽植后在生长期间不宜移植。

3. 球根花卉多数叶片较少，栽培时应注意保护，避免损伤，否则影响养分的合成，不利于开花和新球的成长，也影响观赏。

4. 作切花栽培时，在满足切花长度要求的前提下，剪取时应尽量多保留植株的叶片，以滋养新球。

5. 花后及时剪除残花不让结实，以减少养分的消耗，有利于新球的充实。以收获种球为主要目的的，应及时摘除花蕾。对枝叶稀少的球根花卉，应保留花梗，利用花梗的绿色部分合成养分供新球生长。

6. 开花后正是地下新球膨大充实的时期，要加强肥水管理。

（四）种球采收与贮藏

1. 种球采收

球根花卉停止生长进入休眠后，大部分的种类需要采收并进行贮藏，休眠期过后再进行栽植。有些种类的球根虽然可留在地中生长多年，但如果作为专业栽培，仍然需要每年采收，其原因如下：

（1）冬季休眠的球根在寒冷地区易受冻害，需要在秋季采收贮藏越冬；夏季休眠的球根，如果留在土中，会因多雨湿热而腐烂，也需要采收贮藏。

（2）采收后，可将种球分出大小优劣，便于合理繁殖和培养。

（3）新球和子球增殖过多时，如不采收、分离，常因拥挤而生长不良，而且因为养分分散，植株不易开花。

（4）发育不够充实的球根，采收后放在干燥通风处可促其后熟。

（5）采收种球后可将土地翻耕，加施基肥，有利于下一季节的栽培。也可在球根休眠期栽培其他作物，以充分利用土壤。采收要在生长停止、茎叶枯黄而没脱落时进行。过早采收，养分还没有充分积聚于球根，球根不够充实；过晚采收则茎叶脱落，不易确定球根在土壤中的位置，采收时球根易受损伤，子球容易散失。采收时土壤要适度湿润，挖出种球，除去附土，阴干后储藏。唐菖蒲、晚香玉等翻晒数天让其充分干燥。大丽花、美人蕉等阴干到外皮干燥即可，以防止过分干燥而使球根表面皱缩。秋植球根在夏季采收后，不宜放在烈日下曝晒。

2. 贮藏方法

（1）贮藏前要除去种球上的附土和杂物，剔除病残球根。如果球根名贵而又病斑不大，可将病斑用刀剔除，在伤口上涂抹防腐剂或草木灰等留用。容易受病害感染的球根，贮藏时最好混入药剂或用药液浸洗消毒后贮藏。

（2）球根的贮藏可分为自然贮藏和调控贮藏两种。

自然贮藏主要用来贮藏休眠期和用于正常花期生产的球根，人工调控环境措施很少。调控贮藏通过人为调控环境条件，控制休眠，促进花芽分化，调节花期，达到周年生产。

球根的自然贮藏方法常因球根种类而不同。

一般分为越冬球根和越夏球根。越冬球根主要指春植球根。球根种类不同，贮藏时要求的环境条件也不同。湿润低温下贮藏：贮藏期间要求有湿润的基质和较低的温度，这类球根主要有大丽花、美人蕉等。干燥低温下贮藏：主要有唐菖蒲、晚香玉等，这些球根，贮藏期间如果环境湿度较大，极易染病霉烂，对栽种后的生长造成严重影响，因此，贮藏时务必保持环境干燥，通风良好，同时维持适当的低温。球根贮藏时需搭架，架上放竹帘、苇帘或竹筛，而且贮藏期间要经常翻动检查，防止发生霉烂。温度要求与具体贮藏方法随球根种类而不同。越夏球根主要指秋植球根，球根良好越夏的关键是保持贮藏环境的高燥与凉爽，防止闷热与潮湿，温度要适合花芽分化，起球时先将球根充分干燥，贮藏时最好搭架，也可将球根摊开，贮藏期间经常翻动检查，务必保持通风良好。

不论越冬球根，还是越夏球根，贮藏时不能与水果、蔬菜等混合放置，同时谨防鼠害。

球根的调控贮藏可采用药物处理、温度调节和气体成分调节（气调）。调控贮藏应根据不同的生产目的及球根种类分别处理。

任务三　藤本植物的露地栽培技术

【知识点】

藤本植物的概念及分类
藤本植物的特点

藤本植物绿化的形式

【技能点】
藤本植物的栽培方法

相关知识

一、藤本植物的概念及分类

藤本植物一般指主茎不能直立，需借助它物攀附或缠绕生长的植物。藤本植物根据其攀缘方式的不同可以分为四大类。

（1）钩靠类：这类藤本植物借助于枝干上的钩刺攀缘或以长蔓依靠在其他物体上生长。常见的有藤本月季、三角花、金钟、连翘、云南黄馨等。

（2）缠绕类：这类植物的茎能不断地旋转探索，然后缠绕在粗细合适的柱状物上生长。常见的藤本花卉有牵牛花、茑萝、金银花、紫藤等。

（3）卷络类：这类植物借助于茎上发生的具有感应或敏感的器官，如细长的叶柄和各类卷须，卷络在其他物体上生长。常见的藤本有括楼、猪笼草、铁线莲、葡萄等。

（4）吸附类：这类藤本花卉借助于黏性吸盘或吸附气根攀缘于其他物体的表面生长。常见的藤本有绿萝、爬山虎、凌霄等。

二、藤本植物的特点

藤本植物主要用来进行墙面、篱笆、棚架绿化和美化，和其他绿化材料相比，藤本植物的特点主要表现在：

1. 植物种类繁多：既有木本也有草本。

2. 应用形式多，应用范围广：其形状可随其所攀缘的物体不同，而呈现不同的绿化形式，既可作墙面绿化，也可作棚架、亭廊绿化。

3. 对环境适应能力强：很多藤本植物对光照、温度、水分、土壤条件都有很强的适应能力。

4. 繁殖容易：草本藤本植物主要靠播种繁殖，木本藤本植物可采用扦插、分株、压条等方式进行繁殖，成活率高，易形成大量幼苗。

三、藤本植物绿化的形式及材料的选择

藤本植物主要用来垂直绿化，其材料的选择主要根据绿化的形式、生长的环境和植物的特性而定。

1. 墙面垂直绿化：房屋外墙面的绿化应选择生命力强的吸附类植物，使其在各种垂直墙面上快速生长。爬山虎、紫藤、常春藤、凌霄、络石，以及爬行卫矛等植物价廉物美，不需要任何支架和牵引材料，栽培管理简单，其绿化高度可达五六层楼房以上，且有一定观赏性，可作首选。在选择时应区别对待，凌霄喜阳，耐寒力较差，可种在向阳的南墙下；络石喜阴，且耐寒力较强，适于栽植在房屋的北墙下；爬山虎生长快，分枝较多，种于西墙下最合适。也可选用其他花草、植物垂吊墙面，如紫藤、葡萄、爬藤蔷

薇、木香、金银花、木通、茑萝、牵牛花等，或果蔬类如南瓜、丝瓜、佛手瓜等。在较粗糙的表面，可选择枝叶较粗大的种类，如爬山虎、薜荔、凌霄等，便于攀爬；而表面光滑细密的墙面则选用枝叶细小、吸附能力强的种类。建筑物正面绿化时，需要注意与门窗的距离，一般在两门或两窗的中心栽植，墙上可嵌入横条形铁丝，以便攀缘植物顺利向上生长。

2. 围墙的绿化：围墙一般分为实砌墙和栅栏墙。实砌墙墙体一般为砖或石材；栅栏围墙一般为铁艺围墙或型钢围墙。在绿化时，以棚架形式栽植攀缘植物，遮住生硬呆板的铁大门，夏季可观花，秋季可观果观叶，生机活泼。实砌墙一般选择爬山虎、凌霄等生根植物；栅栏围墙可选择金银花、茑萝和台尔曼忍冬植物。栅栏围墙不宜选用爬山虎等叶片发达且分枝较多的植物，而应选择金银花等缠绕性植物。

3. 庭院垂直绿化：应用葡萄、紫藤、木香、金银花等具有缠绕性和蔓性月季等长蔓性藤本，在略加牵引扶持下，攀爬在园林花架、简易棚架及与墙面保持一定距离的垂直支架上，或者用牵牛、丝瓜、扁豆、观赏南瓜、葫芦等草本的蔓生植物，在铁丝、绳索、枝条的牵引下，攀缘简易棚架等，这种方式不仅简单易行，而且藤本植物生长迅速，容易见效，点缀装饰小游园和庭院等，也可用有经济效益的葡萄、猕猴桃等，创造幽静而美丽的小环境。

4. 住宅垂直绿化：在阳台、窗台上种植藤本，不仅使高层建筑的立面有着绿色的点缀，而且像绿色垂帘和花瓶一样装饰了门窗，使优美和谐的大自然渗入室内，增添了生活环境的生气和美感。阳台绿化的方式也是多种多样的，如可以将绿色藤本植物引向上方阳台、窗台构成绿幕；可以向下垂挂形成绿色垂帘，也可附着于墙面形成绿壁。阳台一般光照充足，宜选用喜欢光照、耐旱、根系浅、耐瘠薄的一、二年生草本植物，如牵牛、茑萝、豌豆等；也可用多年生植物，如金银花、葡萄等；这样，不仅管理粗放，而且花期长，绿化美化效果较好。但无论是阳台还是窗台的绿化，都要选择叶片茂盛、花美鲜艳的植物，使得花卉与窗户的颜色、质感形成对比，相互衬托，相得益彰。而天井因光照条件差，宜选用耐阴的落叶攀缘植物。栽植地点一般沿边或在角隅处，不影响居民生活。

5. 护坡绿化：护坡绿化是指对具有一定落差坡面起到保护作用的一种绿化形式。包括大自然的悬崖峭壁、土坡岩面以及城市道路两旁的坡地、堤岸、桥梁护坡和公园中的假山等。护坡绿化要注意色彩与高度要适当，花期要错开，要有丰富的季相变化。根系庞大、牢固的攀缘植物用于土坡可稳定土壤，美化土坡外貌。这种绿化方式可用的植物种类较多，如五叶地锦、爬山虎等。具体又因坡地的种类不同而要求不同。

6. 室内绿化：室内垂直绿化一般采取悬垂式盆栽，给人以轻盈、自然而浪漫的感觉。用塑料、金属、竹、木等制成吊盆或吊篮种植一些枝叶悬垂的观叶花卉，直接放置橱顶、高脚几架或挂于墙面使其朝外垂下。天南星科的大叶黄金葛、红宝石蔓绿绒、白蝴蝶合果芋等室内观叶植物，具有栽培容易、生长迅速、叶形优美、四季常青、耐水湿、能攀缘、可匍匐等优良性状，可以应用到室内垂直绿化。

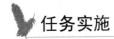 **任务实施**

藤本植物的栽植

一、栽植前的准备

1. 苗木准备

应根据建筑物和构筑物的式样、朝向、光照等立地条件选择不同类型的垂直绿化植物材料。用于垂直绿化的藤本植物应选择枝叶、根系丰满的良种壮苗。用于墙面贴植的植物应选择有 3~4 根主分枝，枝叶丰满，可塑性强的植株。常绿植物非季节性栽植应用容器苗，栽植前或栽植后都应进行疏叶。

2. 土壤要求

栽植前应进行土壤测定，包括土壤肥力、土壤 pH 值等。栽植地点有效土层下方有不透气废基的，应打碎，不能打碎的应钻穿，使上下贯通。

3. 辅助设施

栽植地段环境较差，无栽植条件的，应设置栽植槽。栽植槽内宜为净高 30~50cm；净宽 40~50cm。为防止人为破坏，在栽植物周围可设置保护设施。

二、栽植

1. 栽植季节

落叶树种的栽植，应在春季解冻后、发芽前或在秋季落叶后、冰冻前进行；常绿植物的栽植应在春季解冻后、发芽前或在秋季新梢停止生长后、降霜前进行。

2. 栽植间距

藤本植物的栽植间距应根据苗木品种、大小及要求见效的时间长短而定，宜为 40~50cm。墙面贴植，栽植间距宜为 80~100cm。垂直绿化材料宜靠近建筑物和构筑物的基部栽植。

3. 栽植方法

栽植工序应紧密衔接，做到随挖、随运、随种、随灌，裸根苗不得长时间曝晒和长时间脱水。栽植穴大小应根据苗木的规格而定，宜为长（20~35）cm×宽（20~35）cm×深（30~40）cm。苗木摆放立面应将较多的分枝均匀地与墙面平行放置。苗木栽植的深度应以覆土至根颈为准，根际周围应夯实。苗木栽好后随即浇水，次日再复水一次，两次水均应浇透。第二次浇水后应进行根际培土，做到土面平整、疏松。

4. 枝条固定

栽植无吸盘的绿化材料，应予牵引和固定。固定可按下列方法：植株枝条应根据长势分散固定；固定点的设置，可根据植物枝条的长度、硬度而定；墙面贴植应剪去内向、外向的枝条，保存可填补空当的枝叶，按主干、主枝、小枝的顺序进行固定，固定好后应修剪平整。

5. 养护管理

浇水：栽植后应及时浇水。生长期应松土保墒，保持土壤持水量 65%~70%。

施肥：每年冬季应施一次有机肥。新栽苗在栽植后两年内宜根据生长势进行追肥。生长较差、恢复较慢的新栽苗或要促使快长的植物可用生长激素或根外追肥等措施。

理藤：栽植后当年的生长季节应进行理藤、造型，以逐步达到满铺的效果。理藤时应将新生枝条进行固定。

修剪：修剪宜在5月、7月、11月或植株开花后进行。修剪可按下列方法进行：对枝叶稀少的可摘心或抑制部分徒长枝的生长；通过修剪，使其厚度控制在15~30cm；栽植2年以上的植株应对上部枝叶进行疏枝以减少枝条重叠，并适当疏剪下部枝叶。对生长势衰弱的植株应进行强度重剪，促进萌发。

病虫害防治：病害和虫害的防治均应以防为主，防、治结合。对各种不同的病虫害的防治可根据具体情况选择无公害药剂或高效低毒的化学药剂。为保护和保存病虫害天敌，维持生态平衡，宜采用生物防治。

任务四 水生植物的露地栽培技术

【知识点】

水生植物的类型
水生植物的生态习性
水生植物的繁殖方法

【技能点】

水生植物的栽培方法

相关知识

一、水生植物的类型

水生植物是指终年生长在水中或沼泽地中的草本植物。

根据水生植物生长习性的不同，可将其分为四类：

1. 挺水植物

又称沼生植物，它们通常生长在水边或水位较浅的地方。其根长在水里，但叶片或茎挺出水面。有一些挺水植物也能在水面下长沉水叶。这类植物应用于水景园的岸边、湿地，宜种植在不碍水上游憩活动，同时又能增添岸边风景的水体中。如荷花、菖蒲、水葱、荸荠、慈姑、芦苇、千屈菜、鸢尾、鱼腥草等。

2. 沉水植物

它们完全沉浸在水中，多生长在水中较深的地方，根长在水里，叶子常呈线性、带状或丝状。有一小部分沉水植物，它们的根会随波漂浮。如椒草、水车前、水榕、皇冠草等。

3. 浮叶植物

它们大多生活在深水域环境中。其根茎生于水底的泥土中，叶片有长长的叶柄支撑着，浮在水面，叶片呈宽大的圆形或椭圆形。如睡莲、王莲、芡实等。

4. 漂浮植物

全株漂浮在水域中，不需自泥土中生出。这类植物一般繁殖迅速，在深水、浅水中都能生长，植物体漂浮于水面，可随风浪漂泊游动。这类植物可作为静水面的点缀装饰，也可在大的水面上增加曲折变化。如凤眼莲、浮萍、槐叶莲等。

园林中常用的水生花卉为挺水花卉和浮水花卉，少量使用漂浮花卉，沉水花卉没有特殊要求，一般不栽植。

二、水生植物的生态习性

水生植物耐旱性弱，生长期间要求有大量水分（或有饱和水的土壤）和空气。它们的根、茎和叶内有发达的通气组织与外界互相通气，吸收氧气以供应根系需要。绝大多数水生植物喜欢光照充足，通风良好的环境，也有耐半阴条件的，如菖蒲、石菖蒲等。对温度的要求因其原产地不同而不同。较耐寒的种类可在北方自然生长，以种子、球茎等形式越冬，如荷花、千屈菜、慈姑等。原产热带的水生花卉如王莲等应在温室内栽培。水中的含氧量影响水生花卉的生长发育。大多数高等水生植物主要分布在 1～2m 深的水中，挺水和浮水类型常以水深 60～100cm 为限，近沼生类型只需 20～30cm 深浅水即可。流动的水利于花卉生长。栽培水生花卉的塘泥应含丰富的有机质。

三、水生植物的繁殖方法

主要有有性繁殖和无性繁殖两种。无性繁殖主要包括分株繁殖、分茎繁殖、压枝繁殖、扦插繁殖。其中扦插是水生花卉繁殖的主要方法。

 任务实施

水生植物的栽培方法

一、容器栽培

1. 容器的选择

栽培水生植物（如荷花、睡莲等）的容器，常有缸、盆、碗等。选择哪种容器，应视植株的大小而定。植株大的，如荷花、纸莎草、水竹芋、香蒲等，可用缸或大盆之类（规格：高 60～65cm，口径 60～70cm）；植株较小的，如睡莲、埃及莎草、千屈菜、荷花中型品种等，宜用中盆（规格：高 25～30cm，口径 30～35cm），一些较小或微型的植株，如碗莲、小睡莲等，则用碗或小盆（规格：高 15～18cm，口径 25～28cm）。

2. 栽培方法

在栽培水生植物之前，将容器内的泥土捣烂，有些种类，如美人蕉，要求土质疏松，可在泥中掺一些泥炭土。无论缸、盆，还是碗，盛泥土时，只占容器的 3/5 即可。然后，将水生植物的秧苗植入盆（缸、碗）中，再掩土灌水。有一些种类的水生植物（如莲藕），栽植时，将其顶芽朝下成 20°～25° 的斜角，放入靠容器的内壁，埋入泥中，并将藕秧的尾部露出泥外。

二、湖塘栽植

在一些有水面的公园、风景区及居住区，种植水生植物来布置园林水景，首先要考虑到湖、塘、池内的水位。面积较小的水池，可先将水位降至 15cm 左右，然后用铲在种植处挖成小穴，再种上水生植物秧苗，随之覆土即可。假如湖塘水位很高，则采用围堰填土的方法来种植。有条件的地方，在冬末春初期间，大多数水生植物尚处于休眠状态，雨水也少，这时可放干池水，事先按种植水生植物的种类及面积大小进行设计，再用砖砌起来而抬高种植穴，如王莲、荷花、美人蕉等畏水深的水生植物种类及品种。但在不具备围堰条件的地方，只好用编织袋将数枝秧苗装在一起，扎好后，加上镇压物（如石块、砖等），抛入湖中，此种方法只适用于荷花，其他水生植物不适用。王莲、纸莎草、美人蕉等可用大缸、塑料筐填土种植。

三、无土栽培

水生植物的无土栽培，具有轻巧、卫生、携带方便的特点。因此，很适合家庭、物业小区、机关、学校等单位种养。无土栽培基质可选用蛭石、沙、矾石、卵石等。选择几种混合后栽植。如以蛭石、河沙、矾石按 1：1：0.5 的比例混合，或者卵石加 50% 泥炭土作为基质，栽培荷花，都能取得较好效果。

【思考与练习】

1. 不同季节和地区木本植物栽植方法的区别有哪些？
2. 木本植物裸根栽植主要技术？
3. 花卉露地直播主要技术有哪些？
4. 花卉间苗、移栽、定植主要技术有哪些？
5. 球根花卉栽植技术及球根的采收、贮藏主要技术有哪些？
6. 藤本植物材料选择应注意什么？
7. 藤本植物栽培应注意哪些？
8. 水生花卉的类型、生态习性？
9. 水生花卉繁殖方式有哪些？
10. 园林常用水生植物露地栽植主要技术？

技能训练

技能训练一　露地花卉间苗、移栽、定植技术

一、目的要求

掌握露地花卉间苗、移栽、定植技术，正确使用工具及保苗护苗方法。

二、材料与用具

花苗、唐菖蒲苗、移植铲、耙子、铁锹、喷壶、营养钵、水桶、锄头、高锰酸钾、萘乙酸、有机肥、地膜、刀片等。

三、方法步骤

在露地直播花床上，分组进行。

（一）结合间苗开展间苗标准、操作方法、间苗后的处置等技术训练。

（二）移栽步骤。

1. 将生长空间过密，已能独立生长的花苗，先浇透水再带土护根移栽到苗钵或大苗床上。

2. 先耕翻好定植穴，对待栽苗浇透水，带土或脱钵栽植，保持株行距及花苗整齐度。

3. 栽后浇透水，过 3~5 天调查移栽的成活率。

（三）唐菖蒲定植步骤

1. 选定栽培地，分组进行。

2. 选健壮的生产用球，剥去外皮膜，挖出根盘上残留物，用清水浸泡种球 6h，再用 0.5% 高锰酸钾液浸泡 1h，捞出后放在 15~20℃ 环境中催芽，待内根露尖后播种。做宽 100cm、高 15cm 高畦。施入有机肥，按株行距 15cm×20cm 定植，盖土 5~10cm，浇透水，扣地膜。

3. 出芽后揭去地膜，调查发芽率。

四、结果评价

优秀——操作规范，能够独立完成，成活率达 95% 以上。

良好——基本规范，能够独立完成，成活率 85%~95%。

及格——在实践教师指导下基本能够完成操作，成活率 60%~85%。

不及格——不能认真完成操作，质量不合格，成活率 0~60%。

技能训练二　种球的采收与收藏

一、目的要求

通过对唐菖蒲，大丽花等种球的采收、分级、贮藏，熟悉球根花卉种球的采收、分级、贮藏的时期、方法。

二、材料与用具

唐菖蒲、大丽花、美人蕉、湿沙、铁锹、竹筐、标签等。

三、方法步骤

1. 当栽培的唐菖蒲、大丽花、美人蕉等植株地上部分叶片有 1/3 变黄时，用铁锹在行间掘一沟，深约 15cm，然后逐行掘起，每一株丛连同子球一同采收放入筐内，挂上标签，注明品种、花色、采收日期、采收人。

2. 将筐内种球清理干净，按球径大小进行分级。

3. 唐菖蒲种球阴干后装入木箱或编织袋中放置于干燥的环境中保存；大丽花、美人蕉等种球埋入湿沙中保存。二者均需防冻。

四、结果评价

优秀——操作规范，能够独立完成，分级、贮藏方法准确。

良好——基本规范，能够独立完成，分级、贮藏方法基本准确。

合格——在实践教师指导下基本能够完成操作，分级、贮藏方法基本准确。

不及格——不能认真完成操作，分级、贮藏方法不合格。

知识归纳

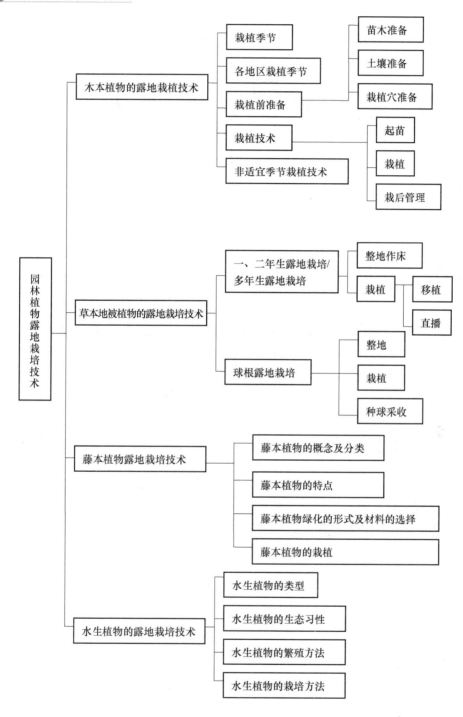

项目五　园林植物的保护地栽植

 【内容提要】

　　现在栽培的花卉大都远离其原产地，因此许多生态环境因子都与其原产地有很大的差异。为了保证它们正常生长，人们采用各种保护地，如温室、大棚、温床、冷床、冷窖、荫棚等来模拟各种环境。保护地栽培可以不受生产的季节性限制，使植物避开不利自然条件的影响而发育成长；可以延长或提早植物的生长期和成熟期，成倍地增加单位面积产量。本项目主要介绍保护地栽培、无土栽培和容器育苗的知识和技能。

任务一　保护地栽培技术

 【知识点】

　　保护地的概念、作用和特点
　　保护地分类
　　保护地的环境条件

 【技能点】

　　温室花卉的繁殖技术
　　温室花卉的盆栽技术

 相关知识

一、保护地的概念、作用和特点

　　栽培设施和设备所创造的环境，称为保护地。利用这种人工创造的栽培环境进行栽培，实现在自然条件下不能实现或难以实现的栽培活动，称为保护地栽培（生产）。常用的保护地设施主要有温室、荫棚、风障、冷床、温床、冷窖、塑料大棚以及其他一些相关的设备，如环境控制设备和各种机具、用器等。

设施生产已经成为园林植物，特别是园林花卉商品化生产的主要方式。

与露地栽培相比，保护地栽培有如下特点：

1. 需要保护设施。应当根据当地的自然条件、栽培季节和栽培目的选定栽培设备。

2. 设备费用大，生产成本高。

3. 不受季节和地区限制，可周年进行生产。但考虑到生产成本和经济效益，应选择耗能较低，产值又高，适销对路的植物进行生产。

4. 产量可成倍地增加。要科学地安排好温室面积的利用，尽量提高单位面积产量。

5. 栽培管理技术要求严格。①对栽培植物的生长发育规律和生态习性要有深入的了解。要精确知晓植物生长发育各阶段对光照、温度、湿度、营养等的最佳要求，还要知道它对不适环境的抗性幅度等。②对当地的气象条件和栽培地周围环境条件要心中有数。③对植物栽培设备的性能要有全面了解，才能在栽培中充分发挥设备的作用。④要有熟练的栽培技术和经验，才能取得良好的栽培效果。

6. 生产和销售环节之间要紧密衔接。若生产和销售脱节，产品不能及时销出，会造成很大的经济损失，而且空占温室的宝贵面积，影响整个生产计划的完成。

二、保护地分类

（一）风障

风障是用秸秆或草席等材料做成的防风设施，是中国北方常用的简单保护设施之一。在花卉生产中多与冷床或温床结合使用，可用于耐寒的二年生花卉越冬，一年生花卉提早播种和开花，南方地区少用。

风障是利用各种高秆植物的茎秆栽成篱笆形式，以阻挡寒风，提高局部环境温度与湿度。一般风障南面的夜间气温较开阔地高 2~3℃，白天高 5~6℃，距风障越近温度越高。所以风障前的土层冬天结冻晚，结冻土层浅，在春天解冻早，在风障保护下的耐寒花卉，如芍药、鸢尾等可提早花期 10~15d。风障的增温效果在有风的晴天最显著，无风晴天次之，阴天则不显著。

风障还有减少水分蒸发和降低相对湿度的作用，形成良好的小气候环境。在中国北方冬春晴朗多风的地区，风障是一种常用的保护地栽培设施，但在冬季光照条件差、多南向风或风向不定的地区不适用。

（二）冷床和温床

冷床和温床是花卉栽培常用的设备。冷床只利用太阳辐射热以维持一定的温度；温床除利用太阳辐射热外，还需人工加热以补充太阳辐射的不足，两者在形式和结构上基本相同。冷床和温床在花卉生产中一般用于：①露地花卉促成栽培。如春播花卉提前播种，提早开花；球根花卉（如水仙、百合、风信子、郁金香等）的冬春季促成栽培。②二年生草花和半耐寒盆花的保护性越冬。北京地区，雏菊、金盏菊、三色堇等"五一"用花卉的生产一般要用冷床或温床；长江流域地区，天竺葵、小苍兰、万年青、芦荟等半耐寒花卉可在冷床中保护越冬。另外，温床和冷床还可用于温室或温床生产的幼苗的过渡性栽培，以及秋冬季节木本花卉的硬枝扦插（如月季等）。

冷床有降低风速、充分接收太阳辐射、减少蒸腾、降低热量损耗、提高畦内温度的作用。冬季晴天，阳畦内的旬平均温度要比露地高15℃左右，夜间最低温度为3℃左右（指有玻璃覆盖的阳畦）。但在春天气温上升时，为防止高温窝风，应在北墙开窗通风。阳畦内温度在晴天条件下可保持较高，但在阴天、雪天等没有热源的情况下，阳畦内的温度会很低。

温床除利用太阳辐射外，还需人为加热以维持较高温度，供花卉促成栽培或越冬之用，是中国北方地区常用的保护地类型之一。温床保温性能明显高于冷床，是不耐寒植物越冬、一年生花卉提早播种、二年生花卉促成栽培的简易设施。温床建造宜选在背风向阳、排水良好的场地。

温床加温可分为发酵热和电热两类。发酵物依其发酵速度的快慢可分为两类：马粪、鸡粪、蚕粪、米糠及油饼等发热快，但持续时间短；稻草、落叶、猪粪、牛粪及有机垃圾等发酵慢，但发热持续时间长。在实际应用中，可将两类发酵物配合使用。在填入酿热物时，要在底层先铺树叶等隔温层，厚约10cm，然后将酿热物逐次填入，每填10~15cm，要踏实一次，并加适量人粪尿或水，促其发酵。全部填完后覆土。电热温床选用外包有耐高温的绝缘塑料、耗电少、电阻适中的加热线作为热源，发热50~60℃。在铺设线路前先垫以10~15cm厚的煤渣等，再盖以5cm厚的河沙，加热线以15cm间隔平行铺设，最后覆土。温度可用控温仪来控制。

发酵温床由于设置复杂，温度不易控制，现已很少采用。电热温床具有可调温、发热快、可长时间加热，并且可以随时应用等特点，因而采用较多。目前，电热温床常用于温室或塑料大棚中。

（三）冷窖

冷窖又名地窖，是不需人为加温的、用来收藏植物营养器官或植物防寒越冬的地下设施。冷窖是植物越冬的最简易的临时性或永久性保护场所，在北方地区应用较多。冷窖具有保温性能较好、建造简便易行的特点。建造时，从地面挖掘至一定深度、大小，而后做顶，即形成完整的冷窖。冷窖通常用于北方地区贮藏不能露地越冬的块根、球根、水生花卉及一些冬季落叶的半耐寒花木，如石榴、无花果、蜡梅等，也可用来贮藏球根如大丽花块根、风信子鳞茎等。

冷窖依其与地表面的相对位置，可分为地下式和半地下式两类：地下式的窖顶与地表面持平；半地下式窖顶高出地表面。地下式地窖保温良好，但在地下水位较高及过湿地区不宜采用。

不同的植物材料对冷窖的深度要求不同。一般用于收藏花木植株的冷窖较浅，深度1m左右；用于收藏营养器官的较深，达2~3m。窖顶结构有人字式、单坡式和平顶式3类。人字式出入方便；单坡式由于南低北高，保温性能较好。窖顶建好后，上铺以保温材料，如高粱秆、玉米秸、稻草等10~15cm，其上再覆土30cm厚封盖。

冷窖在使用过程中，要注意开口通风。有出入口的活窖可打开出入口通气，无出入口的死窖应注意逐渐封口，天气转暖时要及时打开通气口。气温越高，通气次数应越多。另外，植物出入窖时，要锻炼几天再行封顶或出窖，以免造成伤害。

（四）荫棚

荫棚也是园林植物栽培与养护中必不可少的设施。大部分温室花卉在夏季移出温室后，均需置于荫棚下养护，夏季花卉的嫩枝扦插及播种等也需在荫棚下进行，一部分露地栽培的切花花卉如有荫棚保护，可获得比露地栽培更好的效果。

荫棚的种类和形式很多，可大致分为永久性与临时性两类。永久性荫棚多用于温室花卉栽培，临时性荫棚多用于露地繁殖床及切花栽培。在江南地区栽培杜鹃花等时，常设永久性荫棚；栽培兰花也需要设置永久性的专用荫棚。荫棚按使用性质可分为生产荫棚和展览荫棚。

永久性荫棚多设在温室附近地势高燥、通风和排水良好的地方，一般高2.0～2.5m，以较高者为佳。用钢管或钢筋混凝土柱做成主架，棚架上覆盖竹帘、苇帘或遮阳网等。为避免上午和下午的太阳光进入棚内，荫棚的东西两端还要设荫帘，其下缘要离地50cm以上，以便通风。荫棚的遮光程度根据植物的不同要求而定，可选用不同遮光率的遮阳网来达到不同的要求。

露地扦插床及播种床所用的荫棚多较低矮，通常高度为0.5～1m，一般为临时性荫棚。临时性荫棚多以木材构成主架，用竹帘、苇帘或遮阳网覆盖。设置临时性荫棚对土地利用和轮作有利。

在具有特殊要求的情况下，可以设置（自动化或机械化）可移动性荫棚，这种荫棚多是为了在中午高温、高光照期间遮去强光并利于降温，同时又有效地利用早晚的光照。大型的现代化连栋温室的外遮荫系统即是此类，这种系统通常由一套自动、半自动或手动机械转动装置来控制遮阳幕的开启。

（五）塑料大棚（图5-1）

塑料大棚有时称为温室大棚，简称大棚。它是中国20世纪60年代发展起来的保护地设施，与玻璃温室相比，具有结构简单、一次性投资少、有效栽培面积大、作业方便等优点，是目前常用的花卉生产设施。

图5-1　塑料大棚实图

塑料大棚以单层塑料薄膜作为覆盖材料，全部依靠日光作为能量来源，冬季不加温。塑料大棚的光照条件比较好，光照时间长，分布均匀，无死角阴影；大棚散热面大，夜间没有保温覆盖，且没有加温设备，所以棚内的气温直接受外界自然条件的影响，季节差异明显，且日变化较棚外剧烈。塑料大棚密封性强，棚内空气湿度较高，晴天中午，温度会很高，需要及时通风降温、降湿。

塑料大棚在北方只是临时性保护设施，常用于观赏植物的春季提前、秋季延后生产。但在长江以南可用于一些花卉的周年生产。大棚还用于播种、扦插及组培苗的过渡培养等，与露地育苗相比具有出苗早、生根快、成活率高、生长快、种苗质量高等优点。

塑料大棚一般南北延长，长 30 ~ 50m，跨度 6 ~ 12m，脊高 1.8 ~ 3.2m，占地面积 180 ~ 600m²，主要由骨架和透明覆盖材料组成，棚膜覆盖在大棚骨架上。大棚骨架由立柱、拱杆（架）、拉杆（纵梁）、压杆（压膜绳）等部件组成。棚膜一般采用塑料薄膜，目前生产中常用的有聚氯乙烯（PVC）、聚乙烯（PE）。

根据大棚骨架所用的材料不同，塑料大棚可分为下列几种类型：

1. 竹木结构：是初期的一种大棚类型，但目前在农村仍普遍采用。大棚的立柱和拉杆使用的是硬杂木、毛竹竿等，拱杆及压杆等用竹竿。竹木结构的大棚造价较低，但使用年限较短，又因棚内立柱较多，操作不便，且遮阴，严重影响光照。

2. 混合结构：由竹木、钢材、水泥构件等多种材料构建骨架。拱杆用钢材或竹竿等，主柱用钢材或水泥柱，拉杆用竹木、钢材等。该种大棚既坚固耐久，又节省钢材，造价较低。

3. 钢结构：骨架采用轻型钢材焊接成单杆拱、桁架或三角形拱架或拱梁，并减少立柱或没有立柱。这种大棚抗风雪力强，坚固耐久，操作方便，是目前主要的棚型结构，但造价较高，钢材容易锈蚀，需定期维护或采用热浸镀锌钢材。

4. 装配式钢管结构：主要构件采用内外热浸镀锌薄壁钢管，然后用承插、螺钉、卡销或弹簧卡具连接组装而成。所有部件由工厂按照标准规格，进行专业生产，配套安装。目前常用的有 6m、8m、10m 及 12m 跨度的大棚。该类大棚的特点是规格标准、结构合理、耐锈蚀、安装拆卸方便、坚固耐用。

（六）温室

温室（greenhouse）是以有透光能力的材料作为全部或部分围护结构材料建成的一种特殊建筑，能够提供适宜植物生长发育的环境条件。温室是花卉栽培中最重要的，同时也是应用最广泛的栽培设备，比其他栽培设备（如风障、冷床、温床、冷窖、荫棚等）对环境因子的调控能力更强、更全面，是比较完善的保护地类型。温室是北方地区栽培热带和亚热带植物的主要设施。温室有许多不同的类型，对环境的调控能力也不相同，在园林植物栽培中有不同的用途。

1. 温室的种类

按照温室所使用的建筑材料，可分为土木温室、钢架温室、管材温室、玻璃温室、薄膜温室；按人为加温或不加温，分为日光温室和加温温室；以温度状况，可分为高温温室、中温温室、低温温室（冷室）等；按建造的形式，分为单栋和连栋温室等；按用途不同，可分为观赏温室、生产温室和科研温室。

其中，覆盖材料对温室保温起着非常重要的作用。用于温室的覆盖材料类型很多，透光率、老化速度、抗碰撞力、成本等都不同，常见温室覆盖材料的特点如表5-1，在建造温室时，需要根据具体用途、资金状况、建造地气候条件及温室的结构要求等进行选择。

表 5-1　常见温室覆盖材料的特点

覆盖材料		透光率（%）	散热率（%）	使用寿命（年）	优点	缺点
玻璃	加强玻璃	88	3	>25	透光率高，绝热，抗紫外线，抗划伤，热膨胀—收缩系数小	重，易碎，价格高
	低铁玻璃	90~92	<3	>25		
丙烯酸塑料板	单层	93	<5	>20	透光率极高，抗紫外线照射，抗老化，不易变黄，质软	易划伤，膨胀—收缩系数高，老化后略变脆，造价高，易燃，使用环境温度不能过高
	双层	87	<3	>20		
聚碳酸酯板	单层板	91~94	<3	10~15	使用温度范围宽，强度大，弹性好，轻，不太易燃	易划伤，收缩系数较高
	双层中空板	83	<3	10~15		
聚酯纤维玻璃	单层	90	<3	10~15	成本低，硬度高，安装方便	不抗紫外线照射，易沾染灰尘，随老化变黄，降解后产生污染
	双层	60~80	<3	7~12		
聚乙烯波浪板	单层	84	<25	>10	坚固耐用，阻燃性好，抗冲击性强	透光率低，延伸性好，随老化逐渐变黄
聚乙烯膜	标准防紫外线膜	<85	50	3	价格低廉，便于安装	使用寿命短，环境温度不易过高，有风时不易固定
	无滴膜	<93	50	3		

2. 几种温室的特点

（1）单屋面温室

仅有一个向南倾斜的透光屋面，构造简单，小面积温室多采用此种形式。

单屋面温室光线充足，保温良好，结构简单，建筑容易，是中国园艺生产中采用的主要温室类型。为防止互相遮挡，一般温室间的距离约为温室本身的跨度，因此土地利用面积仅为 50% 左右。由于温室前部较低，不能栽植较高花卉，温室空间利用率较低，尤其是用做切花栽培时；温室空间较小，不便于机械化作业；另外，由于光线来自一面，常造成植物向光弯曲，对生长迅速的花卉种类（如草花）影响较大，所以要经常进行转盆以调整株态，对木本花卉影响较小。目前，中国花卉生产中常用的各种日光温室均为此类。

（2）不等屋面温室

有南北两个不等宽屋面，向南一面较宽。采光面积大于同体量的单屋面温室。由于来自南面的照射较多，室内植物仍有向南弯曲的缺点，但比单屋面温室稍好。北向屋面易受北风影响，保温性不及单屋面温室。南向屋面的倾斜角度一般为 22°~28°，北向屋面为 45°。前墙高 60~70cm，后墙高 200~250cm，一般跨度为 500~800cm，宜于小面积温室用。此类温室在建筑上及日常管理上都感不便，一般较少采用。

（3）双屋面温室

这种温室因有两个相等的屋面，因此室内受光均匀，植物没有弯向一面的缺点。通常建筑较为宽大，一般跨度600～1000cm，也有达1500cm的。宽大的温室具有很大的空气容积，当室外气温变化时，温室内温度和湿度不易受到影响，有较大的稳定性，但温室过大时有通风不良之弊。温室有较高栽培床时，温室四周短墙的高度为60～90cm；采用低栽培床时，高40～50cm。采光屋面倾斜角度较单屋面式小，一般在28°～35°。由于采光屋面较大，散热较多，必须有完善的加温设备。为利于采光，双屋面单栋温室在高纬度地区（＞40°N）宜采用东西延长方向（屋脊），低纬度地区采用南北延长方向。

（4）连栋式温室

连栋温室除结构骨架外，一般所有屋面与四周墙体都为透明材料，如玻璃、塑料薄膜或硬质塑料板，温室内部可根据需要进行空间分隔。在冬季北风较强的地区，为提高温室的保温性，温室的北墙可选用保温性能强的不透明材料。国际上大型、超大型温室皆属此式。连栋温室的土地利用率高，内部作业空间大，每日可以有充足的阳光直射时间且接受阳光区域大。一般自动化程度较高，内部配置齐全，可以实现规模化、工厂化生产，也便于机械化、自动化管理。连栋温室在冬季多降大雪的地区不宜采用，因为屋面连接处大量积雪容易发生危险。

3. 目前中国园林植物生产中常用的连栋温室主要有以下几类：

（1）薄膜连栋温室

薄膜连栋温室有单层膜温室和双层充气膜温室两种。单层膜温室北方地区冬季运行成本太高，而在南方地区适当加温即可四季使用。

（2）玻璃连栋温室

玻璃作为覆盖材料，常见的有双坡面温室和Venlo型温室。双坡面温室主体结构采用热浸镀锌钢材，表面防腐。Venlo型温室是一种源于荷兰的小屋面双坡面玻璃温室。结构材料、钢柱及侧墙檩条采用热浸镀锌轻钢结构，屋面托架采用桁架结构，屋面梁采用专用铝合金型材。相比双坡面温室，它的结构特点是构件截面小、安装简单、使用寿命长、便于维护等。

玻璃温室的造价比其他覆盖材料的温室高，但玻璃不会随使用年限的延长而降低透光率，在温室使用超过20年时，玻璃温室造价低于其他材料的温室。

玻璃温室透光性能最好，但玻璃导热系数大，保温性能较差，适于在冬季较温暖的地区使用，或者用于生产对光照条件要求高的花卉。在冬季（特别在严寒地区）因其采暖负荷大，运行成本比较高。

（3）PC板连栋温室

PC板温室又称阳光板温室，它主要是以PC板作为覆盖材料的一种温室。PC板一般为双层或三层透明中空板或单层波浪板。PC板温室骨架采用热浸镀锌钢管装配式，坚固耐用、防腐蚀、抗老化。有双坡面温室、Venlo型温室，也有拱形顶温室。PC板透光率比较高，密封性好，抗冲击性好，保温性好，是目前所有覆盖材料中综合性能最好的一种，不受地区限制，不足之处是价格较昂贵。

4. 温室环境的调控及调控设备

（1）降温系统

温室中常用的降温设施有：自然通风系统（通风窗，侧窗和顶窗等）、强制通风系统（排风扇）、遮阳网（内遮阳和外遮阳）、湿帘——风机降温系统、微雾降温系统。一般温室不采用单一的降温方法，而是根据设备条件、环境条件和温度控制要求采用以上多种方法组合。

（2）保温、加温系统

保温设备

一般情况下，温室通过覆盖材料散失的热量损失占总散热量的70%，通风换气及冷风渗透造成的热量损失占20%，通过地下传出的热量损失占10%以下。因此，提高温室保温性途径主要是增加温室围护结构的热阻，减少通风换气及冷风渗透。生产中经常使用的保温设备有：

①室外覆盖保温设备包括草苫、纸被、棉被及特制的温室保温被。多用于塑料棚和单屋面温室的保温，一般覆盖在设施透明覆盖材料外表面。傍晚温度下降时覆盖，早晨开始升温时揭开。

②室内保温设备主要采用保温幕。保温幕一般设在温室透明覆盖材料的下方，白天打开进光，夜间密闭保温。连栋温室一般在温室顶部设置可移动的保温幕（或遮阳/保温幕），人工、机械开启或自动控制开启。保温幕常用材料有无纺布、聚乙烯薄膜、真空镀铝薄膜等。

加温系统

温室的采暖方式主要有热水式采暖、热风式采暖、电热采暖和红外线加温等。中国北方地区的简易温室还常采用烟道加热的方式进行温室加温。

温室采暖方式和设备选择涉及温室投资、运行成本、生产经济效益，需要慎重考虑。温室加温系统的热源从燃烧方式上分为燃油式、燃气式、燃煤式3种。在南方地区，温室加温时间短，热负荷低，采用燃油式设备较好，加温方式以热风式较好。在北方地区，冬季加温时间长，采用燃煤热水锅炉较合适。

（3）补光设备

补光的目的一是延长光照时间，二是在自然光照强度较弱时，补充一定光强的光照，以促进植物生长发育，提高产量和品质。补光方法主要是用电光源补光。

在短日照条件下，给长日照植物进行光周期补光时，按产生光周期效应有效性的强弱，各种电光源可以排列如下：

白炽灯＞高压钠灯＞金属卤化灯＝冷白色荧光灯＝低压钠灯＞束灯荧光灯。

除用电灯补光外，在温室的北墙上涂白或张挂反光板（如铝板、铝箔或聚酯镀铝薄膜）将光线反射到温室中后部，可明显提高温室内侧的光照强度，可有效改善温室内的光照分布。这种方法常用于改善日光温室内的光照条件。

（4）防虫网

温室是一个相对密闭的空间，室外昆虫进入温室的主要入口为温室的顶窗和侧窗，防虫网就设于这些开口处。防虫网可以有效地防止外界植物害虫（包括蓟马等微小害虫）进入温室，使温室中的农作物免受病虫害的侵袭，减少农药的使用。安装防虫网要特别注意防虫网网孔的大小，并选择合适的风扇，保证使风扇能正常运转，同时不降低通风降温效率。

（5）施肥系统

在设施生产中多利用缓释性肥料和营养液施肥。营养液施肥广泛地应用于无土栽培中，无论采取基质栽培还是水培，都必须配备施肥系统。施肥系统可分为开放式（对废液不进行回收利用）和循环式（回收废液，进行处理后再行使用）两种。当前还出现了比较先进的二氧化碳施肥系统。

（6）灌溉设备

灌溉系统是温室生产中的重要设备，目前使用的灌溉方式大致有人工浇灌、喷灌（移动式和固定式）、滴灌、渗灌等。人工灌溉现在多只用于小规模花卉生产。喷灌、滴灌和渗灌多为机械化或自动化灌溉方式，可用于大规模花卉生产，容易实现自动控制灌溉。

（7）温室气候控制系统

温室气候控制系统是现代化大型温室必须具有的设备。随着技术的发展，温室变得越来越复杂，温室气候管理的内容包括温度、光照、湿度、二氧化碳浓度、水分等多种环境因子的控制，温室气候控制系统的使用极大影响着温室产品的质量和生产成本。目前，温室气候控制有4种形式，分别适用于不同的温室环境控制要求：自动调温器，一般用于只需简单温度控制的温室；模拟控制系统，一般用于小规模单分区温室；计算机控制系统，适用于中等规模的温室生产；计算机环境管理系统，适用于有多个种植区的大规模温室的环境控制，也适合于有计划地逐步扩大温室生产规模的生产者或需要精确环境控制的专业化种植者采用。

三、保护地的环境条件

在保护地内，温度、光照、空气、水分等环境条件都与露地有明显不同。

（一）温度

保护地的各种覆盖物减少了空气的流动和热传导，从而可使太阳光能和人工加温热能的散失减少。其中，透明覆盖物由于能透过太阳光的短波辐射，而部分地阻止由内向外的热长波辐射透过，可使保护地内温度显著高于室外气温。保护地内温度也可通过增减保护设备和控制通风量来调节。夏季高温季节，在撤除周围覆盖物和实行全部通风的条件下，利用遮阳网减少阳光透过的性能，可使保护地内保持相对的低温。此外，各种保护地的增温效果也与当时当地的气候和保护地的土壤质地等有关。

（二）光照

保护地（除风障畦外）内的光照强度一般只有露地的 $50\% \sim 60\%$，尤其在日照时间短的冬季，对植物生长影响很大。为此除需采用透光率好的透明覆盖物和有利透光的设计外，还要在减少覆盖物污染、稀植，以及人工补充光照等方面采取必要措施。

（三）空气

封闭式的保护地如温室、大棚等由于空气流通量不足或与大气环境隔断，内部空气中的 CO_2 含量在晴天上午9时以后常低于大气中 CO_2 的含量（300ppm）。当低于200ppm时，就处于 CO_2 补偿点，植物光合作用停止，需要人工补充 CO_2。最简便办法是在保护地内施用有机肥料，利用微生物分解有机质时的呼吸作用，释放 CO_2（能维持 $300 \sim 1500$ppm）。此外，也可施用液体 CO_2 和干冰或燃烧白煤油（无硫）、液化气、沼气等来

获得 CO_2 的补充。与此相反，酿热温床因以有机肥作热源，土壤内 CO_2 含量常过多，有害植物根部，应注意通风调节。

（四）水分

保护地内的蒸发量常小于露地。简易保护地因地温较低，蒸发量也小，浇水之后地温更迅速下降。因此保护地栽培的浇水量宜小，间隔时间宜稍长；简易保护地的浇水时间以晴天中午前后为宜。空中喷灌常使空气湿度过高而引起较多病害，一般以采用地面小喷灌或沟灌为宜，地下灌溉尤佳。

 任务实施

一、温室花卉的繁殖技术

温室主要用来进行花卉的繁殖与培育，温室花卉的繁殖技术主要有播种、扦插等，由于其环境可人为调控，因此与露地栽培相比，可实现周年生产。但其操作方法与露地基本相同，其操作过程详见项目三。

二、温室花卉的盆栽技术

（一）上盆

上盆是指将苗床中繁殖的幼苗，栽植到花盆中的操作。

1. 上盆注意事项

（1）时间掌握

木本花卉的大苗一般在 12 月初～3 月底，当花木休眠或刚萌发时上盆，否则会影响正常生长发育。集中扦插繁殖的，待生根放叶后，应该及时分苗上盆。播种的新苗，宜在成株时上盆。多数宿根花卉，应在幼芽刚开始萌动时上盆。

（2）根部护理

裸根苗上盆（苗根不带土）时，娇弱的或根部伤损大的苗木，宜先用素面沙土栽植一段时间，春季注意防风，夏季必要时遮阳，等根系壮实以后，再倒盆用培养土定植。强健的裸根苗或苗根带土的，以及宿根花卉上盆，可根据苗木长势及习性，用培养土上盆，并适当加些底肥。

（3）花盆选择

上盆前，应根据苗木大小和生长快慢，选择适当的花盆，注意不要小苗上大盆。使用新盆要先用水泡透，旧盆往往有水渍杂物，要刷洗干净。盆孔垫上瓦片或用杂草堵住。对怕涝的植物，应根据花盆的大小，在盆底垫上 1～4cm 厚从培养土中筛出的残渣或粗一些的沙石作排水层，陶、瓷类花盆需用碎瓦片做排水层，并比瓦盆厚一些。排水层上铺垫一层底土，其厚度根据盆子深浅和植株大小而定，一般上盆时填土到植株原栽植深度。茎秆和根须健壮的可以深栽，茎和根是肉质的不可过深。盆的上部要留有水口，水口的深浅，以平常一次浇满水能渗透到盆底为准。

2. 操作方法

裸根苗上盆的应把底土在盆心堆成小丘，一只手把苗木放正扶直，根须均匀舒开，另一只手填土，随填随把苗木轻轻上提，使根须自然下伸。根须较长的花卉，在上盆时，可旋转苗木使长根在盆中均匀盘曲。任何花卉上盆后，一定要把土墩实，不要使盆土下空上实或有空洞。采用手按的方法压实。上盆用土要求湿润，即一攥成坨、一揉即散。上盆后，宜放在避风阴湿的地方暂不浇水，天气干燥可随时喷水保苗，一般应在4~48小时后，再浇透水，这样不仅能够防止根须腐烂萎缩，而且能够促发新根迅速生长复壮。置荫处7天左右后，再依花苗习性，移至阳光充足处或荫棚下，转入正常养护。

结合上盆，应对植株进行修剪，过长的须根、病枯枝、过密枝叶均应剪去。对于过分衰弱的植株和在当年生枝条上开花的花木，可从距茎基处10cm处剪去，促使萌发健壮枝条的生长发育。

（二）换盆

换盆就是把盆栽的植物换到另一盆中去。换盆有两种不同的情况：其一是随着幼苗的生长，根群在盆内土壤中已无再伸展的余地，生长受到限制，一部分根系常自排水孔穿出，或露出土面，应及时由小盆换到大盆中，扩大根群的营养容积，利于苗株继续健壮地生长；其二是已经充分成长的植株，不需要更换更大的花盆，只是由于经过多年的养植，原来盆中的土壤，物理性质变劣，养分丧失，或为老根所充满，换盆仅是为了修整根系和更换新的培养土，用盆大小可以不变。

换盆时，分开左手手指，按置于盆面植株的基部，将盆提起倒置，并以右手轻扣盆边，土球即可取出，如不易取出时，将盆边向他物（以木器为宜）轻扣，则可将土球扣出。土球取出后，如为宿根花卉，应将原土球肩部及四周外部旧土刮去一部分，并用剪将近盆边的老根、枯根及卷曲根全部剪除。通常宿根花卉换盆时，同时进行分株。一、二年生花卉换盆时，土球不加任何处理，即将原土球栽植，并注意勿使土球破裂；如幼苗已渐成长，盆底排水物可以少填一些，或完全不填，在盆底填入少许培养土后，即将取出的土球置于盆的中央，然后填土于土球四周，稍稍镇压即可。木本花卉依种类不同将土球适当切除一部分，如棕榈类，可剪除老根1/3。橡皮树则不宜修剪。盆花不宜换盆时，可将盆面及肩部旧土铲去换以新土，也有换盆效果。

换盆半天后浇足浇透水。换盆后第一次浇水最好用浸盆法，将盆花放入水盆中，待盆土表面湿润再取出放置。第一次浇水后，要待盆土干到表面发白时再浇，掌握"不干不浇"的原则。换盆后的盆花应放在阴凉处，切不可曝晒，要经常向叶面喷水。在此期间，花卉不能施肥，8天以后再逐步移回阳光下。

（三）转盆

在单屋面温室及不等式屋面温室中，光线多自南面一方射入。因此，在温室中放置的盆花，如时间过久，由于趋光生长，则植株偏向光线投入的方向，向南倾斜。偏斜的程度和速度，与植物生长的速度有很大的关系。生长快的盆花，偏斜的速度和程度就大一些。因此，为了防止植物偏向一方生长，破坏匀称圆整的株形，应在相隔一定日数后，转换花盆的方向。

双屋面南北向延长的温室中，光线自四方射入，盆花无偏向一方的缺点，不用转盆。

（四）倒盆

倒盆是将花木苗由原来的盆中倒出来的作业工艺。一般是将上盆后经过一段生长的花苗，移栽到大一号的盆里，或是将原用素面沙土裸根上盆的花苗，移到培养土里种植。倒盆时原土球不动，对根和地上部分均无损伤，倒盆的时间一般不受季节限制。

1. 倒盆的次数

草本花卉，生长快、周期短，要每年倒盆一次。木本花卉，如腊梅、月季、杜鹃、白玉兰等，宜隔年倒盆。常绿植物如松、柏、竹类和能进行盆栽的落叶植物如苹果、梨、山楂、葡萄、桃、杏、樱桃、石榴、无花果、猕猴桃等兼观赏、收果两种用途的果树品种，由于生长缓慢，可2~4年倒一次盆。

2. 倒盆换土的过程

倒盆：将水放入盛水容器中，使盆土吸水成稀泥状，或在倒盆前两天浇一次水，让土壤与盆壁易于分离，然后用两脚夹住盆，将植株提起拔出。若盆较小时，可先用石块等轻敲盆外壁，使盆土和盆壁分离，然后将盆口朝下搬起，用木棒顶盆底孔眼内的垫片，并搬着盆沿上下颠动，整个植株与盆土即被完整倒出；或敲打盆壁后，直接将植株用力提出。

去土：将植株根系土球周围的旧土，用木棍等敲打去掉，约去掉盆土的1/3~1/2。

剪根：修剪去掉老根、病根、残根、沿盆壁卷曲生长的过密根；短截冗长根，以利于发新根。

洗泡：换土后仍用原来的旧盆，要将盆内壁冲洗干净。若更换大的新瓦盆，应在水中浸泡10~20min，使其充分吸水，晾干后再用。盆底部的排水孔要用碎瓦片垫上，防止水分下渗冲出土壤。瓦片的凹面向下，以便留有空隙。

栽植：在已放好瓦片的盆底部，先倒进1~2cm厚的破碎炉渣（碎石子、沙子均可），有利于排水通气。随后加入小半盆新搭配好的营养土，中间高四周低，将植株放置于盆中央，让根系向四周伸展，尽量不弯根。将营养土慢慢加入，要不断提根，边填土边用小木棍沿盆边捣实。加土至根颈处，用手将土拍实，使土与根密接，并让盆土表面平整。家庭盆栽时，可在盆土表面撒些鸡蛋壳，以利于保水和防止冲刷。栽植完毕，要浇一遍水（见盆底排水孔有水渗出），然后置于阴凉处。待新老根恢复正常生长1~2周以后，再增加日光照。

（五）松盆土

松盆土可以使因不断浇水而板结的土面疏松，空气流通，植株生长良好，同时可以除去土面的青苔和杂草。青苔的形成影响盆土空气流通，不利于植物生长；土面为青苔覆盖，难于确定盆土的湿润程度，不便浇水。松盆土还对浇水和施肥有利。松盆土通常用竹片或小铁耙进行。

任务二　无土栽培技术

【知识点】

无土栽培概述

无土栽培的方式与设备

【技能点】

无土栽培的营养液配置材料
营养液的配制技术

相关知识

一、无土栽培概述

（一）无土栽培的概念及其特点

无土栽培是近几年发展起来的一种作物栽培新技术。国际无土栽培学会对无土栽培的定义是：不采用天然土壤而利用基质或营养液进行灌溉栽培的方法，包括基质育苗，统称无土栽培。

无土栽培的特点：

1. 花卉植物大多数比较娇嫩，对环境条件要求较高。无土栽培可以有效地控制植物生长发育过程对水分、空气、光照、湿度等的要求，使植物生长良好，颜色鲜艳。

2. 无土栽培不用土壤，扩大了园林植物的种植范围。栽培地点选择上自由度大，如在沙漠、盐碱地、海岛、荒山、砾石地等都可以进行无土栽培。

3. 无土栽培的花卉发育良好，不仅香味浓、而且花期长，进入盛花期早，无土栽培的花卉，由于水的蒸发能保持空气的适当湿度，有利于生长，对于某些夏季生长的花卉还有耐高温的作用。

4. 省水、省肥、省工。无土栽培的营养液可以回收再利用，或采用流动培养，避免土壤栽培时肥水的流失，所以能省水、省肥。

5. 无土栽培无杂草、无病虫、清洁卫生。无土栽培由于不使用人粪尿、禽兽粪和堆肥等有机肥料，故无臭味，清洁卫生，可减轻对环境的污染和病虫害的传播。

6. 投资大。无土栽培开始时需要许多设备，如水培槽、培养液池、循环系统等，所以一次性投资较大。

7. 无土栽培中，营养液大都循环使用。若消毒不彻底很容易被病菌污染，而且病菌传播蔓延快，很容易造成较大的经济损失。

8. 无土栽培过程中，营养液的配制比较复杂、费工，需要一定的技术。

（二）无土栽培方法分类

无土栽培的类型和方法很多，目前没有统一的分类方法。根据基质的有无可分为无基质栽培和基质栽培；根据消耗能源的多少和对环境的影响，可分为有机生态型和无机消耗型；根据所用肥料的形态，可分为液态无土栽培和固态无土栽培。

1. 无基质栽培

无基质栽培的特点是：栽培作物没有固定根系的基质，根系直接与营养液接触。无基质栽培又分为水培和雾培两种。

（1）水培　凡营养液直接与植物根系接触，不用基质固定根系的栽培方法就叫水培。它的方法种类很多，常用的有营养液膜法、深液流法、浮板毛管法等。

（2）雾培　也叫喷雾栽培，根系是在容器中的内部空间悬浮，固定在聚丙烯泡沫塑料板上。每隔一定距离钻一孔，将植物根系插入孔内。根系下方安装自动定时喷雾装置，喷雾管设在封闭系统内靠地面的一边。在喷雾管上按一定的距离安装喷头。喷头的工作由定时器控制，每隔 3min 喷 30s，将营养液由空气压缩机雾化成细雾状喷到植物根系。根系各部位都能接触到水分和养分，生长良好，地上部分也健壮高产。由于采用立体式栽培，空间利用率比一般栽培方式提高两三倍，栽培管理自动化，植物可以同时吸收氧、水分和养分。雾培系统成本很高，目前在生产上应用较少。

2. 基质培养

基质培养的特点是栽培作物的根系有基质固定。根系在基质中吸收氧气和营养液的栽培方法就叫做基质培养。基质培养的类型和方法很多，根据基质的性质不同可分为有机基质和无机基质两类。

（1）有机生态型无土栽培

有机生态型无土栽培是指利用有机肥代替营养液并且用清水灌溉，排出液对环境无污染，能生产出合格的绿色产品。

（2）无机消耗型无土栽培

是指全部使用化肥配制营养液，营养液循环中消耗多，灌溉排出液污染环境和地下水，生产出的产品硝酸盐含量高。

二、无土栽培的方式与设备

无土栽培的方式很多，大体上可分为两类：一类用固体基质来固定根部，另一类不用固体基质固定。

（一）水培及设备

1. 营养液膜法（NFT）

NFT 的设施主要由种植槽、贮液池、营养液循环流动装置三部分组成。此外，还可以根据生产实际和资金情况，选择配置一些其他辅助设施，如浓缩营养液罐及自动投放装置、营养液加液装置、冷却消毒装置等。

种植槽：种植槽要有一定的坡降，约 1：75 左右，营养液从高端流向低端比较顺畅，槽底要平滑，不能有坑洼，以免积液。

贮液池：一般设在地平面以下，容量足够供应全部种植面积。大株型作物以每株 3~5L 计，小株型以每株 1~1.5L 计。

供液系统：主要由水泵、管道、滴头及流量调节阀门等组成。

2. 深液流法（DFT）

深液流法，即深液流循环栽培技术。这种栽培方式与营养液膜技术（NFT）差不多，不同之处是流动的营养液层较深（5~10cm），植株部分根系浸泡在营养液中，其根系的通气靠向营养液中加氧来解决。该系统的基本设施包括：营养液栽培槽、贮液池、水泵、营养液自动循环系统及控制系统、植株固定装置等部分。营养液池长 5.2m，宽 1.1m，高 1.2m。栽培槽长 5~6m，宽 0.6m，高 0.1m。槽内铺设塑料膜以防止营养液渗漏，槽上盖 2cm 厚的泡沫板，在泡沫板上面再覆盖一层黑白膜。营养液由地下营养液池经水泵注入栽培梢，栽培槽内的营养液通过液面调节栓经排液管道进入过滤池后，又回流到地下营养液池，使营养液循环使用。

3. 动态浮根法（DRF）

动态浮根系统是指栽培床内进行营养液灌溉时，作物根系随着营养液的液位变化而上下浮动。营养液达到设定深度后，栽培床内的自动排液器将超过深度的营养液排出去，使水位降至设定深度。此时上部根系暴露在空气中可以吸氧，下部根系浸在营养液中不断吸收水分和养料，不会因夏季高温使营养液温度上升，氧的溶解度低，可以满足植物的需要。动态浮根系统由栽培床、营养液池、空气混入器、排液器与定时器等设备组成。

（二）喷雾栽培（雾、气培）及设备

喷雾栽培也叫做雾培或气培，它是利用喷雾装置将营养液雾化，使植物的根系在封闭黑暗的根箱内，悬空于雾化后的营养液环境中，黑暗的条件是根系生长必需的，以免植物根系受到光照滋生绿藻，封闭可保持根系环境的温度。

喷雾管设在封闭系统内靠地面的一边，在喷雾管上按一定的距离安装喷头。喷头由定时器控制，如每隔3min喷30s，将营养液由空气压缩机雾化成细雾状喷到作物根系，根系各部位都能接触到水分和养分。

（三）基质栽培及设备

1. 槽培

槽培是将基质装入一定容积的栽培槽中以种植作物。可用混凝土和砖建造永久性的栽培槽。目前应用较为广泛的是在温室地面上直接用砖垒成栽培槽，为降低生产成本，也可就地挖成槽再铺薄膜。总的要求是防止渗漏并使基质与土壤隔离，通常可在槽底铺2层塑料薄膜。槽的坡度至少应为0.4%。

常用的槽培基质有沙、蛭石、锯末、珍珠岩及草炭与蛭石混合物等。基质混合之前加一定量的肥料作为基肥。基质装槽后，布设滴灌管，营养液可由水泵泵入滴灌系统后供给植株。

2. 袋培

袋培除了基质装在塑料袋中以外，其他与槽培相似。袋子通常由抗紫外线的聚乙烯薄膜制成，至少可使用2年。在光照较强的地区，塑料袋表面以白色为好，以利反射阳光并防止基质升温。相反，在光照较少的地区，袋表面以黑色为好，利于冬季吸收热量，保持袋中的基质温度。

3. 岩棉栽培

岩棉是玄武岩中的辉绿岩在1600℃高温下熔融抽丝而成，农用岩棉在制造过程中加入了亲水剂，使之易于吸水。岩棉基质干燥时重量较轻，容易对作物根部进行加温。开放式岩棉栽培营养液灌溉均匀、准确，一旦水泵或供液系统发生故障有缓冲能力，对作物造成的损失也较小。岩棉基质是广泛应用的材料（图5-2）。

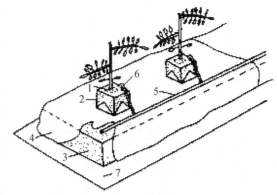

图5-2 岩棉基质培养

1—播种孔；2—岩棉块（侧面包黑膜）；3—岩棉垫；
4—黑白双面膜（厚膜）；5—滴灌管；6—滴头；7—衬垫膜

4. 有机生态型无土栽培

有机生态型无土栽培也使用基质，但不用传统的营养液灌溉植物，而使用有机固态肥并直接用清水灌溉植物。

 任务实施

一、无土栽培的营养液配置材料

（一）营养液对水质的要求

1. 水源

自来水、井水、河水和雨水，是配制营养液的主要水源。自来水和井水使用前对水质应做化验，一般要求水质和饮用水相当。

2. 水质

水质有软水和硬水之分。硬水中各种钙、镁的总离子浓度较高，达到了一定标准。该标准统一以每升水中 CaO 的重量表示，$1° = 10mg/L$。$0° \sim 4°$ 为很软水，$4° \sim 8°$ 软水，$8° \sim 16°$ 中硬水，$16° \sim 30°$ 硬水，$30°$ 以上极硬水。用做营养液的水，硬度以不超过 $10°$ 为宜。

pH$5.5 \sim 7.5$；使用前溶解氧应接近饱和；NaCl 含量 $<2mol/L$；重金属及有害元素含量不超过饮用水标准。

（二）营养液所使用的肥料

考虑到无土栽培的成本，配制营养液的大量元素时通常使用价格便宜的农用化肥。微量元素由于用量较少，使用化学试剂配制（表 5-2）。

表 5-2　营养液用肥及其使用质量浓度　　　　　　　　　　　　　　　mg/L

元素	使用质量浓度	肥料
$NO_3 \sim N$	$70 \sim 210$	KNO_3，$Ca(NO_3)_2 \cdot 4H_2O$，NH_4NO_3，HNO_3
$NH_4 \sim N$	$0 \sim 40$	$NH_4H_2PO_4$，$(NH_4)_2HPO_4$，NH_4NO_3，$(NH_4)_2SO_4$
P	$15 \sim 50$	$NH_4H_2PO_4$，$(NH_4)_2HPO_4$，KH_2PO_4，K_2HPO_4，H_3PO_4
K	$80 \sim 400$	KNO_3，KH_2PO_4，K_2HPO_4，K_2SO_4，KCl
Ca	$40 \sim 160$	$Ca(NO_3)_2 \cdot 4H_2O$，$CaCl_2 \cdot 6H_2O$
Mg	$10 \sim 50$	$MgSO_4 \cdot 7H_2O$
Fe	$1.0 \sim 5.0$	FeEDTA
B	$0.1 \sim 1.0$	H_3BO_3
Mn	$0.1 \sim 1.0$	MnEDTA，$MnSO_4 \cdot 4H_2O$，$MnCl_2 \cdot 4H_2O$
Zn	$0.02 \sim 0.2$	ZnEDTA，$ZnSO_4 \cdot 7H_2O$
Cu	$0.01 \sim 0.1$	CuEDTA，$CuSO_4 \cdot 5H_2O$
Mo	$0.01 \sim 0.1$	$(NH_4)_6Mo_2O_{24}$，$Na_2MoO_4 \cdot 2H_2O$

二、营养液的配制技术

（一）原料及水的纯度

由于配制营养液大多使用工业原料或农用肥料，常含有吸湿水和其他杂质，纯度较低，因此，在配制时要按实际含量来计算。例如，营养液配方中硝酸钾用量为 0.5g/L，而原料硝酸钾的含量为 95%，通过计算得到实际原料硝酸钾的用量应为 0.53g/L。

微量元素化合物常用纯度较高的试剂，而且实际用量较少，可直接称量。

在软水地区，水中的化合物含量较低，只要符合要求，可直接使用。而在硬水地区，由于水中所含的 Ca^{2+}、Mg^{2+} 等较多，在使用前要分析水中元素的含量，以便在配制营养液时扣除水中所含的元素含量。

在中和硬水的碱性时，如果加入补充氮源的硝酸后仍未能够使水的 pH 降低至理想的水平，可适当减少磷源的用量，而用硫酸中和硬水的碱性。

通过测定硬水中各种微量元素的含量，与营养液配方中的各种微量元素用量比较，如果水中的某种微量元素含量较高，在配制营养液时可不加入，而不足的则要加入补充。

（二）营养液的配制方法

在实际生产应用上，可先配制浓缩营养液（或称母液），然后用浓缩营养液配制工作营养液；也可以采用直接称取各种营养元素化合物直接配制工作营养液。但不论是选择哪种配制方法，都要以在配制过程中不产生难溶性物质为总的指导原则。

1. 浓缩营养液（母液）稀释法

首先把相互之间不会产生沉淀的化合物分别配制成浓缩营养液，然后稀释成工作营养液。

（1）浓缩营养液的配制：在配制浓缩营养液时，要根据配方中各种化合物的用量及其溶解度来确定其浓缩倍数。一般以方便操作的整数倍数为浓缩倍数，大量元素一般可配制成浓缩 100、200、250 或 500 倍液，而微量元素由于其用量少，可配制成 500 或 1000 倍液。

为了防止在配制营养液时产生沉淀，不能将配方中的所有化合物放置在一起溶解，而应将配方中的各种化合物进行分类，把相互之间不会产生沉淀的化合物放在一起溶解。一般将各种化合物分为 3 类，这 3 类化合物配制的浓缩液分别称为浓缩 A 液、浓缩 B 液和浓缩 C 液（或称为 A 母液、B 母液或 C 母液，表5-3）。其中：

浓缩 A 液——以钙盐为中心，凡不与钙盐产生沉淀的化合物均可放置在一起溶解。

浓缩 B 液——以磷酸盐为中心，凡不与磷酸盐产生沉淀的化合物可放置在一起溶解。

浓缩 C 液——将微量元素以及稳定微量元素有效性（特别是铁）的络合物放在一起溶解。

表5-3 营养液配方用量举例

分类	化合物	用量（mg/L）	浓缩 250 倍用量（g/L）	浓缩 500 倍用量（g/L）	浓缩 1000 倍用量（g/L）
A 液	$Ca(NO_3)_2 \cdot 4H_2O$	472	118	236	—
	KNO_3	202	50.5	101	—
	NH_4NO_3	80	20	40	—
B 液	KH_2PO_4	100	25	50	—
	K_2SO_4	174	43.5	87	—
	$MgSO_4 \cdot 7H_2O$	246	61.5	123	—

续表

分类	化合物	用量（mg/L）	浓缩250倍用量（g/L）	浓缩500倍用量（g/L）	浓缩1000倍用量（g/L）
C液	$FeSO_4 \cdot 7H_2O$	—	—	—	27.8
	EDTA-2Na	—	—	—	37.2
	H_3BO_3	—	—	—	2.86
	$MnSO_4 \cdot 4H_2O$	—	—	—	2.13
	$ZnSO_4 \cdot 7H_2O$	—	—	—	0.22
	$CuSO_4 \cdot 5H_2O$	—	—	—	0.08
	$(NH_4)_6Mo_7O_{24} \cdot 4H_2O$	—	—	—	0.02

配制浓缩营养液的步骤：按照要配制的浓缩营养液的体积和浓缩倍数计算出配方中各种化合物的用量后，将浓缩 A 液和浓缩 B 液中的各种化合物称量后分别放在一个塑料容器中，溶解后加水至所需配制的体积，搅拌均匀即可。在配制 C 液时，先取所需配制体积 80% 左右的清水，分为两份，分别放入两个塑料容器中，称取 $FeSO_4 \cdot 7H_2O$ 和 ED-TA-2Na 分别加入这两个容器中，溶解后，将溶有 $FeSO_4 \cdot 7H_2O$ 的溶液缓慢倒入 EDTA-2Na 溶液中，边加边搅拌；然后称取其他各种化合物，分别放在小的塑料容器中溶解，然后分别缓慢地倒入已溶解了 $FeSO_4 \cdot 7H_2O$ 和 EUTA-2Na 的溶液中，边加边搅拌，最后加清水至所需配制的体积，搅拌均匀即可。

为了防止浓缩营养液长时间贮存产生沉淀，可加入 1mol/L 的 H_2SO_4 或 HNO_3 至溶液的 pH 为 3~4；同时应将配制好的浓缩母液置于阴凉避光处保存。浓缩 C 液最好用深色容器贮存。

（2）稀释为工作营养液：利用浓缩营养液稀释为工作营养液时，应在盛装工作营养液的容器或种植系统中放入需要配制体积的 60%~70% 的清水，量取所需浓缩 A 液倒入，开启水泵循环流动或搅拌使其均匀，然后再量取浓缩 B 液，用较大量的清水将浓缩 B 液稀释后，缓慢地将其倒入容器或种植系统中的清水入口处，让水泵循环或搅拌均匀，最后量取浓缩 C 液，按照浓缩 B 液的方法加入容器或种植系统中，经水泵循环流动或搅拌均匀。

2. 直接称量配制法

在大规模生产中，工作营养液的总量很多，如果配制浓缩营养液后再稀释，势必给实际操作带来很大的不便，常常直接配制工作营养液。

具体的方法为：在种植系统中放入所需配制营养液总体积为 60%~70% 的清水，然后称取钙盐及不与钙盐产生沉淀的各种化合物（相当于浓缩 A 液的各种化合物）放在一个容器中溶解后倒入种植系统中，开启水泵循环流动。然后再称取磷酸盐及不与磷酸盐产生沉淀的其他化合物（相当于浓缩 B 液的各种化合物）放入另一个容器中，溶解后用较大量清水稀释后缓慢地加入种植系统的水源入口处，开动水泵循环流动。再取两个容器分别称取铁盐和络合剂（如 EDTA-2Na）置于其中，倒入清水溶解（此时铁盐和络合剂的浓度不能太高，应为工作营养液中浓度的 1000~2000 倍），然后将溶解了的铁盐溶液倒入装有络合剂的容器中，边加边搅拌。最后另取一些小容器，分别称取除铁盐和络合剂之外的其他微量元素化合物置于其中，分别加入清水溶解后，缓慢倒入已混合了铁盐和络合剂的容器中，边加边搅拌，然后将已溶解了所有微量元素化合物的溶液用较大量清水稀释，从种植系统的水源入口处缓慢倒入种植系统的贮液池中，开启水泵循环浓度至营养液均匀为止。一般单棚面积为 $1/30hm^2$ 的大棚或温室，需开启水泵循环 2～3h 才能保证营养液已混合均匀。

配制时要注意，在贮液池中加入钙盐及不与钙盐产生沉淀的盐类之后，不要立即加入磷酸盐及不与磷酸盐产生沉淀的其他化合物，而应在水泵循环达 30min 或更长时间之后才加入。加入微量元素化合物时也要注意，不应在加入大量营养元素之后立即加入。

（三）营养液配制的注意事项

1. 营养液原料的计算过程和最后结果要反复核对，确保准确无误。

2. 称取各种原料时要反复核对称取数量，并保证所称取的原料名实相符，切勿张冠李戴。特别是在称取外观上相似的化合物时更应注意。

3. 已经称量的各种原料要进行复核，以确定配制营养液的各种原料没有错漏。

4. 建立严格的记录档案，将配制的各种原料用量、配制日期和配制人员详细记录下来，以备查验。

（四）营养液的管理

营养液管理是无土栽培与土培根本不同的管理技术，技术性强，是无土栽培尤其是水培成败的技术关键。营养液给予植物的流程大体如图 5-3 所示，全过程每一步都要精心管理。

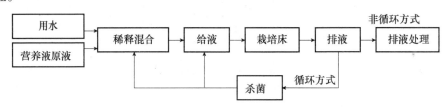

图 5-3　营养液供应流程示意图

1. 营养液配方的管理

植物的种类不同，营养液配方也不同。即使同一种植物，不同生育期、不同栽培季节，营养液配方也应略有不同。植物对无机元素的吸收量因植物种类和生育阶段而不同，应根据植物的种类、品种、生育阶段和栽培季节进行管理。

2. 营养液浓度管理

营养液浓度的管理直接影响作物的产量和品质，不同作物、同一作物的不同生长期营养液管理指标不同。不同季节营养液浓度管理也略有不同，一般夏季用的营养液浓度比冬季略低。要经常用电导率仪检查营养液浓度的变化，但是电导率仪仅仅能测量出营养液各种离子总和，无法测出各种元素的含量，因此，有条件的地方，每隔一定时间要进行一次营养液的全面分析。没有条件的地方，也要经常细心地观察作物生长情况，有无生理病害的迹象发生，若出现缺素或过剩的生理病害，要立即采取补救措施。

3. 营养液酸碱度（pH）的管理

营养液的 pH 一般要维持在最适范围，尤其是水培，对于 pH 的要求更为严格。营养液中肥料成分均以离子状态溶解于营养液中，pH 高低会直接影响各种肥料的溶解度。

尤其在碱性情况下，会直接影响金属离子的吸收而发生缺素的生理病害。

4. 培地温度的管理

所谓培地温度就是根系周围的温度。培地温度不仅直接影响根的生长，根的生理机能，而且也影响营养液中溶存氧的浓度、病菌繁殖速度等。通常液温高于气温的栽培环境对植物生长是有利的，应控制在 8～30℃ 范围内。

5. 供液方法与供液次数的管理

无土栽培的供液方法有连续供液和间歇供液两种，基质栽培或岩棉培通常采用间歇供液方式。每天供液 1～3 次，每次 5～10min，视一定时间供液量而定。供液次数多少要根据季节、天气、苗龄大小和生育期来决定。夏季高温，每天需供液 2～3 次。阴雨天温度低，湿度大，蒸发量又小，供液次数也应减少。

水培有间歇供液的，也有连续供液的。间歇供液一般每隔 2h 一次，每次 15～30min；连续供液一般是白天连续供液，夜晚停止。无论哪种供液方式，目的都在于用强制循环方法增加营养液中的溶氧量，以满足根对氧气的需要。

6. 营养液的补充与更新

对于非循环供液的基质栽培或岩棉培，由于所配营养液一次性使用，所以不存在营养液的补充与更新，而循环式供液方式就存在营养液的补充与更新问题。因在循环供液过程中，每循环一周，营养液被作物吸收、消耗，液量会不断减少，回液的量不足 1d 的用量，就需补充添加。所谓营养液更新，就是把使用一段时间以后的营养液全部排除，重新配制。避免植株生育缓慢或发生生理病害，一般在营养液连续使用 2 个月以后，进行一次全量或半量的更新。

7. 营养液的消毒

虽然无土栽培根际病害比土培少，但是地上部分一些病菌会通过空气、水以及使用的装置、器具等传染，尤其是营养液循环使用的情况下，如果栽培床上有一棵病株，就会有通过营养液传染整个栽培床的危险，所以需要对使用过的营养液进行消毒。营养液消毒最常用的方法是高温热处理，处理温度为 90℃；也可采用紫外线照射，用臭氧、超声波处理等方法。

任务三　容器育苗

【知识点】

容器育苗的概述
栽培容器的种类与选择
容器栽培的基质

【技能点】

容器基质的配制
园林植物容器栽培技术

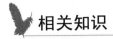 相关知识

一、容器育苗的概述

容器栽培是将园林植物栽培在合适的容器中。近年来，各地容器苗的生产应用有了长足的发展，有效地提高了种植成活率。

容器栽培的苗木具有以下优点：

种植的苗木生长一致，抗性强，避免了田间栽培起苗时对苗木根系的伤害，成活率高。可以采用自动化、机械化生产模式，极大地提升园林苗木产品的技术含量。可以减少移栽的人工和劳动。可以打破淡旺季之分，实现周年园林苗木供应，实施反季节施工，缩短园林绿化的施工工期。适用的土地类型更广泛，能充分利用土地资源。城市绿地建成速度快，质量好。

在迅猛的城市建设过程中，一年四季都需要进行迅速有效的绿化，并且要求针阔叶树种、花灌木、草坪、花卉配置合理、美观，栽植后能很快成形，成活率高，容器栽培的园林苗木能够满足这一要求。因此，从某种含义上说，园林植物的容器栽培与露地栽培相比，更符合园林绿化和城市建设的需要，是现代苗圃的发展方向之一。

容器栽培在生长过程中切断了园林植物与外界的联系，因而也存在一定的缺陷，如所要求的栽培管理水平较高，尤其是水肥管理；苗木根系的生长受到栽培容器的限制；随着苗木的不断长高长粗，需要经常更换适合的容器，栽培基质需要专门配置，增加了生产成本等。

二、栽培容器的种类与选择

（一）容器的种类

目前，用于花木栽植用的容器种类很多，通常依质地、大小、专用目的进行分类。其主要类别如下：

1. 素烧盆

又称瓦盆，以黏土烧制，有红盆和灰盆两种。通常为圆形，底部有排水孔，大小规格不一，常用的口径与盆高约相等。最小口径为 7 cm，最大不超过 50 cm。虽质地粗糙，但排水良好，空气流通，价格低廉，用途广泛，但不适合栽植大型植物。

素烧盆可以重复使用，旧盆必须消毒再用。新瓦盆应注意以下问题：冬季瓦盆不宜露天贮藏，因其容易破碎。另外新盆在使用前必须先经水浸泡，以免花盆从基质中吸取过多水分，导致植物缺水。

2. 陶盆

陶盆用陶土烧制，可分为紫砂、红砂、青砂等；外形除圆形外，还有方形、菱形、六角形等。盆面常刻有图案，因此外形美观，适合室内装饰之用。与素烧盆相比，水分和空气流通不良，一般质地越硬，通气排水性越差。

3. 瓷盆

瓷盆为上釉盆，常有彩色绘画，外形美观，适合家庭装饰之用。其主要缺陷是，花盆上釉后，空气、水分流通不良，不利于植物生长，故一般不作盆栽用，常作为花盆的

套盆使用。

4. 木盆或木桶

木盆或木桶多用作木本园林植物的栽培。制作木盆的材料应选材质坚硬而不易腐烂的木材，如红松、栗、杉木、柏木等，外部刷油漆，内部涂环烷酸铜防腐。木盆以圆形较多，也有方形，盆的两侧应有把手，以便搬动。木盆的形状应上口大下底小，盆底应有垫脚，以防盆底直接接触地面而腐烂。

5. 水养盆

水养盆专用于水生花卉盆栽之用。盆底无排水孔，盆面阔大而浅。常用陶瓷材料制作。

6. 兰盆

兰盆专用于兰花及附生蕨类植物的栽培。盆壁有各种形状的孔洞，以便流通空气。或用木条或柳条制成各种形式的兰筐。

7. 盆景用盆

盆景用盆深浅不一，形式多样，常为瓷盆或陶盆。山水盆景用盆常用大理石制成的特制浅盆。

8. 纸盆

纸盆仅供培养幼苗之用。

9. 塑料盆

塑料容器质轻而坚固耐用，可制成各种形状，色彩也极其多样，是目前国内外大规模花卉生产常用的容器。通气透水性能不良，浇水后盆中基质积水时间过长，因此栽培时应注意其培养土的物理性状，使之疏松通气。

10. 铁容器

铁容器用铁皮制成，常为桶状，下部有能撤卸的底或无底。主要用于大规格的苗木栽培。

11. 聚乙烯袋

目前我国已经广泛采用穿孔的聚乙烯袋作为栽培容器，并取得了很好的效果。该容器比硬质塑料或金属容器更经济实用，且使用方便，经久耐用，易于折叠和弯曲，便于储藏。但聚乙烯袋作为容器，在填充介质时往往比硬质容器更加费力费时，而且填充后搬运也比硬质容器麻烦。

（二）栽培容器的选择

园林植物进行容器栽培，首先必须要科学合理选择容器，使植物在容器中既能正常生长，又能满足经济、观赏等多方面的需要。一般情况下，栽培容器的选择应着重考虑以下几个方面：

1. 容器的规格

容器的规格要合适，过大或过小都不利于植物生长。容器太小，所装基质少，供水供肥能力低，出现窝根或生长不良的现象，严重时甚至停止生长；容器过大，相应提高生产费用，苗木不能充分利用容器所提供的空间和生长基质，有时栽培植物会因盆径过大导致生长不良。

一般情况下，在确定容器规格时，要考虑植物的形态、特性及栽培时间的长短。比较高大的植物、根系发达的植物或栽培时间较长的植物，容器的规格应该大一些，反之应小一些。主根发达、侧根较少的植物，所选择的容器应该口径适当小一些、盆的深度应大一些，反之应选择适当浅而口径大一些的容器。

在容器栽培中，为了避免根系生长时出现窝根现象，应该适时地将容器苗移栽到较大容器之中。但是要做到这一点并不容易，因为移栽不仅需要耗费大量劳动力，而且时间难以把握，往往会因不能及时实施而使苗木移栽到较大容器时出现缓苗期。

2. 容器的排水状况

容器的排水状况对苗木的生长十分重要。排水不良易导致容器苗的根系生长衰弱、死亡，进而影响到苗木对水分和养料的吸收。

容器的保水性、通气性与容器的材质关系极大，盆土的湿度也受材质的影响。塑料容器盆土的水分只会从盆口的表面蒸发，保水性好，但要注意防止盆土过湿；无釉陶盆，盆土水分蒸发快，易干燥，应加强水分管理。

容器的深度对容器的排水状况有一定的影响。容器越深，排水状况就越好。但是，如果栽培基质的透气性、保水性、排水状况都颇为优良，则容器深度对苗木生长的影响就可以忽略不计。

3. 容器的颜色

容器的颜色对容器苗的生长也有一定的影响，尤其在炎热的夏季，暴露于直射光下黑色容器中基质的温度可能会超过48℃。浅色容器可以降低生长基质的温度，但白色聚乙烯袋因为不能抵抗紫外光而易于老化。

当苗木生长到冠层足以遮盖整个容器的表面时，容器的颜色对苗木生长的影响就会减小。

4. 经济成本

在园林苗木的容器栽培中，购买容器是一笔相当大的初期投资。另一方面，对于整个容器栽培生产体系而言，容器的投资是必需的，容器可保持园林苗木整洁美观，便于运输，对苗木根系的保持力强，种植后的成活率高，因而容器投资的回报率较高。

不同的容器材质，成本相差较大。塑料盆、聚乙烯袋、素烧盆等容器价格相对比较低廉，而陶瓷盆则价格比较昂贵。因此，在选择容器时，应根据经济实力选用经济实用的栽培容器。

5. 观赏效果

容器选择还应注意观赏和陈设的不同需要，随着经济的发展，栽培容器已不再是盛装植物和基质的一种简单的容器，还成为时尚主题的一项重要内容。丰富的材质，优美的造型和组合方式，缤纷的色彩，使栽培容器的装饰性显著增强。栽培容器的装饰作用正在被设计师充分利用，经过精心挑选，用于营造优美的景观，彰显个性。

三、容器栽培的基质

（一）容器栽培的特点

与地栽植物相比，容器栽培有许多不利因素。

1. 栽培容器的空间有限，要求所用基质必须养分充足，富含有机质，因而一般的农田或山地土壤不能直接用作栽培基质。

2. 容器的通气性较差，根系呼吸受到影响，所以容器栽培的植物对栽培基质的物理性状如水、肥、气、热的要求比地栽植物更高。

3. 容器栽培的植物，水分蒸发量大，必须经常浇水，但频繁地浇水会造成土壤结构的破坏，养分流失，因而必须经常施肥。

（二）容器栽培对基质的要求

1. 要疏松，空气流通，以满足根系呼吸的需要。

2. 水分的渗透性能良好，不积水。

3. 能固持水分和养分，不断供应植物生长发育的需要。

4. 适宜的酸碱度。

5. 不允许有害微生物和其他有害物质滋生和混入。

6. 材料来源广泛，取材方便。

任务实施

一、容器基质的配制

（一）配制基质的材料

盆土（栽培基质）的材料，常用的有堆肥土、沙、腐叶土、泥炭、松针土、蛭石、珍珠岩及腐熟的木屑等。各种材料的特性以及制备方法（见表5-4）。

表5-4　常见材料的特性以及设备

种类	特性	制备	注意事项
堆肥土	含较丰富的腐殖质和矿物质，pH4.6～7.4；原料易得，但制备时间长	用植物残落枝叶、青草、干枯植物或有机废物与园土分层堆积3年，每年翻动两次，再进行堆积，经充分发酵腐熟而成	制备时，堆积疏松，保持润湿；使用前需过筛消毒
腐叶土	土质疏松，营养丰富，腐殖质含量高，pH4.6～5.2，为最广泛使用的培养土，适用于栽培多种花卉	用阔叶树的落叶、厩肥或人粪尿与园土层层堆积，经2～3次制成	堆积时应提供有利于发酵的条件，存储时间不宜超过4年
草皮土	土质疏松，营养丰富，腐殖质含量较少，pH6.5～8，适于栽植玫瑰、石竹、菊花等花卉	草地或牧场上层5～8cm表层土壤，经1年腐熟而成	取土深度可以变化，但不宜过深
松针土	强酸性土壤，pH3.5～4.0；腐殖质含量高，适于栽培酸性土植物，如杜鹃花	用松、柏针叶树落叶或苔藓类植物堆积腐熟，经过1年翻动2～3次	可用松林自然形成的落叶层腐熟或直接用腐殖质层
沼泽土	黑色。丰富腐殖质，呈强酸性反应，pH3.5～10；草炭土一般为微酸性。用于栽培喜酸性土花卉及针叶树等	取沼泽土上层10cm深土壤直接作栽培土壤，或用水草腐烂而成的草炭土	北方常用草炭土或沼泽土

续表

种类	特性	制备	注意事项
泥炭土	有两种：褐泥炭，黄至褐色，富含腐殖质，pH6.0～6.5，具防腐作用，宜加河沙后作扦插床用土；黑泥炭，矿物质含量丰富，有机质含量较少。pH6.5～7.4	取自山林泥炭藓长期生长经炭化的土壤	北方不多得，常购买
河沙或沙土	养分含量很低，但通气透水性好，pH在7.0左右	取自河床或沙地	—
腐木屑	有机质含量高，持肥、持水性好。可取自木材加工厂的废用料	由锯末或碎木屑熟化而成	熟化期长，常加入人粪尿熟化
蛭石、珍珠岩	无营养含量，保肥、保水性好，卫生洁净	—	防止过度老化的蛭石或珍珠岩
煤渣	含矿质，通透性好，卫生洁净	—	多用于排水层
园土	一般为菜园、花园中的地表土，土质疏松，养分丰富	经冬季冻融后，再经粉碎、过筛而成	带病菌较多，用时要消毒
黄心土	黄色、砖红色或赤红色一般呈微酸性，土质较黏，保水保肥力较强，腐殖质含量较低，营养贫乏，无病菌、虫卵、草籽	取自山地离地表70cm以下的土层	用时常要拌入有机质和沙、腐木屑、珍珠岩等
塘泥	含有机质较多，营养丰富，一般显微酸性或中性，排水良好	取自池塘，干燥后粉碎、过筛	有些塘泥较黏，用时常拌沙、腐木屑、珍珠岩等
陶粒	颗粒状，大小均匀，具适宜的持水分和阳离子代换值，能有效地改善土壤的通气条件；无病菌、虫卵、草籽；无养分	由黏土煅烧而成	

注：成海钟，园林植物栽培养护，高等教育出版社，2005。

（二）盆栽基质的配制

不同植物的生长习性不同，所需盆土条件不一样，因而应用统一的配比方法是不现实的。表5-5是一般园林植物盆栽基质的常用配置比例。

表5-5　园林植物盆栽基质的常用配比

应用范围	腐叶土或草炭土（份）	针叶土或兰花泥（份）	田园土（份）	河沙（份）	过磷酸钙或骨粉（份）	有机肥（份）
播种或分苗	4	—	6	—	—	—
草本定植或木本育苗	3	—	5.5	—	0.5	1
宿根草本或木本定植	3	—	5	—	0.5	1.5
宿根草本或木本换盆	2.5	—	5	—	0.5	2
球根及肉质类花卉	4	—	4	0.5	0.5	1
喜酸性土壤的花卉	—	4	4	0.5	0.5	1

注：成海钟，园林植物栽培养护，高等教育出版社，2005。

通常盆栽基质的配置顺序如下：

1. 确定基质的材料配比方案。

2. 按配方准备各种原材料。

3. 将所准备的原材料按照配比方案混合均匀。

4. 必要时进行消毒或调节酸碱度。

（三）栽培基质的消毒

基质的主要成分如园土、泥炭土、腐叶土等，均含有不同程度的杂菌和虫卵，为保证园林植物特别是对一些较为名贵的园林花木，栽培至容器后健壮生长，减少病虫害，使用前必须对基质进行消毒。土壤消毒方法很多，常采用日晒、烧土、蒸汽消毒和化学消毒等方法。

1. 物理消毒

（1）蒸汽消毒

即将 $100 \sim 120℃$ 的蒸汽通入土壤，消毒 $40 \sim 60min$，或以混有空气的水蒸气在 $70℃$ 时通入土壤，处理 $1h$，均可消灭土壤中的病菌。蒸汽消毒设备、设施成本较高。

（2）日光曝晒

对土壤消毒要求不严格时，可采用日光曝晒消毒方法，尤其是夏季，将土壤翻晒，可有效杀死大部分病原菌、虫卵等。在温室中土壤翻新后灌满水再曝晒，效果更好，水稻田土用来种花可免除消毒。

家庭栽培可采用铁锅翻炒法灭菌，将培养土在 $120 \sim 130℃$ 铁锅中不断翻动，$30min$ 即可达到消毒的目的。

2. 化学药剂消毒

化学药剂消毒具有操作方便、效果好的特点，但因成本较高，通常小面积使用。常用40%的福尔马林 $500mL/m^3$ 均匀浇灌，并用薄膜盖严密闭 $1 \sim 2d$，揭开后翻晾 $7 \sim 10d$，使福尔马林挥发殆尽后使用；也可用稀释50倍的福尔马林均匀泼洒在翻晾的土面上，使表面淋湿，用量为 $25kg/m^2$，然后密闭 $3d$，再晾 $10 \sim 15d$ 以上即可使用。氯化苦在土壤消毒时也常有应用。使用时每平方米打25个左右深约 $20cm$ 小穴，每穴加氯化苦药液 $5mL$ 左右，然后覆盖土穴，踏实，并在土表浇上水，提高土壤湿度，使药效延长，持续 $10 \sim 15d$ 后，翻晾 $2 \sim 3$ 次，使土壤中氯化苦充分散失，2周以后使用，或将培养土放入大箱中，每 $10cm$ 一层，每层喷氯化苦 $25mL$，共 $4 \sim 5$ 层，然后密封 $10 \sim 15d$，再翻晾后使用。需要注意的是，氯化苦是高效、剧毒的熏蒸剂，使用时要戴乳胶手套和适宜的防护面具。

二、园林植物容器栽培技术

（一）栽植前的准备

在栽植前应配制适合植物生长发育所需的培养土。根据所栽植物的大小、习性、发育阶段和现有的生产条件选择合适的容器，要避免大容器栽小苗或小容器栽大苗。栽培用盆常用通气性能较好的容器，如素烧盆、木盆等，上市用盆选用美观的塑料盆、瓷盆等。

（二）上盆

上盆是选择适应规格的花盆，用一块碎盆片、窗纱等物盖于盆底排水口上，凹面向下，然后在盆底填入一层粗粒培养土或碎瓦片、煤渣、沙砾等，作排水物，上面再填一层培养土，以待植苗。待植的苗木应进行修剪，剪去过长根和病腐根，并在保持株形完满的前提下适当修剪枝叶。

植苗时，用左手拿苗放于盆口中央深浅适当的位置，用器具填培养土于苗四周，用手指或榔头等自盆边向中心压紧、打实。植株不宜栽得过深，填土也不宜过满，基质土面与盆口应保留1.5cm距离。

栽植球根花卉时，应先填入排水层和基质（基质土面与盆口应保留1.5cm），然后用手或其他物体开穴，将球根栽入穴中，压实，栽入深度以能见到顶尖部位为宜。

塑料袋作容器时，一般不在底部填上排水层，而是直接装入基质，将装好基质的塑料袋排放在指定位置后，挖穴或用木棒引孔栽苗。

大型容器栽培大苗时，一般也不填排水层，栽植前先在容器底部填入一层土壤，然后放苗入容器，边填基质边用器具捣实。

苗木种植完毕后应立即浇水，水要灌足，一般连续浇两次，水从排水孔中流出时停止浇水。

（三）排盆

植物上盆后，要根据各种具体情况摆放容器。有条件时应设立遮阳和冬季保护设施。

喜光植物应摆放在阳光充足处，摆放密度应小一些；中性、阴性植物应分别排放在半阴、阴蔽处，并可适当加大密度。

容器的排放要整齐、美观，密度要合理，中间留出步道，便于管理和操作。

（四）栽后管理

1. 施肥

施肥可根据植株的生长发育时期，分别采用施基肥、追肥和叶面施肥等方法，补充养分，满足植株生长发育的需要。

（1）基肥

一般上盆及换盆时常施以基肥。常用基肥主要有饼肥、牛粪、鸡粪、蹄片等，基肥施入量不应超过盆土总量的20%，可与培养土混合后均匀施入。蹄片因分解缓慢可放于盆底或盆土四周。

（2）追肥

追肥以薄肥勤施为原则，一般一年追肥3~4次。落叶种类在晚秋落叶至早春萌芽前，常绿种类在旺盛生长前；植物旺盛生长期间追肥1~2次；最后一次追肥于8~9月份进行。

通常以沤制好的饼肥、油渣为主，也可用化肥或微量元素追施或叶面喷施。盆栽植物的用肥应合理配施，否则易发生营养缺乏症。观叶植物不能缺氮；观茎植物不能缺钾；观花和观果植物不能缺磷。观叶植物、幼年期植物、茎叶发育期的观花植物应多施氮肥，花芽分化期、孕蕾期、开花期的花木应多施磷钾肥。

叶面追施时有机液肥的质量分数不宜超过 5%，化肥的施用质量分数一般不超过 0.3%，微量元素质量分数不超过 0.05%。

追肥方法可用浇施（将肥料先溶于水，再用喷壶将肥液直接浇入基质中）、穴施（在靠近容器壁的基质中打孔或挖小穴，然后将颗粒肥放入其中，最后埋土）、叶面追肥（施肥时需注意不宜在低温下进行，通常应在中午前后喷洒，液肥应多喷于叶背面）等方法。

施肥应在晴天进行。施肥前先松土，待盆土稍干后再施肥。施肥后，立即用水喷洒叶面（叶面追施除外），以免残留肥液污染叶面。施肥后第二天务必浇 1 次水。

2. 浇水

盆栽植物的水分管理是容器栽培的关键技术措施之一。浇水应遵循"不干不浇、见干就浇、浇则浇透，透而不漏"的原则，避免"半截水"。

浇水次数、浇水时间和浇水量应根据植物种类、不同生育阶段、自然气象因子、培养土性状等条件灵活掌握。

要掌握不同植物的需水特性，因"树"因"花"合理浇水。蕨类植物、天南星科、秋海棠类等喜湿植物要多浇；仙人掌类等旱生植物要少浇。有些植物对水分特别敏感，若浇水不慎会影响生长和开花，甚至导致死亡。如大岩桐、蒲包花、秋海棠的叶片淋水后容易腐烂；仙客来球茎顶部叶芽、非洲菊的花芽等淋水会腐烂而枯萎；兰科植物等分株后，如灌水也会腐烂。因此，对浇水有特殊要求的植物应和其他植物分开摆放，以便浇水时区别对待。

同一植物在不同的生长阶段需水状况不一样。进入休眠期时，应依种类的不同而减少或停止浇水；从休眠期转入生长期，浇水量须逐渐增加；生长旺盛时期，要多浇，开花期前和结实期少浇，盛花期适当多浇。

不同的季节，植物的浇水量不同。春季天气转暖，植物开始生长，浇水量要逐渐增加，草花 1~2 天浇水 1 次，花木 3~4 天浇水 1 次；夏季温度较高，植物处于生长旺盛期，蒸腾量大，宜多浇水，每天早晚各浇一次；秋季温度逐渐下降，植物生长转缓，浇水量可适当减少，但南方常处于秋老虎时期，还需经常浇水，冬季控制浇水。

夏季浇水以清晨和傍晚为宜，冬季以上午 10 时以后为宜。

随着设施条件和生产技术的改善，喷灌、滴灌已越来越多地应用于盆栽生产，利用微雾喷灌降温增湿，形成了一整套系统的水肥管理模式，这是机械化、标准化盆栽生产的发展方向。

3. 松盆

相当于露地栽培中的松土除草，也称扦盆。不断的浇水管理，常使营养土表面板结，有时还伴生青苔，影响栽培基质的通气透水性能，抑制植物生长。扦盆技术较为简单，可用竹片、小铁耙等器具疏松盆面营养土，同时清除表面杂草、青苔等物。

4. 整形修剪

有些盆栽植物在生长过程中，需要进行适当的整形修剪，如摘心、摘芽、剪枝等，使各类植物朝栽培者所希望的方向发展。通过整形修剪，或形成枝叶繁茂、形态浑圆丰满的冠形，或形成粗壮挺拔的主干，或使花木的花朵大而美丽。

5. 支撑

一些容器栽培的高干植物、缠绕植物以及特殊花木等要用支柱支撑，以免被风吹倒，防止晃动植株伤及根系和折断枝条。有的植物通过支撑还可以起到整枝造型的作用，如三角花、蝴蝶兰等。

盆栽植物的支撑常有以下几种形式：

（1）棒状

支撑方法是将支柱末端扎入土中，用细绳或细线将植物绑扎、固定在支柱上。支撑物常用木棒、竹棒、塑料棒、金属棒等。支撑容器大苗时，可以将容器成行、成列排放，用木棒或竹竿等物将大苗按照一定的高度相互绑扎在一起，形成群体效应，大大增强抵抗大风等自然灾害的能力。单株大苗，可参照露地栽植大树的方法，用三角形撑架支撑。

（2）环状

用铁丝、竹丝、枝条等物绕制而成的支架放置于盆面，使植物的茎、枝在一定的范围内伸展，防止枝叶风折。

（3）篱架状

支撑物多为扇状，深插于盆中，引导植物缠绕生长。

（4）艺术支架

根据栽培者所希望的造型，做成各种形状，置于盆面供植物攀缘生长，并且通过一定的整形修剪手段形成各种造型。支架材料多样。

【思考与练习】

1. 保护地的种类有哪些？

2. 保护地繁殖技术有哪些？

3. 保护地盆栽技术有哪些？

4. 无土栽培的模式有哪些？

5. 无土栽培对基质的要求是什么？

6. 无土栽培基质的消毒有哪些方法？

7. 无土栽培营养液的配制所需药剂有哪些？

8. 容器栽培的特点是什么？

9. 当地有哪些配制培养土的材料？

10. 怎样进行上盆、转盆、倒盆、换盆？

11. 盆栽的施肥和浇水方法有哪些？各自有什么特点？

技能训练

技能训练一　栽培基质的配制

一、实验目的

掌握容器栽培对基质的要求，常用容器栽培基质的配制方法和基质的消毒技术。

二、材料与用具

园土、泥炭土、腐叶土、蛭石、珍珠岩等；有机肥、甲醛、硫磺粉、石灰、塑料薄膜等；铁锹、筛子、喷壶、喷雾器、粉碎机等。

三、方法步骤

分组完成基质的配制、消毒工作。

熟悉各种土料，根据需要将各种土料粉碎、过筛后备用。

按照栽培植物对基质的要求，将各土料按比例混合，分别配制成普通培养土、播种培养土、疏松培养土、中性培养土、黏性培养土及杜鹃花培养土等专用培养土。

测定培养土的酸碱度，根据需要用硫磺粉、石灰调节至所需酸碱度。

甲醛稀释50倍后喷洒培养土，喷后堆起，用塑料薄膜封起，进行熏蒸消毒。在操作时注意施药安全。

四、结果评价

记录各类培养土配制的过程及对培养土酸碱度的测定结果。

优秀——操作规范，质量标准，能够独立完成。

良好——基本规范，质量合格，能够独立完成。

及格——在实践教师指导下基本能够完成操作，质量基本合格。

不及格——不能认真完成操作，质量不合格。

技能训练二　无土栽培营养液的配制

一、实验目的

了解无土营养液配制的常用药品，掌握无土栽培营养液配制技术。

二、材料与用具

化学药品：

$Ca(NO_3)_4H_2O$，KNO_3，$NaNO_3$，KH_2PO_4，KSO，$HgSO_4 \cdot 7H_2O$，$FeSO_4 \cdot 7H_2O$，EDTA-2Na，H_3BO_3，$MnSO_4 \cdot 4H_2O$，$ZnSO_4 \cdot 7H_2O$，$CuSO_4 \cdot 5H_2O$，$(NH_4)6Mo_7O_{24} \cdot 4H_2O$；$1mol/LH_2SO_4$，$HNO_3$溶液。

电子天平（感重0.0001g），量筒（500mL、100mL、50mL），烧杯（1000mL、500mL、100mL），精量移液器（10mL、5mL、1mL），容量瓶（1000mL、500mL、100mL），pH计，试剂瓶（1000mL、500mL、100mL），药匙，玻棒和胶头滴管等。

三、方法与步骤

1. 药品纯度换算

根据原料药品纯度，计算每升用量（依据华南农业大学营养液配方用量）。

2. 药品称量

A液药品称量，B液药品称量，C液药品称量。

3. 母液配制

将药品充分溶解，调节pH，于容量瓶中定容，定容后装入试剂瓶中。

4. 母液保存

母液装瓶后，贴好标签，标注母液类型、浓度、配制日期，低温避光保存。

四、结果评价

项	营养液母液配制技术								
序号	测定标准	评分标准	满分	检测点					得分
				1	2	3	4	5	
1	考核时间	60min 完成营养液母液配制	20						
2	药品纯度换算	药品用量换算准确	10						
3	药品称置	依据药品特性称置方法正确，依据药品用量称量准确，正确使用天平	20						
4	母液配制	根据药品特性正确溶解、混合药品测定和调节酸碱度方法正确，溶液 pH 调节准确，定容操作正确	40						
5	母液保存	母液装瓶方法正确，标记名称、浓度、配制日期	10						
总分		100			实际得分				

技能训练三 上盆、换盆与翻盆

一、实验目的

熟悉上盆、换盆与翻盆的要领，掌握上盆、换盆与翻盆技术。

二、材料与用具

小苗、盆花、各类培养土、不同型号的花盆、碎盆片、肥料等；

花铲、铁锹、枝剪、刀片、喷壶等。

三、方法步骤

将待上盆、换盆或翻盆的植株浇好水备用。分组进行操作。

1. 幼苗上盆

花盆大小适宜，垫瓦片，填盆底土、底肥，填培养土，放入幼苗，调整高度，填好土，留出沿口，浇透水，放阴处。

2. 换盆

把待换盆栽植物脱出原盆，修剪上部多余枝叶，修理土坨，换入较大的新盆，方法同上盆。

3. 翻盆

把待翻盆栽植物脱出原盆，修剪上部多余枝叶，修理土坨，换入装有新培养土的新盆，方法同上盆。

四、结果评价

记录上盆、换盆的操作过程，分析上盆、换盆与翻盆的不同之处，调查成活率。

优秀——操作规范，质量标准，能够独立完成，成活率达90%以上。

良好——基本规范，质量合格，能够独立完成，成活率达80%以上。

及格——在实践教师指导下基本能够完成操作，质量基本合格，成活率达 70% 以上。

不及格——不能认真完成操作，质量不合格，成活率达 70% 以下。

知识归纳

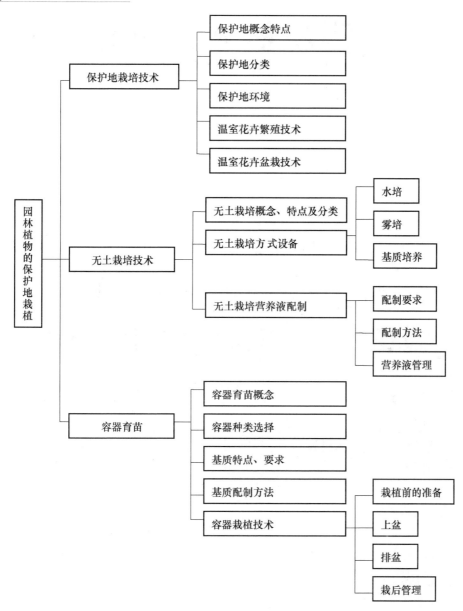

项目六　园林树木的移植

【内容提要】

　　本项目全面介绍了园林树木移植的原理和各种技术措施，阐述了提高移植成活率的理论基础和实践环节。要求学生了解园林树木移植与养护的有关概念和基本理论，熟练掌握苗圃树木移植和大树移植技术，包括裸根苗移植和带土球苗移植技术。

任务一　园林苗木移植技术

【知识点】

　　移植的概念及意义
　　移植成活的原理和技术措施
　　移植的作用
　　移植的时期
　　移植次数和密度

【技能点】

　　移植前准备工作
　　裸根起苗、带土球起苗技术
　　移植过程中苗木的处理
　　园林苗木的种植技术

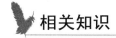 相关知识

一、移植的概念及意义

移植，就是选择一定的时期将生长拥挤的较小苗木从苗床上起挖出来，更换育苗地，并按规定的株行距栽植，让小苗更好地生长发育，包括掘起、搬运、栽植三个环节。凡经过移植的苗木统称为移植苗。

栽植质量对树木的一生有极其重要的影响。栽植后的健康状况，发根生长的能力，对病虫害等灾害的抗性，艺术美感及养护成本等都受到移植方法和措施的影响。移植技术若不好，尽管土壤和材料都好，也可能造成树木的死亡。

二、移植成活的原理和技术措施

（一）移植成活的原理

不同树种移植后其成活难易往往有很大差别，这是受不同树种的习性决定的。因此，在树木移植前必须了解其习性，按照其习性要求来决定各项技术措施，才能获得较高的成活率。

植物在移植中，植株受到的干扰首先表现在树体内部的生理与生化变化，植物在正常生长条件下冠幅和根幅的比例几乎是 1:1，也就是说苗木的树冠和根系之间的水分营养处于动态平衡状态，苗木才能正常生长发育。然而，经过移植的苗木，无论是裸根还是带土球移植，都会或多或少地损伤根系，苗木地上部分和地下部分的平衡就被打破，造成根部吸收水分不足，无法满足苗木的蒸腾要求，直接影响到苗木的成活。因此，保证移植成活的原理就是要根据树种习性，掌握适当的移栽时期，尽可能减少根系损伤，适当剪去树冠的部分枝叶，及时灌水，创造条件正确地调节地上部分与根系之间的生理平衡，并促进根系与枝叶恢复生长。移植的过程中必须抓住三个关键，保证移植成活率。

关键一：保湿、保鲜防止苗木过度失水。

关键二：促进苗木的伤口愈合和发出更多的新根，短期内恢复和扩大根系的吸收面与能力。

关键三：栽植中使树木的根系与土壤颗粒紧密接触，并在栽植后保证土壤有足够的水分供应，才能使水分顺利进入树体，补充水分的消耗。但是土壤水分也不能过多，否则会因根系窒息而导致整株死亡。

（二）保证移植成活的技术措施

移植的技术措施包括起苗、分级、修剪和栽植等。起苗和分级与出圃时起苗、分级相同。移植时修剪主要是剪去过长的、劈裂的和无皮的根、病枝、枯枝和过密枝等。留根的长度要依不同的树种、苗木的大小而定，剪口要平整，以利于愈合。苗木修剪后要立即栽植，如不能立即栽植完，应当把苗木假植在背阴而湿润的地方。

具体措施如下：

1. 根系浸水保湿或沾泥浆

裸根苗栽植前当发现根系失水时，应将植物根系放入水中浸泡 10~20 小时，充分吸

收水分后再栽植。小规格灌木，无论是否失水，栽植之前都应把根系浸入泥浆中均匀沾上泥浆。使根系保湿，促进成活。泥浆成份通常为过磷酸钙：黄泥：水＝2：15：80。

2. 利用生长调节剂促进根系生长愈合

树木起掘时，根系受到损伤，可用生长调节剂促进根系愈合、生长。如可以用ABT—1、ABT—3 号生根粉处理根部，使树木在移植和养护过程中迅速恢复根系的生长，促进树体的水分平衡。

3. 利用保水剂改善土壤的性状

城市的土壤随着环境的恶化，保水通气性能愈来愈差，不利于树木的成活和生长。在有条件的地方可使用保水剂改善。保水剂主要有聚丙乙烯酰胺和淀粉接枝型，颗粒多为 0.5～3cm 粒径。在北方干旱地区绿化使用，可在根系分布的有效土层中掺入 0.1% 并拌匀后浇水；也可让保水剂吸足水形成饱水凝胶，以 10%～15% 掺入土层中，可节水50%～70%。

4. 树体裹干保湿增加抗性

栽植的树木通过草绳等软材料包裹枝干，可以在生长期内避免强光直射树体，造成灼伤，降低干风吹袭而导致的树体水分蒸腾，储存一定量的水分使枝干保持湿润，在冬季对枝干又起到保温作用，提高树木的抗寒能力。草绳裹干，有保湿保温作用，一天早晚两次给草绳喷水，可增加树体湿度，但水量不能过多。塑料薄膜裹干有利于休眠期树体的保温保湿，但在温度上升的生长期内，因其透气性差，内部热量难以及时散发导致灼伤枝干，因此在芽萌动后，须及时撤除。

5. 树木遮荫降温保湿

在生长季移植的树木水分蒸腾量大，易受日灼，成活率下降。因此在非适宜季节栽植的树木，条件允许应搭建荫棚以减少树木的蒸腾。一般用树杆、竹竿、铁管搭架，用70% 遮阳网效果较好。

三、苗木移植的作用

苗木在幼年时较喜荫或耐荫，一般需要密植，而且幼苗生长所需要的营养面积小，密植可以提高单位面积的产苗量。当苗木长大到一定时期，必须进行移植。移植后扩大了苗木的株行距，增大了生长空间，改善了光照和通风状况，结合增强肥水管理和合理的整形修剪，能有效地促进苗木发育出良好的根系，形成优美的树形，成为优质大苗。同时移植的过程也是一个淘汰的过程。一些生长差，达不到要求或预期不能发育成优质大苗的小苗可以逐步被淘汰。移植有以下几方面的作用：

1. 有利于树木的生长发育

由于苗木在播种繁育阶段，主要的遵循"密植养干"的原则，这为培养苗木良好的干形奠定了基础，但是在以后的苗木生长过程中，过密的株行距影响了苗木的生长发育，所以通过移栽扩大株行距，为苗木的地上和地下部分提供了充分的生长空间，增加了苗木制造营养和吸收营养的面积，促进了苗木的健康生长。

2. 有利于树木形成发达的根系

幼苗移植时，主根和部分侧根被切断，控制了主根的顶端优势，能刺激根部产生大量的侧根和须根，形成完整、发达的根系。根系分布于土壤浅层且紧密集中，便于起苗，更有利于树木生长，提高树木移植成活率。而未经过移植的苗木，根系分布较深，侧根、须根数量少，移植后不易成活，或成活后生长较弱。

3. 培育优美的树形

树木移植时，要对根系和树冠进行必要的合理修剪；再根据树木自身生长情况，进行分级栽植。移植后扩大了植株的生长空间，使苗木的枝条充分伸展，形成树种固有的树形。经过适当的整形修剪，可以培养出规格整齐、冠形优美、干形通直、具有理想树冠的高质量园林树木。

4. 培育壮苗

除了在苗木移植过程中，我们注意淘汰差苗，保留优质苗之外，还扩大了株行距。因为，苗木具备了足够的生长空间，所以可以使得苗木的树干充分生长，提高苗圃苗木的壮苗率。

四、移植的时期

（一）春季移植

春季是主要的移植季节，一般在土壤解冻后到树木萌芽前进行。早春移植，树液刚刚开始流动，枝芽尚未萌发，蒸腾作用很弱，土块温湿已经能够满足根系生长要求，移植后苗木的成活率较高。

江南地区冬季虽然气温不太低，但是潮湿阴冷，霜害严重，所以许多树种尤其是香樟和大叶女贞等阔叶常绿树种在春季移植较好，而且以早春解冻后立即进行移植较为适宜。应该注意观察早春容易出现倒春寒，出现倒春寒后，像月季、雪松、女贞、桂花和紫薇等苗木的生长和发芽都会受到影响，因此要及时采用浇水、培根和施肥等技术及时防治。北方地区，早春土壤解冻时含水量较大，这时移植苗的根系伤口在土壤中很快愈合，长出新根。待天气变暖，地上部分开始萌动时，根系可以提供水分，使移植苗成活。移植后及时浇灌，使苗木吸收充足的水分，保证有较高的成活率。

春季移植也有不足之处，春季移植期很短，而且各项工作忙，常导致劳动力缺乏。在西北、华北地区往往由于树木移植不久，气温迅速升高，地上部分很快进入旺盛生长阶段，需要的水分增多，可根系还未完全恢复和发新根，结果会出现吸收的水分不能满足地上部分生长的需要，致使根冠水分代谢不平衡而造成成活率降低。

（二）秋季移植

秋季移植一般应在像江南一带冬季气温不太低，无冻伤危害的地区。秋季移植在苗木地上部分停止生长，树叶还未下落时即可进行，因这时根系尚未停止活动，移植后成活率高。秋季气温逐渐下降，蒸腾量较低，土壤中水分含量较稳定，植物通过一个生长季体内已经积累了较丰富的营养。树木根系没有自然休眠期，在土壤温度尚高的情况下，秋季栽植的耐寒树种根系还能恢复生长，只要冬季冻土层不厚，下层根系仍有一定生长，到翌春活动也早。因此秋季栽植既解决了春季植树适栽时间短、春旱和劳力紧张等问题，又能保证成活，是一条行之有效的植树途径。

但是最近几年常常出现暖冬现象，气温反常，有些常绿树种会在移栽之后萌发新芽，等到突然降温，芽梢产生冻害，造成植株大面积死亡，如杜英、大叶女贞和香樟等就容易产生类似情况，所以在十月过后尽量不要移植，即使移植也要将相应的防冻措施跟上做好保暖工作，主要方法有：叶面追肥（喷施硼砂或磷酸二氢钾溶液），加快苗木木质化进度，增强树苗防冻抗害能力；做好排水，结合床面培土，行间撒施覆盖物，构筑防风墙防冻等；或者在易冻苗木周围种植防风林；薄膜封闭，如遇到连续寒冷天气，除抓好上述防冻保暖措施外，应采用架设棚架，薄膜覆盖或打桩，把薄膜索在桩上，防止寒风袭击或严重冰冻危害，确保苗木安全越冬。

（三）夏季移植（雨季移植）

南方的常绿树种和北方常绿树种的苗木可在雨季初进行移植。但是一般苗圃中不提倡夏季移植，因为夏季气温高、蒸发量大，极易使移植树木脱水。因此如果必须进行的话，也要在苗木上要尽可能挑选长势旺盛、根系发达、无病虫害的健壮苗木。移植时最好选择阴天或降雨前后进行。种植后视天气情况，若连续下雨，可减少浇水量和浇水次数；若连续高温少雨，则需加大灌溉量，但每次灌溉量不能过多或过少。否则会泡根或使根受旱，都将会影响成活。凡是对树干进行裹草绑膜、缠绳绑膜等保湿措施的，在三伏天切不可拆卸薄膜，一定要经过 1 至 2 年的生长周期树木生长稳定后，方可拆下薄膜。

五、移植次数

移植次数取决于树种的生长速度和园林绿化对树木规格的要求。培育阔叶树种，一般苗龄满 1 年后进行移植；在培育 2～3 年后，进行再次移植；苗龄达 3～4 年，即可出圃。若对苗木规格要求更高，则要进行 2～3 次移植，移植间隔通常为 2～3 年。对于生长缓慢的树种，苗龄满 2 年后进行移植，以后每隔 3～5 年移植 1 次，苗龄达 8～10 年，甚至更长时间方可出圃。

 任务实施

一、移植前准备工作

（一）选择地块

移植苗木的目的是要培育大规格的优质苗木。为了给苗木提供适宜的生长条件，所选的地块要平坦，光照充足，通风好而无大风，交通便利，有良好的排灌设施。在选择地块时要考虑土壤肥力、地下水位、土质、土层厚度等因素。大苗的根系相对较深，因此要选择土层较厚的地块。为了促使根系良好发育，还要选择肥力较好、土质疏松、保水保肥的土壤。土层厚度最好在 1m 以上，地下水位 1.5 以下，同时要根据所移苗木的数量及移植密度来确定地块面积，做到大小适宜。

（二）规划设计

选定地块后要进行规划设计，确定移植苗木的种植方式、密度，挖坑或开沟的数量和规格等，同时要预计所需劳力的数量和工作时间。

1. 移植苗的种植方式

移植苗的种植方式一般采用长方形或正方形。长方形种植其株距小于行距，正方形种植则株行距相等，行向一般为南北方向。采用正方形种植方式时，株行距要依苗木的大小和生长速度来确定，一般为几十厘米到一米多。株行距确定后，用皮尺或测绳等工具来划线定点，然后开沟或挖坑。沟或坑的深度一般为 50～80cm，宽度为 60～80cm。坑的数量和所移苗木数量一致，沟的数量等于苗木总数除以每条沟所植的苗木数，每沟所植苗数为沟的长度除以株距。

2. 移植苗的密度

移植苗的密度取决于苗木的生长速度、苗冠和根系的发育特性、苗木的喜光程度、培育年限、培育目的、抚育管理措施等。一般来说，针叶树的株行距比阔叶树的小；速生树种的株行距大些，慢生树种可小一些；苗冠展开、侧根须根发达、培育年限较长者，株行距应大一些，反之应小一些；以机械化进行苗期管理的株行距应大一些，人工进行苗期管理可小些。

3. 栽植穴、沟的大小及数量

栽植穴的大小和深浅应根据树木规格和土层厚薄、坡度大小、地下水位高低及土壤墒情而定。挖坑时，锁定中心点沿四周向下挖，一般应比规定根幅范围或土球大小加宽放大 20～100cm，加深 10～40cm，这样栽植树木才能保证根系充分舒展，栽植踩实不会使根系劈裂，卷曲或上翘，保证园林树木的正常生长。开沟时，一般为南北向，沟深 50～60cm，宽 70～80cm，挖坑深 60cm，直径 80cm。挖坑、开沟时要将底土和表土分别堆放，种植时将表土回填坑底、沟底。坑和沟的四壁要垂直，不能挖成上大下小的斗形，也不要上小下大。

4. 挖穴、沟的时间

一般应该在移植前的 1～2 天将栽植穴、沟挖好。注意天气变化，在比较干燥的季节应避免过早暴露土壤而导致大量失水，而在雨季移植则应该注意防止栽植穴、沟积水。

（三）整地

在土地测量规划后即可进行整理施肥。如果移植苗木较小，根系较浅，可进行全面整地。先在地表均匀地撒一层有机肥，其用量为每亩 1500～3000kg，也可掺入适量的化肥，如磷肥，然后深翻，深度为 30cm。如果移植较大苗木时，深翻深度在 50cm 以上，以便疏松土壤，增加蓄水保墒的能力，否则树木无法扎根，影响成活。一般来说，草坪、地被根域层培育的土层最低厚度为 30cm，小灌木为 45cm，大灌木为 60cm，浅根性乔木为 90cm，深根性乔木为 150cm。深翻后，打碎土块，平整土地，划线定点，种植苗木。

整地要在移植前进行。如果春季移植，可在前一年秋季挖坑或沟，使土壤晒冻熟化，也可挖坑或沟后施入农家肥埋土，第二年再在施肥基础上移植，这样既可合理安排工作，又可使土壤熟化，能取得较好的效果。

（四）土壤消毒处理

移植前可以用硫威纳、福尔马林、波尔多液、硫酸亚铁、代森铵等化学药品消毒，可以喷洒在土壤中，对黑斑病、锈病、炭疽病、褐斑病、白粉病等有很好的效果。

为保证树木的良好生长，pH 值为 5.5～7.0 范围内或根据所移植植物对酸碱度的喜好而做调整。适宜植物生长的最佳土壤是矿物质 45%，有机质 5%，空气 20%，水 30%。

二、起苗

(一) 裸根起苗

落叶阔叶树在休眠期移植时，一般采用裸根起苗。起苗时，依苗木的大小，保留好苗木根系，一般根系的半径为苗木地径6~8倍，高度为根系直径2/3左右，灌木一般以株高1/3~1/2确定根系半径。如二、三年生苗木保留根幅直径约为30~40cm。

绝大多数落叶树种和容易成活的常绿树小苗一般可采用此法。大规格苗木裸根起苗时，应单株挖掘。以树干为中心划圆，在圆心处向外挖操作沟，垂直挖下至一定深度，切断侧根，然后于一侧向内深挖，并将粗根切断。如遇到难以切断的粗根，应把四周土挖空后，用手锯锯断。切忌强按树干和硬劈粗根，造成根系劈裂。根系全部切断后，将苗取出，对病伤劈裂及过长的主根应进行修剪。

起小苗时，在规定的根系幅度稍大的范围外挖沟，切断全部侧根然后于一侧向内深挖，轻轻倒放苗木并打碎根部泥土，尽量保留须根，挖好的苗木立即打泥浆。苗木如不能及时运走，应放在阴凉通风处假植。

起苗前如天气干燥，应提前2~3天对起苗地灌水，使苗木充分吸水，土质变软，便于操作。

(二) 带土球起苗

一般常绿树、名贵树木和较大的花灌木常用带土球起苗。土球的直径因苗木大小、根系特点、树种成活难易等条件而定。一般乔木的土球直径为根颈直径的8~10倍，土球高度为直径的2/3，应包括大部分的根系在内，灌木的土球大小以其高度的1/3~1/2为标准。具体操作 (见项目四任务一带土球起苗)。

起苗要注意的是尽量保护好苗木的根系，不伤或少伤大根。同时，尽量多保存须根，利于将来移植成活生长，起苗时也要注意保护树苗的枝干，以利于将来形成良好的树形，枝干受伤会减少叶面积，也会给树形培养增加困难。

(三) 机械起苗

目前起苗已逐渐由人工向机械作业过渡。但机械起苗只能完成切断苗根，翻松土壤的过程，不能完成全部起苗作业。常用的起苗机械有国产 XML—1—126 型悬挂式起苗犁，适用于1~2年生床作的针叶、阔叶苗，功效每小时可达 $6hm^2$。DQ—40 型起苗机，适用于起3~4年生苗木，可起取高度在4m以上的大苗。

(四) 冰坨起苗

东北地区利用冬季土壤结冻层深的特点，采用冰坨起苗法。冰坨的直径和高度的确定以及挖掘方法，与带土球起苗基本一致。当气温降至 −12℃ 左右时，挖掘土球，如挖开侧沟，发觉下部冻得不牢不深时，可于坑内停放2~3天。如因土壤干燥冻结不实时，可于土球外泼水，待土球冻实后，用铁钎插入冰坨底部，用锤将铁钎打入，直至震掉冰坨为止。为保持冰坨的完整，掏底时不能用力太重，以防震碎。如果挖掘深度不够，铁钎打入后不能震掉冰坨，可继续挖至够深度时为止。

冰坨起苗适用于针叶树种。为防止碰折主干顶芽和便于操作，起苗前用草绳将树冠拢起。

三、移植过程中苗木的处理

起苗后栽植前要对苗木进行修枝、修根、浸水、截干等处理。

修枝是将苗木的枝条适当截短，一般对阔叶落叶树进行修枝以减少蒸腾面积，同时疏去生长位置不当，且影响树形的枝条。裸根起苗后要剪根，主要是剪短过长的根系，剪去病虫根或根系受伤的部分，同时把起苗时断根后不整齐的伤口剪齐，以利于伤口愈合发出新根。主根过长时将其适当剪短。带土球的苗木可将土球外边露出的较大根段的伤口剪齐，过长的须根也要剪短。修根后还要对枝条进行适当修剪，一年生枝条进行短截，多年生枝条进行回缩，减小树冠以利于地上和地下水分平衡，使移植后植株顺利成活。针叶树的地上部分一般不做修剪。萌芽较强的树种也可将地上部分截去，使其移植后发出更强的主干。修根、修枝后马上进行移植，不能及时进行移植的苗木要保湿，将裸根苗的根系浸泡在水中或埋入土中保存，带土球的苗木用草帘覆盖土球或将土球用土堆围住。栽植前还可以用促进生根的药剂或保水剂处理根系，使移植后能更快成活。此外，还要将苗木按大小及树形完好程度分级，分批栽植。

四、栽植

（一）裸根苗栽植

裸根苗木经过修根、修枝、浸水或化学药剂处理后就可以栽植。栽植时要边栽边取苗，同时要施入一定量的有机肥做底肥，以促进苗木根系发育。每株苗用农家肥 10～20kg 与表土混合后施入坑底或沟底，然后边回填边踩实，直到距地面 20～30cm 为止。回填后将表面做成圆丘形，放入苗木，使根系舒展，苗干位于坑或沟的正中。种植时两人配合，一人扶苗，一人填土。填土时先用细土将根系覆盖，填土至一半时轻轻把苗木上提，踩实后再填土，边填边踩，直到平地表处为止。苗木埋土的深度为原来深度或稍深 1～2cm。若埋土过深，则苗木的缓苗期长，根容易腐烂，过浅则根系容易暴露，影响生长。埋土后平整地面或筑土堰以便浇水。栽植苗木时，还要注意苗木前后左右对齐。

（二）带土球苗栽植

带土球苗的栽植先测量或目测已挖树穴的深度与土球高度是否一致，对树穴作适当填挖调整，填土至深浅适宜时放苗入穴。在土球四周下部垫入少量的土，使树直立稳定，然后剪开包装材料，将不易腐烂的材料一律取出。为防止栽后灌水土塌树斜，填土一半时，用木棍将土球四周的松土捣实，填到满穴再捣实一次（注意不要将土球弄散），盖上一层土与地面相平或略高，边填边踩实，直到土球上方为止，最后把捆拢树冠的绳索等解开取下。栽植时还要注意勿损伤树干。

任务二　大树移植技术

【知识点】

大树移植的概念及作用
大树移植的特点

【技能点】

大树移植前的准备与处理

大树起挖

大树吊运

大树的栽植

大树移植应注意的问题

相关知识

一、大树移植的概念及作用

（一）大树移植的概念

大树移植是指对树干胸径为 10～20cm 甚至 20cm 以上，树高在 5～12m 甚至 12m 以上，树龄一般在 10～20 年或更长的大型树木的移栽。大树移植技术条件复杂，但为了满足城市园林绿化的需要，实现立竿见影的效果，目前大树移植广泛使用。

（二）大树移植的作用

1. 提高绿化质量，快速实现景观效果

为了提高园林绿化、美化的造景效果，经常采用大树移植。它能在最短时间内改善城市园林布置和城市环境景观，较快地发挥园林树木的功能效益，及时满足重点工程、大型市政建设绿化、美化等要求，对于城市园林来说具有特殊作用。

2. 体现园林艺术，园林园艺造景的重要内容

无论是以植物造景，还是以植物配景，如果要反映景观效果，都必须选择理想的树形来体现艺术的景观内容。而年幼树难以实现艺术效果，只有选择成形的大树才能创造理想的艺术作品。

3. 保留绿化成果

在城市的街道、广场、公园、小区等地方，人为的损坏使城市的绿化与保存绿化成果的矛盾日益突出，因而只有栽植大规格的苗木，提高树木本身对外界的抵抗能力，才能在达到绿化效果的同时，保存绿化成果。

二、大树移植的特点

与一般的树木相比，移植大树的技术要求比较复杂，移植的质量要求较高，需要消耗大量人力、物力、财力。移植大树具有庞大的树体和重量，往往需要借助于一定的机械力量才能完成。同时移植大树的根系趋向或已达到最大根幅，主根基部的吸收根多数死亡。吸收根主要分布在树冠垂直投影附近的土壤中，而所带土球范围内的吸收根很少，导致移植大树在移植后会严重失去水分，发生生理代谢不平衡。为使其尽早发挥园林绿化、美化的效果和保持原有的优美姿态，对于树冠，一般不进行重剪。在所带土球范围内，用预先促发大量新根的方法为代谢平衡打下基础，并配合其他移植措施，以确保成活。

任务实施

一、大树移植前的准备与处理

（一）技术力量准备

移植大树是项复杂的技术工程，涉及的方面较广，要求的技术水平较高，必须有这方面的高级技术专业人员统一负责和指挥，并应由各方面有经验的师傅进行操作，方可完成。

（二）选树

在移植前应根据设计要求，做好选树的工作。首先是选树时间的确定，通常苗圃中的大树不足时，还要到各地去选择适合的树木；另一方面，有些大树需要事前先断根缩坨，才能保证一定的成活率，这项工作要在移植前 2 ～ 3 年进行，最短也要提前 1 年做好。事实上有些大树移植失败，其原因就是没有采取促发新根的措施。大树移植时，由于带的须根少，因而吸收的水分不能满足生长的需要，造成根冠水分代谢不平衡，移栽后或者生长不良或者死亡。待选好树后，根据掌握选中的树木的具体情况（树种、树龄、规格、移植时间和方法、养护情况、目前生长状况、生长势、健康情况、土壤质地、树木现在生长地位置、周围环境情况及交通情况等），计划好移植时采取的技术措施。

选树原则：

1. 最好是乡土树种。

2. 树种健壮，枝条丰满，树形要好。

3. 无病虫害。

4. 根系发育好。

5. 选择浅根性和萌根性强并易于移植成活的树种。

（三）栽植地状况调查

栽植地的位置、周围环境（与建筑物、架空线、共生树之间的距离等是否对运树有影响）、交通情况、栽植地的土质、地下水位、地下管线等都应调查清楚。

（四）制订施工方案

负责施工的单位应根据各方面提供的资料和本单位实际情况，尽早制订施工方案和计划。其内容大致包括：总工期、工程进度、断根缩坨的时间、栽植的时间、采用移植的方法、劳动力、机械、工具、材料准备、各项技术程序的要求以及应急机制、安全措施等。

（五）断根缩坨

断根缩坨处理也称回根、盘根或截根。断根缩坨的目的是为了适当缩小土球，减少土球重量，同时促进距根颈较近的部位发生次生根和再生较多须根，提高移植成活率。

定植多年或野生大树，特别是胸径在 30cm 以上的大树，应该先进行断根缩坨处理，利用根系的再生能力，促使树木形成紧凑的根系和发出大量的须根。丛林内选中的树木，应该对其周围的环境进行适当的清理，疏开过密的植株，并对移植树木进行适当的修剪，增强其适应全光和低湿的能力，改善透光与通气条件，增强树势，提高抗逆性。

具体操作：以树干基部为中心，干径 5 倍为半径，向外挖圆形沟，沟宽为 40 ~ 60cm，深 50 ~70cm（视水平根系的深度而定）（见图 6-1），将沟内的根除留 1 ~2 条粗根外，全部切断，（3cm 以上的根用锯锯断，大伤口涂抹防腐剂，有条件的地方可用酒精灯灼烧进行炭化防腐）。并将沟内留的粗根进行宽约 10mm 环状剥皮，但不把根切断，涂 0.001% 的生长素（萘乙酸等），以促新根。留 1 ~2 条粗根的作用是为了维持其吸水功能，并有固定树体的作用，以免被大风吹倒。然后填入肥沃的土壤或将挖出的土壤捡出石块等杂物，并加入腐叶土、腐熟的有机肥或化肥混匀后分层回填踩实，并注意灌水、除草等养护工作。以后在沟内切断的根部，可萌生大量的须根。

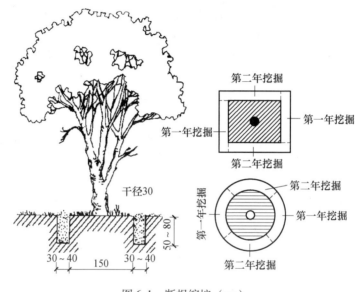

图 6-1　断根缩坨（cm）

断根缩坨处理一般在移植前 2 ~ 3 年的春季或秋季进行。主要是考虑避免对树木根系的集中损伤，不但可以刺激根区内发出大量的新根，而且可维持树木的正常生长，有利于移植成活。

注意并不是所有的大树都需要断根缩坨处理，在苗圃培育的或经过多次移植的大树，移植前不需要进行断根缩坨处理。只是符合下列条件的大树才应用此措施。

1. 山野里自然生长的大树。

2. 树龄大而树势较弱的大树。

3. 难以移植成活的珍贵大树或者必须移植的大树。

4. 虽然易于移植，但树体过大，要实行断根缩坨。

（六）平衡修剪

移植前对树冠需进行修剪，修剪强度依树种而异。萌芽力强的、树龄大的、叶片稠密的应多剪；常绿树、萌芽力弱的宜轻剪。从修剪程度看，可分全株式、截枝式和截干式 3 种。全株式原则上保留原有的枝干树冠，只将徒长枝、交叉枝、病虫枝及过密枝剪去，适用于萌芽力弱的树种，如雪松、广玉兰等，栽后树冠恢复快、绿化效果好。截枝式只保留树冠的一级分枝，将其上部截去，如香樟等一些生长快，萌芽力中等的树种。截干式修剪，只适宜生长快，萌芽力强的树种，将整个树冠截去，只留一定高度的高干，如悬铃木、国槐等。由于截口较大易引起腐烂，应将截口用蜡或沥青封口，也可用塑料薄膜包裹。

（七）移植的时期

移植时期的确定由树木的生物学特性和当地的气候条件决定。在春季萌芽早的应早栽，萌芽晚的应晚栽；耐寒的种类可以在秋天移植，不耐寒的种类在春天移植。在南方春天移植和秋天移植都可以，但在东北、西北及华北的北部地区尽可能在春季移植。总的来说，以春季和秋季移植大树最为合适，既可保证成活率，又节省经费开支。但是如果技术措施得当，资金允许，无论在何时移植，都会获得一定的成活率。

（八）资金、设备的准备

移植大树与移植一般树木不同，移植大树需要更多的经费，所以首先准备经费。其次，准备好机械设备，如大型吊车、运输工具等。

二、大树起挖

软包装土球常采用草绳、麻袋、蒲包及塑料布等软材料包装。适用于油松、雪松、香樟、龙柏及广玉兰等常绿树和银杏、榉树、白玉兰及国槐等落叶乔木。

（一）挖掘

土球的规格一般按照树木胸径的 8～10 倍来确定。挖掘时以树干为圆心，按照土球直径开沟。为了便于操作，沟宽通常多为 60～80cm；沟深多为 60～100cm。挖掘时，凡根系直径在 3cm 以上的大根，如果露出应用锯切断；小根用利铲截断或剪除。切口要平滑，大伤口应涂防腐剂。在挖掘中，应随挖随修整土球，将土球表面修平。当沟挖至所要求的深度时，再向土球底部中心掏挖，使土球呈苹果形。土球直径在 50cm 以上，应留底部中心土柱，便于包扎。土球的土柱越小越好，一般只留土球直径的 1/4，不应大于 1/3。这样在树体倒下时，土球不易崩碎，且易切断树木的垂直根。

（二）土球包扎

一般先打腰箍，再用桔子包打花箍。具体操作详见项目四任务一。

三、大树的吊运

（一）土球吊运

土球吊运的方法有三种：一是将土球用钢索捆好，并在钢索与土球之间垫上草包、木板等物吊运，以免损伤根系或弄碎土球；二是用尼龙绳网或帆布、橡胶带兜好吊运；三是用一中心开孔的圆铁盘在土球下方，再用一根上、下两端开孔铁杆从树干附近与树干平行穿透土球，使铁杆下端开孔部位从铁盘孔中穿出，用插销将二者连起来，上部铁杆露出 40～80cm，再将吊索拴在铁杆上端的孔中。吊运与卸车的动力可用吊车、滑轮、人字架及摇车等。

（二）板箱吊运

板箱包装可用钢丝，围在木箱下部 1/3 处，另一粗绳系在树干的适当位置，使吊起的树木呈倾斜状。树冠较大的还应在分枝处系一根牵引绳，以便装车时牵引树冠的方向。土球和木箱重心应放在车后轮轴的位置上，冠向车尾。冠过大的还应在车厢尾部设交叉支棍，土球下面两侧应用东西塞稳，木箱应同车身一起捆紧，树干与卡车尾钩系紧。运输时人不能站在土球和板箱处，以保证安全。

四、大树的栽植

（一）挖坑

大树栽植坑，应该根据土球的大小设计。栽植坑直径一般应大于土台 50～60cm，土质不好的应该是土球的一倍，如果需要换土或施肥，应预先做好准备。

（二）吊树入坑

1. 软包装土球

吊装入穴前，应将树冠丰满、完好的一面作为主要观赏面，朝向人们观赏的方向。坑内应先堆放 15～25cm 厚的松土，吊装入穴时，应使树干直立，慢慢放入坑中。填入前应将草绳、蒲包片等包装材料尽量取出，然后分层填土，压实。栽植深度，一般不超过土球的高度，与原土痕相平或略深 3～5cm 即可。

2. 板箱式

将树干包好麻包或草袋，然后用两根等长的钢丝绳兜住木箱底部，将钢丝绳的两头扣在吊钩上，即可将树直立吊入坑中。若土体不易松散，放下前应拆去中部两块底板，入穴时应保持原来的方向或把姿态最好的一侧朝向主要观赏面。快落地时，一人负责瞄准对直，四个人坐在坑穴边用脚蹬木箱的上口方校正栽植位置，使木箱正好落在坑的长方形土台上。

拆开两边底板，抽出钢丝，并用长棍支撑树冠，将拌入肥料的土壤填至 1/3 时再拆除四面木板，以免散坨。捣实后再填土。按土球大小和坑的大小做双圈灌水堰。

五、提高大树移植成活的技术措施

（一）掌握科学的大树移栽技术，提高成活率

1. 选择移植苗

树龄短的树木根系再生能力强，树体恢复快，易成活；经过人工培育与移栽过的大树，根系发达，须根多，适应能力强，易成活。

2. 包扎

在挖掘前 1 天，用稻草绳一圈紧挨一圈自基部包扎树干至第一分枝处，以起保湿作用，防止树干过度散发水分。同时，稻草绳可保护大树在挖掘、运输、栽植过程中免受机械损伤。

3. 疏枝除叶

为减少蒸腾量，人们常用截干法代替疏枝，实践证明这不利于移栽大树的成活。因为没有叶片无法进行光合作用，大树的根系得不到养分而无法生长。同时，没有叶片就无法进行蒸腾作用，根系缺乏从土壤中汲取养分的动力，造成新叶片无法生长。有些大树的隐芽寿命短，截干后无法抽枝会自然枯死；隐芽寿命长的苗木截干后树形失去美感。所以，对隐芽寿命长的苗木，疏枝除叶量应控制在 70%～75%；对隐芽寿命短的苗木，疏枝除叶量应控制在 20%～30% 之间。因疏枝造成的直径在 4cm 以上的伤口，应用熔化的石蜡封口后包扎黑色的薄膜。

4. 注意树木的原有生长方向

挖掘时做好南北向标记，保证栽植时的阴阳面与原有立地条件一致。

（二）随挖随运随栽

大树要随挖随运随栽，尽可能缩短根系在空气中暴露的时间，减少根系水分的损失，提高移植成活率。

（三）保证所带土球有足够的吸收根

一般在移栽前二年要对大树进行断根促根，待形成大量的吸收根后才移栽。挖掘时，土球直径应为大树近地端直径的 5 倍，如果经济允许，土球直径可增大到 6～7 倍，可有效提高大树移栽的成活率。用锐刀或枝剪把受伤的根修剪平整并涂上生根粉，使受伤根容易愈合。挖掘的土球要多带吸收根。挖掘前 2d 灌足水，使大树的根系、树干贮存足够水分，以弥补移栽造成的根系吸水不足。而且，根系周围的土壤吸收充足的水分后容易挖掘，土球在运输过程中不易裂开。

（四）ABT 生根粉的使用

采用软材包装移植大树时，可选用 ABT—1、3 号生根粉处理树体根部，有利于树木在移植和养护过程中损伤根系的快速恢复，促进树体的水分平衡，提高移植成活率。掘树时，对直径大于 3cm 的短根伤口喷涂 150mg/L ABT—1 生根粉，以促进伤口愈合。修根时，若遇土球掉土过多，可用拌有生根粉的黄泥浆涂刷。

（五）保水剂的使用

保水剂现广泛应用大树移植中，主要应用的保水剂为聚丙乙烯酰胺和淀粉接枝型，拌土使用的大多选择 0.5～3mm 粒径的剂型，可节水 50%～70%，只要不翻土，水质不是特别差，保水剂寿命可超过 4 年。保水剂的使用，除提高土壤的通透性，还具有一定的保墒效果，提高树体抗逆性，另外可节肥 30% 以上，以有效根层干土中加入 0.1% 拌匀，再浇透水；或让保水剂吸足水成饱和凝胶，以 10%～15% 比例加入与土拌匀。北方地区大树移植时拌土使用，一般在树冠垂直位置挖 2～4 个坑，长、宽、高为 1.2m、0.5m、0.6m，分三层放入保水剂，分层夯实并铺上干草。用量根据树木规格和品种而定，一般用量 150～300g/株。为提高保水剂的吸水效果，在拌土前先让其吸足水分成饱和凝胶，均匀拌土后再拌肥使用。

任务三　大树移植后的养护管理

【技能点】

大树移植后的系列养护管理技术

任务实施

大树的再生能力较幼树明显减弱，移植后一段时间内树体生理功能大大降低，树体常常因供水不足，水分代谢失去平衡而枯萎，甚至死亡。因此，大树移栽后，一定要加强后期的养护管理。尤以第一年最为关键。因此，应把大树移栽后的精心养护看成是确保移栽成活和树木健壮生长不可或缺的重要环节，切不可小视。大树移植后应具体做好以下几方面的工作：

一、灌水与排水

水分供应是否充分、合理、及时是新栽植树木成活的关键。

树木移植后一定要及时灌三遍水，然后封堰。在干旱季节降雨少时，发现树木缺水，要立即扒开土堰灌水，以保证地上与地下水分代谢适当的均衡，才能有利于成活。一般情况下，栽后第一年应灌水 5~6 次，特别在高温干旱条件时应该注意浇水，最好能保持土壤最大含水量为 60% 以上。

多雨季节要特别注意防止土壤积水，除注意绿地的排水外，可在树的基部适当培土，使树盘的土面适当高于地面，以使树木不被淹。

二、地上部分保湿

1. 包干（见图6-2）

大树移植后及时用稻草绳、麻包、苔藓等材料严密包裹树干和比较粗壮的分枝。上述包扎物具有一定的保湿性和保温性，经包干处理后，可避免强阳光直射和热风吹袭，减少树干、树枝的水分蒸发；且可贮存一定量的水分，使枝干经常保持湿润；还可调节枝干温度，减少高温和低温对枝干的伤害。

2. 喷水

树体地上部分特别是叶面因蒸腾作用而易失水，应及时喷水保湿。喷水要求细而均匀，喷及地上各个部位和周围空间。可采用高压水枪喷雾，或将供水管安装在树冠上方，根据树冠大小安装一个或数个喷头进行喷

图6-2　包干技法

雾，效果较好，但较费工费料。或采取"打点滴"的方法，即在树枝上挂上若干个装满清水的盐水瓶，运用打点滴的原理，让瓶内的水慢慢滴在树体上，并定期加水，省工又节省材料，但喷水不够均匀，水量较难控制。

常绿树移植、反季节移植、名贵大树移植时，若在干旱季节，由于根系没有恢复，即使保证土壤中的水分供应，也易发生水分亏损。因此，一般栽后要往树上喷水，喷水时间为上午 10 点前，下午 4 点以后，可用皮管、喷枪、喷雾器，直接向树冠或树冠上部喷射，让水滴落在枝叶上，从而降低温度，增加空气湿度，减少蒸腾，促进树体水分平衡。

3. 遮阴

大树移植初期或高温干燥季节，要搭设荫棚遮阴，以降低棚内温度减少树体的水分蒸发。在成行、成片种植，密度较大的区域，宜搭制大棚，省材又方便管理；孤植树宜按株搭设。要求全冠遮阴，荫棚上方及四周与树冠保持 50cm 左右距离，以保证棚内有一定的空气流动空间，防止树冠日灼危害；遮阴率为 70% 左右，树木抽发新根，生长稳

定后可逐步去掉遮阳网。

三、补充修剪与抹芽去萌

在移植过程中，虽然已经进行过修剪，但后来发现发芽、展叶、抽枝缓慢或枝叶发生萎蔫，通过采用浇水、喷雾、叶面喷肥等养护措施仍不能缓解这种现象，此时可进行补充修剪。在不影响树形的情况下，再剪去一部分枝叶，以减少蒸发量，缓解根部暂时吸收的水分不够消耗的现象，剪去枯枝、弱枝，以强壮树体。

经过修剪，树干或树枝上可能会发生许多萌蘖枝，其既消耗营养，又扰乱树形。对于这种萌蘖枝应定期、分次进行剥除。此外，还应进一步进行造型修剪，对于一切扰乱树形的枝条进行调整与删除。

四、促发新根

1. 控水

新移植的大树，其根系吸水功能减弱，对土壤水分需求量较小。因此，只要保持土壤适当湿润即可。土壤含水量过大，反而会影响土壤的透气性能，影响根系的呼吸，对发根不利，严重的会导致烂根死亡。因此，一方面要严格控制浇水量，移植时第一次浇透水，以后视天气情况与土壤干燥情况，谨慎浇水，同时要慎防对地上部分喷水过多使水滴进入根系区域；另一方面，要防止树穴内积水，种植时留下浇水穴，在第一次浇透水后即应填平或略高于周围地面，以防下雨或浇水时积水。同时，在地势低洼易积水处，要开排水沟，保证雨天及时排水，做到雨止水干。

2. 保护新芽

树体地上部分的萌发，对根系具有自然而有效的刺激作用，能促进根系的萌发。因此，在移植初期，特别是移植时进行重修剪的树体所萌发的芽要加以保护，让其抽枝发叶，待树体成活后再行修剪整形。同时，在树体萌芽后，要特别加强喷水、遮阴、防病防虫等养护工作，保证嫩芽、嫩梢的正常生长。

3. 土壤保持通气良好

保持土壤良好的透气性能有利于根系萌发。为此，一方面要做好中耕松土工作，防止土壤板结。另一方面，要经常检查土壤通气设施（栽植时埋设的通气管或竹笼等），一旦发现堵塞或积水，要及时清淤，以经常保持良好的透气性能。

五、松土除草

因浇水、降雨及人的活动等导致树盘土壤板结，透气不良而影响树木生长，应及时松土，促进土壤与大气的气体交换，有利于树木新根的发生与生长。但在新移植树木成活期间，松土不能太深，以免伤到新根。

有时树木基部附近会长出许多杂草或其他植物，与树木争夺水分和养分，藤本植物还会缠绕树身，妨碍树木正常生长。所以应及时除去，通常与松土同时进行，并把除下来的杂草覆盖在树盘上。有的地方为了防止土壤水分蒸发太快，特意在树盘上覆盖树叶、树皮或碎木片等。

六、浇生长刺激素与施肥

树木移植后，发现地下根系恢复得很慢，不能及时吸收足够的水分与养分供给地上部分生长的需要，此时可适当浇灌生长刺激激素溶液，目的是为了刺激尽快发新根。

树木移植后，发现新叶停止生长，甚至个别的发生枝叶萎蔫，在这时可以实验性地进行叶面喷肥，通常喷尿素，也可根据实际情况，喷洒配制的植物营养液，每隔 7～10 天喷一次，重复 4～5 次。

如果移植时没有施肥，栽完待根系恢复后，可以适当地补肥，此时施用的肥料最好是稀释的有机肥，也可用少量的化肥，但肥料溶液不能太浓，施入量不可太多。

七、树体支撑 (见图6-3)

为防止大规格苗灌水后歪斜，或受大风影响成活，栽后应立支柱。常用通直的木棍、竹竿作支柱，长度以能支撑树苗的 1/3～1/2 处即可。一般用长 1.5～2m、直径 5～6cm 的支柱。可在种植时埋入，也可在种植后再打入（入土 20～30cm）。栽后打入的，要避免打在根系上和损坏土球。树体不是很高大的带土移栽树木可不立支柱。立支柱的方式有单支式、双支式、三支式、四支式和棚架式。单支法又分立支和斜支。单柱斜支，应支在下风方向（面对风向）。斜支占地面积大，多用在人流稀少的地方。支柱与树干捆缚处，既要捆紧，又要防止日后摇动擦伤干皮。因此，捆绑时树干与支柱间要用草绳隔开或用草绳包裹树干后再捆。

图6-3　三柱支架三角形支撑固定

八、补植

移植后，及时检查成活情况，发现有的树木无挽救希望或挽救无效而死亡的，都应及时进行补植。如果由于季节、树种习性与条件限制，生长季补植无成功的把握，可在适宜栽植的季节补植。补植的树种规格应与该地同种树木大小一致。对补植的苗木质量和养护管理水平都应高于一般树种的水平。

【思考与练习】

1. 简述园林树木移植成活的原理。

2. 提高移植成活的技术措施有哪些？

3. 裸根起苗与带土球起苗分别是如何挖掘的？如何栽植的？

4. 什么是大树移植？

5. 大树移植的作用是什么？

6. 大树移植前的准备工作有哪些？

7. 简述大树移植的技术要点？

8. 如何进行断根处理？

9. 园林树木移植后的养护管理措施有哪些？

技能训练

技能训练一 裸根苗的起挖

一、目的要求

通过本次技能训练，让学生能够掌握 1 ~ 2 年生落叶树种在休眠期裸根起苗的技术要点。

二、材料与工具

植物材料：1 ~ 2 年生落叶树种若干株。

工具：铁锹、锄头、铁锹、修枝剪、稻草等。

三、方法步骤

1. 分组：以 2 ~ 3 人为一组。

2. 准备工作

做好起苗的现场准备和工具准备。

3. 起苗

裸根起苗，先在离根部 10 ~ 20cm 处向下垂直挖起苗沟，深度 20 ~ 30cm，1 年生苗略浅，2 年生苗略深，然后在 20 ~ 25cm 处向苗行斜切，切断主根，再从第 1 行到第 2 行之间垂直下切，向外推，取出苗木，在锹柄上敲击，去掉泥土，剪去病虫根或根系受伤的部分，同时把起苗时断根后不整齐的伤口剪齐。

4. 打浆与包装

圃内移植不需要打浆，若运往圃外栽植需要打浆和包装。在圃地旁，调好泥浆水，要求稀稠适度，以根系互不相粘为标准。将苗木根系放入泥浆水中，均匀地沾上泥浆保湿，根据苗木大小，大苗 10 株 1 捆，小苗可 50 株左右 1 捆。用稻草包好。

5. 装运

将包好的苗木装上运输工具，做到整齐堆放。

四、考核内容

1. 准备工作。（10 分）

2. 起苗、修剪。（60 分）

3. 打浆和打包。（10 分）

4. 装运。（10 分）

5. 完成实习报告。（10 分）

技能训练二 带土球苗的起挖

一、目的要求

通过本次技能实训，使学生掌握带土球起苗技术。

二、材料与工具

植物材料：2~3 年生园林树木若干株。

工具：铁锨、锄头、铁锹、皮尺、草绳、修枝剪等。

三、方法步骤

1. 分组：以 3~4 人为一组。

2. 确定土球直径

以苗木 1.3m 处干径的 8~10 倍，确定土球大小。

3. 树冠修剪与拢冠

根据树种的习性进行修剪，落叶树种，可以保持树冠外形，适当强剪；常绿阔叶树种可保持树形，适当疏枝和摘去部分叶片，然后用草绳将树冠拢起，捆扎好，便于装运。

4. 起苗

根据土球大小，先铲除苗木根系周围的表土，以见到须根为度，顺次挖去规格周围之外的土壤。挖土深度为土球直径的 2/3。

5. 包装

待土球好后，用草绳包扎土球。首先扎腰绳，1 人扎绳，1 人扶树，2 人传递草绳。缠绕时，应一道紧靠一道拉紧，然后扎竖绳，顺时针缠绕后，包扎好后再铲断主根，将带土球苗木提出坑外。

6. 装运

装车时，1 人扶住树干，3 人用木棒放在根颈处抬上车，使树梢朝后，上车后只能平移，不要滚动土球，防止震散土球。装车时，土球要相互靠紧，各层之间错位排列。

四、考核内容

1. 确定土球直径。(20 分)

2. 树冠修剪与拢冠。(10 分)

3. 起苗。(40 分)

4. 包装、装运。(20 分)

5. 完成实习报告。(10 分)

技能训练三 裸根苗的栽植

一、目的要求

通过本次技能训练，让学生能够掌握裸根苗的栽植技术要点。

二、材料与工具

植物材料：裸根苗若干株。

工具：铁锨、锄头、铁锹、修枝剪、皮尺、绳、木桩、浇水工具等。

三、方法步骤

1. 分组：以 2~3 人为一组。

2. 挖栽植穴

根据苗木大小挖栽植穴。

3. 栽植

将苗木放入栽植坑中。扶正，根系比地面低 3~5cm，回填土到根颈处，用手向上提苗，抖一抖，使细土深入土缝中与根系紧密结合，提苗后踩实土壤。再回填土，略高于地面踩紧，再用松土覆盖地表。

4. 浇水

栽植后，第一要浇透水，进行移植的养护管理。

四、考核内容

1. 挖栽植沟。（20 分）

2. 栽植。（50 分）

3. 浇水。（20 分）

4. 完成实习报告。（10）

技能训练四　带土球苗的栽植

一、目的要求

通过本次实习，让学生掌握带土球苗的栽植技术。

二、材料与工具

植物材料：带土球苗若干株。

工具：铁锨、锄头、铁锹、修枝剪、皮尺、绳、木桩、浇水工具等。

三、方法步骤

1. 分组：以 2~3 人为一组。

2. 定点放样

根据设计要求定点放样。

3. 挖栽植穴

栽植穴比土球大 40cm 左右，做到穴壁垂直，表土和心土分开堆放。

4. 栽植

按设计要求将带土球苗木放入栽植穴中。根据大小高度，先将表土堆在栽植穴中成馒头形，使苗木放上去的土球略高于地面，如土球有包装材料，应先剪除。将苗木扶正，再进行回填土。当回填土达到土球深度的 1/2 时，用木棒在土球外围夯实，注意不要敲打在土球上。继续回填土，直至与地面相平，上部用心土覆盖，不用夯实，保持土壤通气透水。

5. 浇水

栽植后，第一要浇透水，进行移植的养护管理。

四、考核内容

1. 定点放样。（10 分）

2. 挖栽植穴。（20 分）

3. 栽植。（50 分）

4. 浇水。（10 分）

5. 完成实习报告。（10）

知识归纳

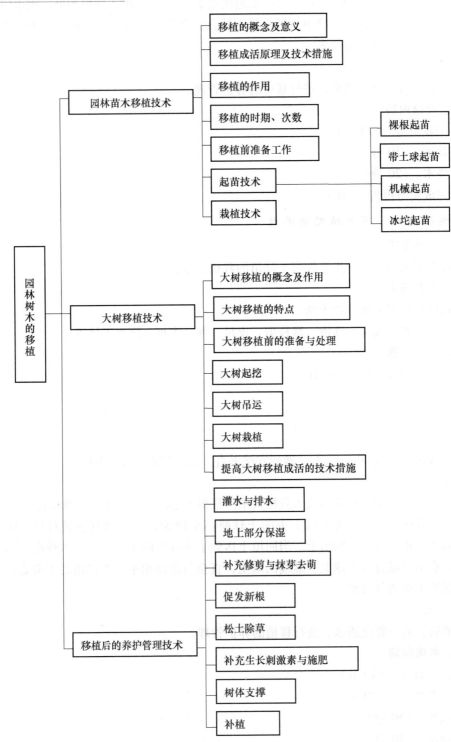

项目七　园林植物的养护管理

【内容提要】

园林植物能否正常生长关键是养护管理。人们常说"三分种、七分管"，养护管理的好坏关系到园林设计目的能否实现及园林景观能否维护。管理到位，才能充分体现绿化的生态价值、景观价值和人文价值，才能真正成为城市的亮点，市民休闲的好去处。园林绿化的管理工作包括浇水施肥、越冬越夏、松土除草、整形修剪、树体保护、病虫害防治等内容。本项目主要介绍露地、保护地园林植物的养护管理技术、方法、措施及古树名木的养护管理。通过本项目的学习，使学生能够根据当地的气候、土壤及植物本身的生理特性，采取有效的方法，切实提高养护质量水平，使园林绿化发挥出更大的生态效益和社会效益。

任务一　露地园林植物的养护管理

【知识点】

园林植物水分管理原则

园林植物养分管理原则

各类肥料特点

低温危害的原因

【技能点】

灌溉时期

灌溉量

相关知识

一、园林植物水分管理原则

1. 园林植物不同物候期，对水分要求不同

园林植物的物候期在各地表现的时间不尽一致，但同种园林植物在同一物候期内对水分的要求基本是相同的。种子萌发时，必须有充足的水分，才能使种皮软化，胚芽、胚根突破种皮，因此需水量较大；在幼苗时期，植物的根系弱小，在土层中分布较浅，抗旱力差，虽然植株个体较小，总需水量不大，但也必须经常保持表土适度湿润；营养生长期，园林植物需要充足的水分，保证生长健壮，营养器官建造迅速而良好。花芽分化期，园林植物需要较少的水分，适当干旱，促进花芽分化。开花期，不同植物对水分的需求差异较大，一般要求有一定的水分，过干和过湿，都会引起开花不良。多年生园林植物在深秋有个营养回流的过程，为防止枝叶的徒长，使枝条组织生长充实和枝梢充分木质化，一定要控制灌溉。休眠期，在土壤冻融交替时及时进行冬灌，保证充足的水量，使园林植物安全越冬。

2. 园林植物种类不同，对水分要求不同

一般草本植物相对于木本植物需水量要多，这是由于草本植物根系分布较浅，吸收水分的土壤范围小，水分变化快，水分管理时要增加浇水次数，如草坪的浇水次数要多于地被，地被浇水次数多于灌木，灌木要多于乔木。

同一类园林植物不同种类、不同品种水分需求也是不同的，"旱不死的蜡梅，淹不死的柑橘"就说明了这个道理。一般来说，生长速度快，花、果、叶量大的种类需水量较大；反之，需水量较小。阴生植物较阳生植物需水量大，原产于热带及雨林地区的植物需水量高于亚热带、温带地区的植物。

3. 栽植园林植物的土壤不同，对水分要求不同

土壤的质地、结构与灌水密切相关。如沙土，保水性较差，应"小水勤浇"，并施有机肥增加保水保肥性能；黏土保水力强，灌溉次数和灌水量均应适当减少。盐碱地要"明水大浇"、"灌排结合"，最好用河水灌溉，低洼地也要"小水勤浇"，注意不要积水，并应注意排水防碱。若种植地面经过了铺装，或游人践踏严重时，应给予树木经常性的地上喷雾，以补充土壤水分的不足。

此外，地下水位的深浅也是灌、排水的重要参考。地下水位在植物可以利用的范围

内，可以不灌溉，地下水位太高，应注意排水。

4. 园林植物不同栽植时间，对水分要求不同

新栽植的园林植物一般要灌3或4次水，以保证成活，即定根水、缓苗水和补充水，并根据天气、土壤及植物生长情况，还要浇第4次水。新植乔木需要连续灌水3~5年，灌木最少5年。如果是常绿树种，且在生长季进行栽植，除修剪枝叶外，还有必要对枝叶进行喷雾。树木定植经过一定年限后，进入正常生长阶段，地上部分与地下部分间建立起了新的平衡，需水的迫切性才会逐渐下降，那时就不必经常灌水。

5. 园林植物的水分管理应与土壤管理、施肥等相结合

管理技术措施对园林植物的需水情况有较大影响。一般来说，经过合理的深翻、中耕，并经常施用有机肥料的土壤，其结构性能好，蓄水保墒能力强，土壤水分的有效性高，能及时满足植物对水分的需求，因而灌水量较小。如山东菏泽花农栽培牡丹时就非常注意中耕，并有"湿地锄干、干地锄湿"和"春锄深一犁，夏锄刮破皮"等经验，保证了牡丹的正常生长发育。

灌溉与施肥结合也是非常重要的。在施肥前后浇透水，既可避免肥力过大，影响根系吸收，又可满足园林植物对水分的正常要求。

二、园林植物施肥的基本知识

（一）园林植物需要的营养元素及其作用

园林植物在生长发育的过程中需要不断地从外界吸收矿质元素，满足其生命活动的需要。其中氮、磷、钾、钙、镁、硫、铁、铜、锌、锰、钼、硼、氯是植物细胞生活中不可缺少的营养元素。他们有的是植物细胞的组成成分、有的参与代谢的调节、有的起缓冲作用。

现将主要营养元素对园林植物生长的作用介绍如下：

氮：氮是植物的生命元素，氮能促进园林植物的营养生长和叶绿素的形成，但如果氮肥施用过多，尤其是在磷、钾供应不足时，会造成徒长、贪青、迟熟、易倒伏、感染病虫害等，特别是一次性用量过多时会引起烧苗，所以一定要注意合理施肥。不同种类的园林植物对氮的需求有差异，一般观叶植物、绿篱、行道树在整个生长期中都需要较多的氮肥，以便在较长的时期内保持美观的叶丛、翠绿的叶色；而对观花种类来说，只是在营养生长阶段需要较多的氮肥，进入生殖生长阶段以后，应该控制使用氮肥，否则将延迟开花期。缺氮，叶片黄化，植株衰弱，生长矮小，

磷：磷肥能促进种子发芽，提早开花结实期，这一功能正好与氮肥相反。此外磷肥还使茎发育坚韧不易倒伏，增强根系的生长，特别是在苗期能使根系早生快发，弥补氮肥施用过多时产生的缺点，增强植株对于不良环境及病虫害的抵抗力。因此，园林植物不仅在幼年或前期营养生长阶段需要适量的磷肥，而且进入开花期以后，磷肥能使花艳果美。缺磷时，叶片小，叶脉呈紫红色。

钾：钾肥能使园林植物生长强健，增强茎的坚韧性，并促进叶绿素的形成和光合作用的进行，同时钾还能促进根系的扩大，使花色鲜艳，提高园林植物的抗寒性和抵抗病虫害的能力。但过量的钾肥使植株生长低矮，节间缩短，叶片变黄，继而变成褐色而皱缩，甚至可能使植物在短时间内枯萎。缺钾，植物抗性下降，叶片呈枯焦状。

钙：钙主要用于植物细胞壁、原生质及蛋白质的形成，促进根的发育。缺钙，新根短粗，弯曲，尖端不久变褐枯死。

硫：硫为植物体内蛋白质成分之一，能促进根系的生长，并与叶绿素的形成有关，硫还可能促进土壤中微生物的活动，不过硫在植物内移动性较差，很少从衰老组织中向幼嫩组织运转，所以利用率较低。缺硫时，病斑常发生于新叶，叶淡绿色，叶脉色泽浅于叶脉相邻部分。

铁：铁在叶绿素的形成过程中起着重要的作用。当缺铁时，叶绿素不能形成，因而植物的光合作用将受到严重影响。铁在植物体内的流动性也很弱，老叶中的铁很难向新生组织中转移，因而它不能被再度利用。在通常情况下植物不会发生缺铁现象，但在石灰质土或碱性土中，由于铁易转变为不可给态，虽土壤中有大量铁元素，植物仍然会发生缺铁现象而造成"缺绿症"。

（二）园林植物的养分管理原则

1. 生长发育阶段不同，施肥不同

园林植物在不同的生长期，生长中心不同，对营养元素的需求也不同。如早春和秋末是根系的生长盛期，需要吸收一定数量的磷肥，根系才能发育良好。萌芽后及花后新稍生长期，枝叶量增加，需要大量的氮素。花芽分化期、开花期、结果期应增施磷、钾肥。在落叶后，随苗木逐渐进入休眠期，应适时增施钾肥，促进苗木充分木质化，提高越冬抗寒能力，同时，还应施足够的有机肥，以补充翌年早春植物对养分的需求。

2. 园林植物用途不同，施肥不同

园林植物种类繁多，既有草本又有木本，观赏价值各不相同。观叶植物在整个生长期内都需要较多氮肥，观花植物在营养生长期要求较多氮肥，进入生殖生长阶段，则应当增施磷肥，促使花朵数量增加，颜色鲜亮。行道树、庭荫树等，早春以氮肥为主，使迅速抽稍发叶，增大体量，生长期内叶色浓绿，遮阴效果好，在休眠来临之际，施入磷、钾肥，保证安全越冬。

3. 植物立地条件不同，施肥不同

土壤厚度、土壤水分与有机质含量、酸碱度高低、土壤结构以及三相比等均对植物的施肥有很大影响。例如，土壤水分含量和土壤酸碱度及肥效直接相关，土壤水分缺乏时施肥，可能因肥分浓度过高，植物不能吸收利用而遭毒害；积水或多雨时养分容易被淋洗流失，降低肥料利用率；在酸性土壤中，阴离子的吸收量多，在碱性土壤中，阳离子的吸收量多。土壤的酸碱性除对吸肥有直接的作用外，还能影响营养元素的溶解度因而间接地影响对营养元素的吸收。

4. 气候条件不同，施肥不同

气温和降雨量是影响施肥的主要气候因子。如低温，一方面减慢土壤养分的转化，另一方面削弱植物对养分的吸收功能。试验表明，在各种元素中磷是受低温抑制最大的一种元素；干旱常导致缺硼、钾及磷，多雨则容易促发缺镁。

5. 养分性质不同，施肥不同

养分性质不同，不但影响施肥的时期、方法、施肥量，而且还关系到土壤的理化性状。一些易流失挥发的速效性肥料，如碳酸氢铵、过磷酸钙等，宜在植物需肥期稍前施入；而迟效性的有机肥料，需腐烂分解后才能被植物吸收利用，应提前施入。氮肥在土壤中移动性强，即使浅施也能渗透到根系分布层内供植物吸收利用；而磷、钾肥移动性差，需深施，尤其磷肥宜施在根系分布层内才有利于根系吸收。化肥类肥料的用量应本着宜淡不宜浓的原则，否则容易烧伤植物根系。事实上任何一种肥料都不是十全十美的，因此实践中应将有机与无机、速效性与缓效性、酸性与碱性、大量元素与微量元素等结合施用，提倡复合配方施肥。

（三）肥料种类

根据肥料的性质及使用效果，园林植物用肥大致包括化学肥料、有机肥料及微生物肥料三大类。

1. 化学肥料

化学肥料又称为化肥，是用物理或化学工业方法制成的，其养分形态为无机盐或化合物。某些有肥料价值的无机物质，如草木灰，虽然不属于商品性化肥，但习惯上也列为化学肥料，还有些有机化合物及其缔结产品，如硫氰酸化钙、尿素等，也常被称为化肥。化学肥料种类很多，按植物生长所需要的营养元素种类，可分为氮肥、磷肥、钾肥、钙肥、镁肥、硫肥、微量元素肥料、复合肥料、草木灰、农用盐等。

化学肥料大多属于速效性肥料，供肥快，能及时满足植物生长需要，化学肥料还有养分含量高施用量少的优点。但化学肥料只能供给植物矿质养分，一般无改土作用，养分种类也比较单一，肥效不能持久，而且容易挥发、流失或发生强烈的固定，降低肥料的利用率。所以，生产上一般以追肥形式使用，且不宜长期单一施用化学肥料，应以化学肥料和有机肥料配合施用，否则，对植物、土壤都是不利的。

2. 有机肥料

有机肥料是指含有丰富有机质，既能提供植物多种无机养分和有机养分，又能培肥改土的一类肥料，其中绝大部分为就地取材自行积制的。有机肥料来源广泛、种类繁多，常用的有粪尿肥、堆沤肥、饼肥、泥炭、绿肥、腐植酸类肥料等。虽然不同种类有机肥的成分、性质及肥效各不相同，但有机肥大多有机质含量高，有显著的改土作用，含有多种养分，有完全肥料之称，既能促进植物生长，又能保水保肥；而且其养分大多为有机态，供肥时间较长。不过，大多数有机肥养分含量有限，尤其是氮含量低，肥效来得慢，施用量也相当大，因而需要较多的劳力和运输力量，此外，有机肥施用时对环境卫生也有一定不利影响。针对以上特点，有机肥一般以基肥形式施用，施用前必须采取堆积方式使之腐熟，其目的是为了快速释放养分，提高肥料质量及肥效，避免肥料在土壤中腐熟时产生某些对植物生长不利的影响。

3. 微生物肥料

微生物肥料也称生物肥、菌肥、细菌肥及接种剂等。确切地说，微生物肥料是菌而不是肥，因为它本身并不含有植物需要的营养元素，而是通过含有的大量微生物的生命活动来改善植物的营养条件。依据生产菌株的种类和性能，微生物肥料大致有根瘤菌肥料、固氮菌肥料、磷细菌肥料及复合微生物肥料等几大类。根据微生物肥料的特点，使用时应注意：一是使用菌肥需具备一定的条件，才能确保菌种的生命活力和菌肥的功效，而强光照射、高温、接触农药等都有可能杀死微生物；二是固氮菌肥要在土壤通气条件好、水分充足、有机质含量稍高的条件下才能保证细菌的生长和繁殖；三是微生物肥料一般不宜单施，一定要与化学肥料、有机肥料配合施用，才能充分发挥其应有作用，而且微生物生长、繁殖也需要一定的营养物质。

三、低温危害的原因

1. 根系冻害　因根系无自然休眠，抗冻能力较差，靠近地表的根易遭冻害，尤其是在冬季少雪、干旱的沙土之地，更易受冻。根系受冻，往往不易及时发现。如春天已见树枝发芽，但过一段时间，出现突然死亡，大多是因根系受冻造成。因此冬春季节要做好根系越冬保护工作。

2. 根颈冻害　由于根颈停止生长最晚而开始活动较早，抗寒力差。同时接近地表，温度变化大，所以根颈易受低温和较大变温的伤害，使皮层受冻（一面或呈环状变褐而后干枯或腐烂）。一般可用培土的方式防寒。

3. 主干、枝杈冻害　主干冻害，一是向阳面（尤其是西南面）的冬季日灼。由于在初冬和早春，温差大，皮部组织随日晒温度增高而活动，夜间温度骤降而受冻。二是冻裂（又称纵裂、裂干），由于初冬气温骤降，皮层组织迅速冷缩，木质部产生应力而将树皮撑开；细胞间隙结冰，也可造成裂缝。

枝杈冻害，主要发生在分杈处向内的一面。表现皮层变色，坏死凹陷，或顺主干垂直下裂，有的因导管破裂春季发生流胶。原因是由于分杈处年轮窄，导管不发达，供养不良，营养积存少，抗寒能力差。同时，分杈处易积雪，化雪后浸润树皮使组织柔软，气温突降即会受害。常用主干包草，树杈挂草等法防寒，但在城市不宜使用。

任务实施

一、灌溉与排水

园林植物的生存离不开水分，水分缺乏会使植物处于萎蔫状态，轻者叶色暗浅，干边无光泽，叶面出现枯焦斑点，新芽、幼蕾、幼花干尖、干瓣并早期脱落，重者新梢停止生长，往往自下而上发黄变枯、落叶，甚至整株干枯死亡。但水分过多会造成植株徒长，引起倒伏，抑制花芽分化，延迟开花期，易出现烂花、落蕾、落果现象。特别是当土壤水分过多时，土壤缺氧而引起厌氧细菌活动，由此产生大量有毒物质的积累，导致根系发霉腐烂，窒息死亡。因此，在生产中，根据园林植物在一年中各个物候期的需水特点、气候特点和土壤的含水量等情况，适时适量灌溉，是园林植物正常生长发育的重要保障。

（一）灌溉
灌溉的内容主要包括：灌溉时期，灌溉量、灌溉次数、灌溉方法及灌溉用水。

1. 灌溉时期

（1）春季灌溉　随气温的升高，植物进入萌芽期、展叶期、抽枝期，此时北方一些地区干旱少雨多风，及时灌溉显得相当重要。早春灌溉不但能补充土壤中水分的不足，也能防止春寒及晚霜对植物造成的危害。

（2）夏季灌溉　夏季气温较高，植物处于生长旺季，开花、花芽分化、结幼果都需要消耗大量水分，因此需结合植物生长阶段的特点及本地的降水量，决定是否灌溉。对于一些进行花芽分化的花灌木要适当控水，以抑制枝叶生长，保证花芽的质量。

（3）秋季灌溉　随气温的下降，植物的生长逐渐减慢，要控制浇水以促进植物组织生长充实，加强抗寒锻炼。

（4）冬季灌溉　北方地区严寒多风，为了防止植物受冻害或因植物过度失水而枯梢。在入冬前，需灌"冻水"。尤其是对于幼年植物、新栽植物及越冬困难的植物，一定要灌冻水，以提高植物的越冬能力。

另外，植株移植、定植后也要浇透水。因移植会使一部分根系受损，吸水力减弱，此时如不及时灌水，会使植株因干旱而生长受阻，甚至死亡。一般来说，在少雨季节移植后应间隔数日连灌3~4次水。但灌水不宜过多，以免积水过多导致根系腐烂。

一天内灌水时间最好在清晨，此时水温与地温接近，不会因灌水引起土温变化剧烈而影响根系的吸收。春秋季在上午或下午浇水，夏季在早晚凉爽时浇水，冬季应在中午浇水。

2. 灌溉量

木本植物相对于草本植物较耐旱，灌溉量要小。耐旱的植物如樟子松、油松、马尾松、腊梅、仙人掌等，其灌水量和灌水次数应少，且应注意排水；而对于水曲柳、垂柳、落羽杉、水松、水杉等喜欢水湿的树种应注意灌水。

植物生长旺盛期，如枝梢迅速生长期、果实膨大期，灌水量应大些，灌溉次数应多些。沙土灌水量应大，黏土灌水量应少些，盐碱土灌水量每次不宜过多，以防返碱或返盐。干旱少雨天气，应加大灌溉，降雨集中期，应少浇或不浇。

掌握灌溉量大小的一个基本原则是保证根系集中分布层处于湿润状态，即根系分布范围内的土壤湿度达到田间最大持水量的70%左右。

3. 灌溉方法

灌水方法正确与否，不但关系到灌水效果好坏，而且还影响土壤的结构。正确的灌水方法，可使水分在土壤中均匀分布，充分发挥水效，节约用水量，降低灌水成本，减少土壤冲刷，保持土壤的良好结构。随着科学技术的发展，灌水方法也在不断改进，正朝着机械化、自动化方向发展，使灌水效率和灌水效果均大幅度提高。根据供水方式的不同，将园林植物的灌水方法分为以下三种：

（1）地上灌水　地上灌水包括人工浇灌、机械喷灌和移动式喷灌。

人工浇灌费工多、效率低，现在在园林绿地中使用不多。现在基本使用机械喷灌和移动式喷灌。

机械喷灌是固定或拆卸式的管道输送和喷灌系统，一般由水源、动力、水泵、输水管道及喷头等部分组成，是一种比较先进的灌水技术，目前已广泛用于园林苗圃、园林草坪以及重要的绿地系统。其优点是：灌溉水首先是以雾化状洒落在植物上，然后再通过植物枝叶逐渐下渗至地表，避免了对土壤的直接打击、冲刷，基本不产生深层渗漏和地表径流，既节约用水又减少了对土壤结构的破坏，可保持原有土壤的疏松状态；同时，机械喷灌还能迅速提高周围的空气湿度，控制局部环境温度的急剧变化，为植物生长创造良好条件。此外，机械喷灌对土地的平整度要求不高，可以节约劳力，提高工作效率。机械喷灌的缺点主要有：可能加重某些园林植物感染白粉病和其他真菌病害的程度；灌水的均匀性受风的影响很大，风力过大，还会增加水量损失；同时，喷灌的设备价格和管理维护费用较高，使其应用范围受到一定限制。

移动式喷灌一般由城市洒水车改建而成，在汽车上安装贮水箱、水泵、水管及喷头组成一个完整的喷灌系统，灌溉的效果与机械喷灌相似。由于汽车喷灌具有移动灵活的优点，因而常用于城市街道行道树的灌水。

（2）地面灌水　地面灌水可分为漫灌与滴灌两种形式。

前者是一种大面积的表面灌水方式，因用水极不经济也不科学，生产上已很少采用；后者是近年来发展起来的机械化、自动化的先进灌溉技术，它是将灌溉用水以水滴或细小水流形式，缓慢地施于植物根域的灌水方法。滴灌的效果与机械喷灌相似，但比机械喷灌更节约用水。不过滴灌对小气候的调节作用较差，而且耗管材多，对用水质量要求严格，管道和滴头容易堵塞。目前国内外已发展到自动化滴灌装置，其自动控制方法可分时间控制法、电力抵抗法和土壤水分张力计自动控制法等，广泛用于花卉的设施栽培生产中以及庭院观赏树木的养护中。滴灌系统的主要组成部分包括水泵、化肥罐、过滤器、输水管、灌水管和滴水管等。

（3）地下灌水　地下灌水是借助于地下的管道系统，使灌溉水在土壤毛细管作用下，向周围扩散浸润植物根区土壤的灌溉方法。地下灌水具有蒸发量小、节省灌溉用水、不破坏土壤结构、地下管道系统在雨季还可用于排水等优点。

地下灌水分为沟灌与渗灌两种。沟灌是用高畦低沟方法，引水沿沟底流动来浸润周围土壤。灌溉沟有明沟与暗沟、土沟与石沟之分，石沟的沟壁设有小型渗漏孔。渗灌是采用地下管道系统的一种地下灌水方式，整个系统包括输水管道和渗水管道两大部分，通过输水管道将灌溉水输送至灌溉地的渗水管道，它做成暗渠和明渠均可，但应有一定比降。渗水管道的作用在于通过管道上的小孔，使灌水渗入土壤中，目前常用的有专门烧制的多孔瓦管、多孔水泥管、竹管以及波纹塑料管等，生产上应用较多的是多孔瓦管。

4. 灌溉用水

以软水为宜，避免使用硬水。自来水、不含碱质的井水、河水、湖水、池塘水、雨水都可以用来浇灌植物，切忌使用工厂排出的废水、污水。在灌溉过程中，应注意灌溉用水的酸碱度对植物的生长是否适宜。

（二）排水

园林绿地的排水是一项专业性基础工程，在园林规划及土建施工时应统筹安排，建好畅通的排水系统。园林植物的排水通常有以下四种：

1. 明沟排水　明沟排水是在地面上挖掘明沟，排除径流。它常由小排水沟、支排水沟以及主排水沟等组成一个完整的排水系统，在地势最低处设置总排水沟。这种排水系统的布局多与道路走向一致，各级排水沟的走向最好相互垂直，但在两沟相交处应成锐角相交，以利水流畅，防止相交处沟道淤塞，且各级排水沟的纵向比降应大小有别。

2. 暗沟排水　暗沟排水是在地下埋设管道形成地下排水系统，将地下水降到要求的深度。暗沟排水系统与明沟排水系统基本相同，也有干管、支管和排水管之别。暗沟排水的管道多由塑料管、混凝土管或瓦管做成。建设时，各级管道需按水力学要求的指标组合施工，以确保水流畅通，防止淤塞。

3. 滤水层排水　滤水层排水实际就是一种地下排水方法，一般是在低洼积水地以及透水性极差的立地上栽种的植物，或对一些极不耐水湿的植物在栽植初采取的排水措施，即在植物生长的土壤下层填埋一定深度的煤渣、碎石等材料，形成滤水层，并在周围设置排水孔，遇积水就能及时排除。这种排水方法只能小范围使用，起到局部排水的作用。

4. 地面排水　这是目前使用最广泛、最经济的一种排水方法。它是通过道路、广场等地面，汇聚雨水，然后集中到排水沟，从而避免绿地植物遭受水淹。不过，地面排水方法需要设计者经过精心设计安排，才能达到预期效果。

二、园林植物的施肥

园林植物的施肥包括施肥时期、施肥方法、施肥的深度和范围、施肥量等。

（一）施肥的时期

根据肥料的性质和施用时期不同，园林植物的施肥可分为基肥和追肥两种。基肥要早，追肥要巧。

1. 基肥　以有机肥为主，是在较长时期段内供给园林植物多种养分的基础性肥料，所以宜施迟效性有机肥料，如腐殖酸类肥料、堆肥、厩肥、圈肥、粪肥、鱼肥、骨粉、血肥、复合肥、长效肥以及植物枯枝落叶、作物秸秆等，基肥通常在栽植前施入。栽植前施入基肥，不但有利于提高土壤孔隙度，疏松土壤，改善土壤中水、肥、气、热状况，促进微生物的活动，而且还能在相当长的一段时间内源源不断地供给植物所需的大量元素和微量元素。对于园林树木，成活后根据生长情况，结合土壤深翻需施秋季基肥，促进来年树木生长。

2. 追肥　一般多用速效性无机肥，并根据园林植物一年中各物候期特点来施用。在生产上分前期追肥和后期追肥。前期追肥又分为开花前追肥、落花后追肥和花芽分化期追肥。具体追肥时间与植物种类、品种习性以及气候、年龄、用途等有关。如对观花、观果树木，花芽分化期和花后的追肥尤为重要，而对大多数园林植物来说，一年中生长旺期的抽梢追肥常常是必不可少的。与基肥相比，追肥施用的次数较多，但一次性用肥量却较少。对于观花灌木、庭荫树、行道树以及重点观赏树种，应在每年的生长期进行2～3次追肥，且土壤追肥与根外追肥均可。

（二）施肥的方法

根据施肥部位的不同，施肥方法主要有土壤施肥和根外施肥两大类。土壤施肥就是将肥料直接施入土壤中，然后通过植物根系进行吸收的施肥，它是园林植物主要的施肥方法。

（1）施肥的位置

对于草坪和地被全面撒施即可。对于树木，一般吸收根水平分布的密集范围约在树冠垂直投影轮廓（滴水线）附近，大多数树木在其树冠投影中心约1/3半径范围内几乎没有什么吸收根。因此，施肥的水平位置一般应在树冠投影半径的1/3倍至滴水线附近；垂直深度应在密集根层以上40～60cm。给树木在土壤中施肥必须注意三个问题：一是不要靠近树干基部，二是不要太浅，避免简单的地面喷撒；三是不要太深，一般不超过60cm。目前树木施肥中普遍存在的错误是把肥料直接施在树干周围，这样特别容易对幼树根颈造成烧伤。

（2）土壤施肥的方法

①地表施肥　即撒施，但注意必须同时松土或浇水，使肥料进入土层才能获得比较满意的效果。因为肥料中的许多元素，特别是磷、钾不容易在土壤中移动而保留在施用的地方，对于树木会诱使树木根系向地表伸展，从而降低了树木的抗性，同时需要特别注意的是不要在树干30cm以内干施化肥，否则会造成根颈和干基的损伤。对于树木地表施肥分3种方法：

Ⅰ.沟状施肥　沟施法是基于把营养元素尽可能施在根系附近而发展起来的。可分为环状沟施及辐射沟施等方法。

环状沟施　环状沟施又可分为全环沟施与局部环施。全环沟施沿树冠滴水线挖宽60cm，深达密集根层附近的沟，将肥料与适量的土壤充分混合后填到沟内，表层盖表土。局部沟施与全环沟施基本相同，只是将树冠滴水线分成4～8等份，间隔开沟施肥。其优点是断根较少。

辐射沟施　从离干基约为1/3树冠投影半径的地方开始至滴水线附近，等距离间隔挖4～8条宽30～65cm、深达根系密集层内浅外深、内窄外宽的辐射沟，与环状沟施一样施肥后覆土。

沟施的缺点是施肥面积占根系水平分布范围的比例小，开沟损伤了许多根，对草坪上生长的树木施肥，会造成草皮的局部破坏。

Ⅱ.穴状施肥　是指在施肥区内挖穴施肥。这种方法简单易行，但在给草坪树木施肥中也会造成草皮的局部破坏。目前国外穴状施肥已实现了机械化操作，把配制好的肥料装入特制容器内，依靠空气压缩机通过钢钻直接将肥料送入到土壤中，供树木根系吸收利用。这种方法快速省工，对地面破坏小，特别适合城市铺装地面中树木的施肥。

Ⅲ.打孔施肥　是从穴状施肥衍变而来的一种方法。通常大树或草坪上生长的树木，都采用孔施法。这种方法可使肥料遍布整个根系分布区。方法是每隔60～80cm在施肥区打一个30～60cm深的孔，将额定施肥量均匀地施入各个孔中，约达孔深的2/3，然后用泥炭藓、碎粪肥或表土堵塞孔洞、踩紧。

②根外施肥（叶面施肥）　它是通过叶片、枝干等来吸收营养的方式。

叶面施肥是用机械的方法，将按一定浓度配制好的肥料溶液，直接喷雾到植物的叶面上，通过叶面气孔和角质层的吸收，转移运输到植物体的各个器官。叶面施肥具有简单易行、用肥量小、吸收见效快、可满足园林植物急需等优点，避免了营养元素在土壤中的化学或生物固定。因此，在早春植物根系恢复吸收功能前，在缺水季节或缺水地区以及不便土壤施肥的地方，均可采用叶面施肥，同时，该方法还特别适合于微量元素的施用以及对树体高大、根系吸收能力衰竭的古树、大树的施肥。叶面施肥的效果与叶龄、叶面结构、肥料性质、气温、湿度、风速等密切相关。幼叶生理机能旺盛，气孔所占比重较大，较老叶吸收速度快，效率高；叶背较叶面气孔多，且表皮层下具有较疏松的海绵组织，细胞间隙大而多，利于渗透和吸收。因此，应对树叶正反两面进行喷雾。

许多试验表明：叶面施肥最适温度为 18~25℃。湿度大些效果好，因而夏季最好在上午10 时以前和下午 16 时以后喷雾，以免气温高，溶液很快浓缩，影响喷肥效果或导致药害。

叶面施肥多作追肥施用，生产上常与病虫害的防治结合进行，因而药液浓度至关重要。在没有足够把握的情况下，应宁淡勿浓。喷布前需做小型试验，确定不能引起药害，方可再大面积喷布。

（三）施肥深度和范围

施肥主要是为了满足植物根系对生长发育所需各种营养元素的吸收和利用。只有将肥料施在距根系集中分布层稍深、稍远的部位，才利于根系向更深、更广的方向拓展，以便形成强大的根系，扩大吸收面积，提高吸收能力，因此，施肥的深度和范围对施肥效果影响很大。

施肥的深度和范围，要依据植物种类、年龄、土质、肥料性质等而定。木本花卉、小灌木如米兰、丁香、连翘、桂花、黄栌等和高大的乔木相比，施肥相对要浅，范围要小。幼树根系浅，分布范围小，一般施肥较中、壮年树浅、范围小。沙地、坡地和多雨地区，养分易流失，宜在植物需要时深施。

氮肥因易移动，可浅施，钾肥、磷肥不易移动，应深施。因磷在土壤中容易被固定，为充分发挥肥效，施用磷酸钙和骨粉时，应与圈肥、人粪尿等混合均匀，堆积腐熟后作为基肥施用，效果更好。

（四）施肥量

施肥量受植物种类、土壤状况、肥料种类及植物营养状况等多方面影响。如茉莉、月季、梅花、桂花、牡丹等树种喜肥，施肥量应大，沙棘、刺槐、悬铃木、油松等较耐瘠薄，施肥量可少。开花结果多的大树较开花结果少的小树多施，一般胸径 8~10cm 的树木，每株施堆肥 25~50kg 或浓粪尿 12~25kg，胸径 10cm 以上的大树，每株施浓粪尿25~50kg。草本花卉的施肥量见表 7-1。

表 7-1　花卉施肥量　　　　　　　　　　　kg/667m²

	花卉类别	N	P₂O₅	K₂O
一般标准	一、二年生草花宿根与球根类	6.27~15.07 10.0~15.07	5.00~15.07 6.87~15.07	5.00~11.27 12.53~20.00
基肥	一、二年生草花宿根与球根类	2.64~2.80 4.84~5.13	2.67~3.33 5.34~6.67	3 6
追肥	一、二年生草花宿根与球根类	1.98~2.10 1.10~1.17	1.60~2.00 0.85~1.07	1.67 1.00

三、松土除草

松土除草是园林植物抚育管理措施中最主要的一项技术。松土的作用在于疏松表层土壤，切断上下土层之间的毛细管联系，减少水分蒸发；改善土壤的保水性、透水性和通气性；促进土壤微生物的活动，加速有机质分解，但是不同地区松土的主要作用有明显差异：干旱、半干旱地区主要是为了保墒蓄水；水分过剩地区在于提高地温，增强土壤的通气性；盐碱地则为了减少春秋反碱时盐分在地表积累。因此，松土可以全面改善和提高土壤的营养状况，有利于园林植物成活和生长。

除草主要是清除与园林植物竞争的各种植物。因为杂草、灌木不仅数量多，而且繁殖容易，适应性强，具有快速占领大面积营养空间，夺取并消耗大量水分、养分和光照的能力。

杂草、灌木的根系发达、密集，分布范围广，又常形成紧实的根系盘结层，阻碍植物根系尤其是幼树根系的自由伸展，使植株发育不良，生长衰弱，降低对各种灾害的抵抗力，有些杂草甚至能够分泌有毒物质，直接危害植物生长。一些杂草、灌木作为某些植物病害的中间寄主，是引起植物病害发生与传播的重要媒介。当然杂草、灌木也有为苗木适度庇荫、防止日灼、挡风防寒、减轻冻拔害、以及预防土壤侵蚀的作用。

松土除草一般同时进行，也可根据具体情况单独进行。在植物生长期内，一般要做到见草就除。

除草松土的次数要根据气候、植物种类、土壤等而定。如灌木、大乔木可两年一次，草本植物则一年多次。具体的除草松土时间可安排在天气晴朗或雨后、土壤不过干和不过湿时，以获得最大的除草保墒效果。

松土除草的深度，应根据植物生长情况和土壤条件确定。生长初期，苗木根系分布浅，松土不宜太深，随植物年龄增大，可逐步加深；土壤质地黏重、表土板结或长期失管，而根系再生能力又较弱的植物，可适当深松；特别干旱的地方，可再深松一些。总之是里浅外深；树小浅松，树大深松；沙土浅松，黏土深松；土湿浅松，土干深松。一般松土除草的深度为 5～15cm，加深时可增大到 20～30cm。

四、越冬管理措施

1. **灌封冻水** 在冬季土壤易冻结的地区，于土地封冻前，灌足一次水，称为"封冻水"。灌封冻水的时间不宜过早，否则会影响抗寒力。一般以"日化夜冻"期间灌水为宜，这样到了封冻以后，树根周围就会形成冻土层，以维持根部温度保持相对稳定，不会因外界温度骤然变化而使植物受害。

2. **根颈培土** 冻水灌完后结合封堰，在树木根颈部培起直径 80～100cm，高 40～50cm 的土堆，防止低温冻伤根颈和树根，同时也能减少土壤水分的蒸发。

3. **覆土** 在土地封冻以前，可将枝干柔软，树身不高的乔灌木压倒固定，盖一层干树叶（或不盖），覆细土 40～50cm，轻轻拍实。此法不仅可防冻，还能保持枝干湿度，防止枯梢。耐寒性差的树苗、藤本植物多用此法防寒。

4. **扣筐（筐）或扣盆** 一些植株较矮小的珍贵花木（如牡丹等），可采用扣筐或扣盆的方法。这种方法不会损伤原来的株形。即用大花盆或大筐将整个植株扣住。外边堆土或抹泥，不留一点缝隙，给植物创造比较温暖、湿润的小气候条件，以保护株体越冬。

5. **架风障** 为减轻寒冷干燥的大风吹袭，造成树木冻旱的伤害。可以在树的上风方向架设风障，架风障的材料常用高粱秆、玉米秆捆编成篱或用竹篱加芦席等。风障高度要超过树高，常用杉木、竹竿等支牢或钉以木桩绑住，以防大风吹倒，漏风处再用稻草在外披覆好，绑以细棍夹住，或在席外抹泥填缝。

6. **涂白与喷白** 用石灰加石硫合剂对枝干涂白，可以减小向阳面皮部因昼夜温差过大而受到的伤害，同时还可以杀死一些越冬的病虫害。对花芽萌动早的树种，进行树身喷白，还可延迟开花，以免晚霜的危害。

7. 春灌　早春土地开始解冻后，及时灌水（又称返青水），经常保持土壤湿润，可以降低土温，延迟花芽萌动与开花，避免晚霜危害。也可防止春风吹袭，使树枝干枯梢。

8. 培月牙形土堆　在冬季土壤冻结，早春干燥多风的大陆性气候地区，有些树种虽耐寒，但易受冻旱的危害而出现枯梢。尤其在早春，土壤尚未化冻，根系难以吸水供应，而空气干燥多风，气温回升快，蒸发量大，经常因生理干旱而枯梢。针对这种原因，对不便弯压埋土防寒的植株，可于土壤封冻前，在树干北面，培一向南弯曲，高30～40cm的月牙形土堆。早春可挡风，反射和累积热量使穴土提早化冻，根系能提早吸水和生长，可避免冻旱的发生。

9. 卷干、包草　对于不耐寒的树木（尤其是新栽树），要用草绳道道紧接的卷干或用稻草包裹主干和部分主枝来防寒。包草时草梢向上，开始半截平铺于地，从干基折草向上，连续包裹，每隔10～15cm横捆一道，逐层向上至分枝点。必要时可再包部分主枝。此法防寒，应于晚霜后拆除，不宜拖延。

10. 防冻打雪　在下大雪期间或之后，应把树枝上的积雪及时打掉，以免雪压过久过重，使树枝弯垂，难以恢复原状，甚至折断或劈裂。尤其是枝叶茂密的常绿树，更应及时组织人员，持竿打雪，防雪压折树枝。对已结冰的枝，不能敲打，可任其不动；如结冰过重，可用竿支撑，待化冻后再拆除支架。

11. 树基积雪　在树的基部积雪可以起到保持一定低温，免除过冷大风侵袭，在早春可增湿保墒，降低土温，防止芽的过早萌动而受晚霜危害等作用。在寒冷干旱地区，尤有必要。

五、越夏管理措施

部分地区由于夏季的高温炎热，常会引起植物的枯萎，尤以花卉草本、小灌木为多。夏季高温导致植物的枯萎，与其蒸腾失水有直接的关系。当气温太高时，植物叶片的过量蒸腾导致失水大于吸水，从而引起植物体内水分平衡的破坏而导致植物萎蔫死亡。因此，盛夏少雨的干旱季节，加强植物的水分管理有重要的意义。

1. 灌溉淋水

灌溉淋水使土壤中水分含量提高，植物就可能从中吸收更多的水分，使植物由于蒸腾失去的水分得到补偿。

2. 卷干

雨季绿化施工时，除了苗木应带土球出圃外，种植后可对树干及大枝用稻草绳缠绕，可以减少植物的失水。

3. 修剪枝叶

对刚种植的植物，通过修剪枝叶，减少叶面积，从而减少总的蒸腾量，维持植物体内水分的平衡。

4. 架设遮阳网

通过架设遮阳网，降低光照强度或光照时间，减少水分的蒸腾。特别对于新种植的园林植物。

5. 喷施蒸腾抑制剂

喷施蒸腾抑制剂可减少水分蒸腾，此法多用于新定植的常绿园林树木。

6. 叶面喷雾

在高温条件下，植物根系吸水能力下降，而蒸腾速率上升，植物出现生理干旱，为防止体内过度失水，植物体会自动关闭气孔，以减少水分的蒸腾量。但多数情况下，植物体自身的蒸腾降温调节功能失灵，在管理上采用叶面喷雾，一方面增加湿度，降低蒸腾，另一方面，降低温度，避免热害发生。

六、园林植物养护管理工作月历

（一）木本植物养护管理工作月历

工作月历是当地园林部门制定的每月对园林植物怎样进行养护管理的主要内容，具有指导性意义。

由于全国各地气候差异很大，园林植物养护管理的内容也不尽相同。现针对园林树木介绍北京、南京、哈尔滨、广州四城市的树木养护管理工作月历。

表 7-2　园林植物养护管理工作月历

月份	哈尔滨	北京	南京	广州
1 月 （小寒、大寒）	➤ 平均气温 –19.7℃，平均降雨量 4.3mm ➤ 积肥和储备草炭等 ➤ 园林树木进行防寒设施的检查	➤ 平均气温 –4.7℃，平均降雨量 2.6mm ➤ 进行冬剪，将病虫枝、伤残枝、干枯枝等枝条剪除。对于有伤流和易枯梢的树种，推迟到萌芽前进行 ➤ 检查防寒设施，发现破损立即修补 ➤ 在树木根部堆积不含杂质的雪 ➤ 利用冬闲时节进行积肥 ➤ 防治病虫害，在树根下挖越冬虫蛹，虫茧，剪除树上虫包并集中销毁处理	➤ 平均气温 1.9℃，平均降雨量 31.8mm ➤ 冬植抗寒性强的树木，如遇冰冻天气立即停止，对樟树、石楠等喜温树种可先打穴 ➤ 冬季整形修剪，剪除病虫枝、伤残枝等，挖掘枯死树 ➤ 大量积肥和沤制堆肥 ➤ 深施基肥，冬耕 ➤ 做好防寒工作，遇有大雪，对常绿树、古树名木、竹类要组织打扫 ➤ 防治越冬虫害 ➤ 检查防寒设施的完好程度	➤ 平均气温 13.3℃，平均降雨量 36.9mm ➤ 打穴、整理地形，为下月种植做准备 ➤ 对树木进行常规修剪 ➤ 进行积肥堆肥，深施基肥 ➤ 对耐寒性较差的树种采取适当的防寒措施 ➤ 清除杂草和枯萎的乔灌木 ➤ 防治病虫害、消灭越冬虫卵
2 月 （立春、雨水）	➤ 平均气温 –15.4℃，平均降雨量 3.9mm ➤ 进行松类冰坨移植 ➤ 利用冬剪进行树冠的更新 ➤ 继续进行积肥	➤ 平均气温 –1.9℃，平均降雨量 7.7mm ➤ 继续进行冬剪，月底结束 ➤ 检查防寒设施的情况 ➤ 堆雪，利于防寒、防旱 ➤ 积肥和沤制堆肥 ➤ 防治病虫害 ➤ 进行春季绿化的准备工作	➤ 平均气温 3.8℃，平均降雨量 53mm ➤ 进行一般树木的栽植，本月上旬开始竹类的移植 ➤ 继续做好积肥工作 ➤ 继续冬施积肥和冬耕，并对春花植物施花前肥 ➤ 继续防寒工作和防治越冬害虫	➤ 平均气温 14.6℃，平均降雨量 80.7mm ➤ 个别树木开始萌芽抽叶。开始绿化种植、补植 ➤ 撤防寒设施 ➤ 继续进行堆肥积肥 ➤ 继续进行树木的修剪 ➤ 对抽梢的树木施追肥、施花前肥并及时松土

续表

月份	哈尔滨	北京	南京	广州
3月 (惊蛰、 春分)	➤ 平均气温 –5.1℃，平均降雨量12.5mm ➤ 做好春季植树的准备工作 ➤ 继续进行树木的冬剪 ➤ 继续积肥	➤ 平均气温4.8℃，平均降雨量9.1mm，树木结束休眠。开始萌芽展叶 ➤ 春季植树，应做到随挖、随运、随种、随养护 ➤ 春灌以补充土壤水分，缓和春旱 ➤ 开始进行追肥 ➤ 根据树木耐寒能力分批撤除防寒设施 ➤ 防治病虫害	➤ 平均气温8.3℃，平均降雨量73.6mm ➤ 做好植树工作，及时完成并保证成活率 ➤ 对原有树木进行浇水和施肥 ➤ 清除树下杂物、废土等 ➤ 撤除防寒设施	➤ 平均气温18.0℃，平均降雨量80.7mm ➤ 绝大多数树木抽梢长叶。绿化种植的主要季节，并进行补植、移植等，对新植树木立支撑柱 ➤ 开始对树木进行造型或继续整形，对树冠过密的树木疏枝 ➤ 继续施追肥、除草松土 ➤ 防治病虫害
4月 (清明、 谷雨)	➤ 平均气温6.1℃，平均降雨量25.3mm，树木萌芽，连翘类开花 ➤ 土壤解冻到40~50cm时，进行春季植树，并做到"挖、运、栽、浇、管"五及时 ➤ 撤防寒设施 ➤ 进行春灌和施肥 ➤ 对新植树木立支撑柱	➤ 平均气温13.7℃，平均降雨量22.4mm ➤ 继续进行植树，在树木萌芽前完成种植任务 ➤ 继续进行春灌、施肥 ➤ 剪除冬春枯梢，开始修剪绿篱 ➤ 看管维护开花的花灌木 ➤ 防治病虫害	➤ 平均气温14.7℃，平均降雨量98.3mm ➤ 本月上旬完成落叶树的栽植工程，香樟、石楠等喜温树种此时栽适宜 ➤ 对新植树木立支撑柱 ➤ 对各类树木进行灌溉抗旱并除草、松土 ➤ 修剪绿篱，做好剥芽和除萌工作 ➤ 防治病虫害，对易感染病害的雪松、月季、海棠等每10天喷1次波尔多液	➤ 平均气温22.1℃，平均降雨量175mm ➤ 继续进行绿化种植、补植、改植等 ➤ 修剪绿篱、疏除过密枝、枯死枝和残花 ➤ 对新植树木立支撑柱、淋水养护 ➤ 除草松土、施肥 ➤ 防治病虫害
5月 (立夏、 小满)	➤ 平均气温14.3℃，平均降雨量33.8mm ➤ 对新植或冬剪的树木及时抹芽和除萌 ➤ 继续灌溉和追肥 ➤ 中耕除草 ➤ 防治病虫害	➤ 平均气温20.1℃，平均降雨量36.1mm ➤ 树木旺盛生长需大量灌水 ➤ 结合灌溉施速效肥或进行叶面喷肥 ➤ 除草松土 ➤ 剪残花、除萌蘖和抹芽 ➤ 防治病虫害	➤ 平均气温20℃，平均降雨量97.3mm ➤ 对春季开花的灌木进行花后修剪，并追施氮肥和进行中耕除草 ➤ 新植树木夯实、填土，抹芽去萌 ➤ 继续灌水抗旱 ➤ 及时采收成熟的种子 ➤ 防治病虫害	➤ 平均气温25.6℃，平均降雨量293.8mm ➤ 继续看管新植的树木 ➤ 修剪绿篱及花后树木 ➤ 继续绿化施工种植 ➤ 加强松土除草、施肥工作 ➤ 防治病虫害
6月 (芒种、 夏至)	➤ 平均气温20℃，平均降雨量77.7mm ➤ 进行树木夏季的常规修剪 ➤ 继续灌溉与追肥 ➤ 继续松土除草 ➤ 防治病虫害	➤ 平均气温24.8℃，平均降雨量70.4mm ➤ 继续灌水和施肥，保证其充足供应 ➤ 雨季即将来临，剪除与架空线有矛盾的枝条，特别是行道树 ➤ 中耕除草 ➤ 防治病虫害 ➤ 做好雨季排水工作	➤ 平均气温24,5℃，平均降雨量145.2mm ➤ 加强行道树的修剪，解决树木与架空线及建筑物间的矛盾 ➤ 做好防暴风雨的工作，确保树木花草的成活率和保存率 ➤ 抓紧晴天进行中耕除草和大量追肥，保证树木迅速生长 ➤ 及时对花灌木进行花后修剪 ➤ 防治病虫害	➤ 平均气温27,4℃，平均降雨量287.8mm ➤ 继续绿化种植 ➤ 对新植的树木加强水分管理 ➤ 对过密树冠进行疏枝，对花后树木进行修剪及植物的整形 ➤ 继续松土除草、施肥工作 ➤ 防治病虫害

续表

月份	哈尔滨	北京	南京	广州
7月 （小暑、大暑）	➤ 平均气温22.7℃，平均降雨量176.5mm，雨季来临，气温最高 ➤ 对某些树进行造型 ➤ 继续中耕除草 ➤ 防治病虫害，尤其是杨树的腐烂病 ➤ 调查春植树木的成活率	➤ 平均气温26.1℃，平均降雨量196.6mm ➤ 雨季来临，排水防涝 ➤ 增施磷、钾肥，保证树木安全越夏 ➤ 中耕除草 ➤ 移植常绿树种，最好入伏后降过一场透雨后进行 ➤ 抽稀树冠达到防风目的 ➤ 防治病虫害 ➤ 及时扶正被风吹倒、吹斜的树木	➤ 平均气温28.1℃，平均降雨量181.7mm ➤ 本月暴风雨多，及时处理倒伏树木，凹穴填土夯实，排除积水 ➤ 继续行道树的修剪、剥芽 ➤ 新植树木的抗旱、果树施肥及除草松土 ➤ 防治病虫害	➤ 平均气温28.4℃，平均降雨量212.7mm ➤ 继续绿化种植，移植或绿化改造 ➤ 处理被台风吹到的树木，修剪易被风折的枝条 ➤ 加强绿篱等的整形修剪 ➤ 中耕除草、松土，尤其加强花后树木的施肥 ➤ 防治病虫害
8月 （立秋、处暑）	➤ 平均气温21.4℃，平均降雨量107mm ➤ 加强排水，防止洪涝 ➤ 继续对树木进行修剪，同时修剪绿篱，调查春植树木的成活率 ➤ 加强对树木的后期管理，及时中耕除草，保证其正常生长 ➤ 防治病虫害	➤ 平均气温24.8℃，平均降雨量243.5mm ➤ 防涝、巡视、抢险 ➤ 继续移植常绿树种 ➤ 继续进行中耕除草 ➤ 防治病虫害 ➤ 行道树的养护和花木的修剪及绿篱等整形植物的造型	➤ 平均气温27.9℃，平均降雨量121.7mm ➤ 继续做好抗旱排涝、防洪防汛工作，解决树木与管线、建筑物之间的矛盾 ➤ 对风吹歪的树木进行扶正 ➤ 夏季修剪，植物整形 ➤ 挖除枯树，松土除草和施肥 ➤ 防治病虫害	➤ 平均气温28.1℃，平均降雨量232.5mm ➤ 继续进行绿化栽植 ➤ 做好低洼地段的排水防洪工作 ➤ 对受台风影响的树木进行清理及扶正修剪等 ➤ 松土除草施肥，以磷、钾肥为主。提高植物的木质化程度 ➤ 防治病虫害 ➤ 积肥、花后植物的修剪
9月 （白露、秋分）	➤ 平均气温14.3℃，平均降雨量27.7mm ➤ 全面整理绿地园容，并对行道树进行涂白 ➤ 修剪树木，去除枯死枝、病虫枝、挖除枯死树木 ➤ 继续中耕除草 ➤ 做好秋季植树工作 ➤ 防治病虫害	➤ 平均气温19.9℃，平均降雨量63.9mm ➤ 全面整理绿地园容，修剪树枝 ➤ 对生长较弱，枝梢木质化程度不高的树木追施磷、钾肥 ➤ 中耕除草 ➤ 防治病虫害	➤ 平均气温22.9℃，平均降雨量101.3mm ➤ 加强中耕除草、松土与施肥 ➤ 继续抓好防台风、防暴雨工作，及时扶正被吹斜的树木 ➤ 对绿篱的整形修剪月底完成 ➤ 防治病虫害，特别是蛀干害虫	➤ 平均气温27℃，平均降雨量189.3mm ➤ 进行带土球树木的种植 ➤ 处理被台风影响的树木 ➤ 进行松土除草、施肥和积肥 ➤ 对绿篱进行整形和树形维护 ➤ 防治病虫害
10月 （寒露、霜降）	➤ 平均气温5.9℃，平均降雨量26.6mm ➤ 中下旬开始秋季植树 ➤ 土壤封冻前灌冻水 ➤ 收集枯枝落叶、杂草，进行积肥，沤肥堆肥 ➤ 做好树木的防寒工作	➤ 平均气温12.8℃，平均降雨量21.1mm，随气温下降，树木相继开始休眠 ➤ 准备秋植树木 ➤ 收集枯枝落叶、杂草，进行积肥 ➤ 本月下旬开始灌冻水 ➤ 防治病虫害	➤ 平均气温16.9℃，平均降雨量44mm ➤ 全面检查新植树木。确定全年植树成活率 ➤ 出圃常绿树木，供绿化栽植 ➤ 收集树木种子 ➤ 防治病虫害	➤ 平均气温23.7℃，平均降雨量69.2mm ➤ 继续带土球树木的种植 ➤ 加强对树木的灌水 ➤ 清理部分一年生花卉，并进行松土除草 ➤ 防治病虫害

续表

月份	哈尔滨	北京	南京	广州
11月 （立冬、 小雪）	➤ 平均气温－5.8℃，平均降雨量16.8mm ➤ 土壤封冻前结束树木的栽植工作 ➤ 继续灌冻水 ➤ 对树木采取防寒措施 ➤ 做好冰坨移植的准备工作，在土壤封冻前挖好坑 ➤ 继续积肥	➤ 平均气温3.8℃，平均降雨量7.9mm ➤ 土壤冻结前栽种耐寒树种、完成灌水任务、深翻施基肥 ➤ 对不耐寒的树种进行防寒，时间不宜太早	➤ 平均气温10.7℃，平均降雨量53.1mm ➤ 大多数常绿树的栽植进行树木的冬剪 ➤ 冬季施肥，深翻土壤，改良土壤结构 ➤ 对不耐寒的树木进行防寒 ➤ 大量收集枯枝落叶堆积沤制积肥 ➤ 防治病虫害，消灭越冬虫卵等	➤ 平均气温19.4℃，平均降雨量37.0mm ➤ 带土球或容器苗的绿化施工 ➤ 检查当年绿化树种的成活率 ➤ 加强灌水，减轻旱情 ➤ 深翻土壤，施基肥 ➤ 开始冬季修剪 ➤ 防治病虫害
12月 （大雪、 冬至）	➤ 平均气温－15.5℃，平均降雨量5.7mm ➤ 冻坨移植树木 ➤ 砍伐枯死树木 ➤ 继续积肥	➤ 平均气温2.8℃，平均降雨量1.6mm ➤ 加强防寒工作 ➤ 开始进行树木的冬剪 ➤ 防治病虫害，消灭越冬虫卵 ➤ 继续积肥	➤ 平均气温4.6℃，平均降雨量30.2mm ➤ 除雨、雪、冰冻天气外，大部分落叶树可进行移植 ➤ 继续堆肥、积肥 ➤ 深翻土壤，施足基肥 ➤ 继续进行树木的冬剪 ➤ 继续做防寒工作 ➤ 防治病虫害	➤ 平均气温15.2℃，平均降雨量24.7mm ➤ 加强淋水，改善树木生长的缺水状况 ➤ 继续深施基肥 ➤ 继续进行冬剪 ➤ 防治病虫害，杀灭越冬害虫 ➤ 对不耐寒的树木进行防寒锻炼

（二）地被植物养护管理工作月历

表 7-3　华东地区地被植物养护管理工作月历

1月 （小寒、 大寒）	➤ 此时华东地区处于一年中最低气温，绝大多数宿根地被植物处于休眠或半休眠的状态。绿叶期较长的半常绿种类等，在12月份种子成熟采收后1月初割去已枯黄的地上部分 ➤ 对于准备种植地被的土地，在秋天翻耕的基础上利用这个时间施用有机肥 ➤ 木本矮生灌木地被可冬季施浓肥 ➤ 遇到1月份过分干燥，于春季开花和早春萌生的地被容易受冻，应选择晴天中午前后浇水 ➤ 可结合冬闲，对排水不良的地被种植地进行加土或疏沟等作业
2月 （立春、 雨水）	➤ 宿根、球根地被需要更新复壮的可在2月份至3月初将植株或地下部分挖起，分株，在栽植地施基肥，再重新种植。多余的可以扩大种植 ➤ 对早春开花的地被二月兰、点地梅、水仙等施追肥 ➤ 如遇春来早，注意浇水促使地被萌动 ➤ 春节前后公共绿地游人量多，要做好地被的保护管理工作，以减少损失
3月 （惊蛰、 春分）	➤ 木本地被大的抽稀、移植、扩大种植和补缺株 ➤ 地被复苏的季节，要及时检查地被复苏的情况，适当浇水。控制游人入内，特别是春花地被要禁止游人踩 ➤ 随气温回升，一些害虫开始活动，如蚜虫、地老虎等，应注意防治 ➤ 观叶地被植物逐步萌发或恢复生长，可施春肥，促使其生长。对4、5月份开花的地被促使花蕾的形成和发育 ➤ 葱兰、韭兰、铁扁担等球根、宿根地被植物分栽可在月初进行。地被的缺株要在中下、下旬及时补种，以利于植株生长的一致 ➤ 萱草等叶萌动后在穴间中耕、追肥催苗 ➤ 菊花脑等地被播种在惊蛰前后进行

4 月 (清明、 谷雨)	➤ 清明前后是地被植物返绿的高峰，要注意防止有人入内践踏 ➤ 对地被种植地中耕、除草，使土壤疏松，更多地接纳春季雨水，提高土壤温度和透气性 ➤ 检查植株残缺情况，适当补或抽稀 ➤ 绿地种植的三色堇、雏菊等观花植物须追薄肥，延长花期 ➤ 紫茉莉等春播工作可在 4 月份进行 ➤ 对生长最大的聚合草、金丝桃等要求土壤肥沃、疏松，因此在 4 月份起的生长季节每月施 1 或 2 次薄肥 ➤ 自本月起对石岩杜鹃、水栀子等木本观花地被，每 2 周进行磷酸二氢钾和矾肥水交替施肥 1 次，防止黄化，改善土壤 pH 值，一直到 8 月份
5 月 (立夏、 小满)	➤ 春季开花地被植物花后植株整理，不留种的应剪去枯萎的花蒂，施肥以延长绿叶期 ➤ 秋天开花的地被植物要浇水施肥，使花蕾饱满开放 ➤ 菊花脑扦插可以开始，包括盛夏 8 月份在内全部生长季均可进行，成活率很高 ➤ 5 月份华东地区进入梅雨季节。病虫害普遍发生，常春藤中的鼠女、菊花脑中的蚜虫、红蜘蛛以及杜鹃中的军配虫等应加强防治 ➤ 对生长速度快的聚合草，本月起每 1~2 个月可割 1 次，保持植株的适当高度，割下来的部分可做饲料 ➤ 春花地被植物种子开始成熟，应及时采收，如二月兰等。种子采收后将地上部分植株拔去 ➤ 5 月份是春季游园的高峰，要防止人为对地被植物的损坏
6 月 (芒种、 夏至)	➤ 梅雨季节要注意地面排水 ➤ 注意病害的发生，可每隔 10~15d 喷洒等量或 200 倍波尔多液 1 次 ➤ 连钱草等草本藤蔓地被移植，可在 6 月份进行，1 个月后就郁郁葱葱 ➤ 地栽杜鹃等春花木本地被要施花后肥，为孕育明年的花蕾做准备 ➤ 继续采集春花种子，去谢花，保持地被群落的观赏效果 ➤ 可在不影响观赏的前提下少量采摘萱草的花蕾供食用 ➤ 菊花脑等植株较高的地被种类，为控制高度，本月起可定期修剪，每月 1 次。
7 月 (小暑、 大暑)	➤ 中耕、除草、施追肥、对常春藤、连钱草等枝蔓茂密的藤本观叶地被，可施用硫酸铵溶液，促使生长 ➤ 根据天气状况，要经常适当浇水，或林下喷雾，提高空气湿度，特别是石岩杜鹃、八仙花等每到晴天要每天喷 2 次，减少叶子萎蔫 ➤ 天气炎热，尽量少施浓肥，结合浇水施薄肥 ➤ 韭莲等第一批种子成熟采收，也可任其自然萌生；萱草花蕾继续选择采摘 ➤ 对多叶金丝桃等枝叶较稠的灌木地被，进行枝条的抽稀，修剪内部的无用枝，以改善通风透光，减少内部枝条的枯黄 ➤ 继续防止蚜虫、红蜘蛛和植物病害
8 月 (立秋、 处暑)	➤ 加强土壤和空气湿度的管理，经常浇水和喷水 ➤ 8 月份是暴雨和季风集中的季节，要防止暴雨后土壤积水 ➤ 2 年生地被秋播可以进行 ➤ 对夏季花卉清理谢花和花葶，收集种子 ➤ 秋后对地被种植地进行土壤改良
9 月 (白露、 秋分)	➤ 做好秋播地被苗期养护工作 ➤ 部分球根地被的分株 ➤ 对秋花地被进行施肥 ➤ 继续防止蚜虫等病虫害 ➤ 菊花脑一年中最后一次剪扎 ➤ 对孔雀草、美女樱等花期很长的观花地被，进行植株整理，去掉破坏整体效果的过长、过高枝，以迎接国庆 ➤ 韭莲第二期种子成熟采收

10 月 （寒露、 霜降）	➤ 霜降后萱草、聚合草、铁扁担、玉簪、蕨类等宿根地被地上部分开始枯死，要清理枯枝黄叶 ➤ 萱草进行种根繁殖，浇粪水搭根
11 月 （立冬、 小雪）	➤ 大部分地被植物开始进入休眠或半休眠状态，要施冬肥和秋花"花后肥" ➤ 秋花地被植物种子采收，清理枯枝群落 ➤ 紫茉莉地上部分渐枯萎，铲除，露出间种的二月兰覆盖地面 ➤ 剪去八仙花枯黄的地上部分
12 月 （大雪、 冬至）	➤ 本月进入隆冬，在严寒来到之前，对于一些常绿、露地越冬但又易受冻害的地被提前做好防冻工作，一般在地面撒上木屑，或在低矮的枯枝上盖上一层稻草或适当浇水防冻 ➤ 对已去除枝叶的宿根花卉用腐熟的有机肥在根茎壅土施肥，促使翌年萌蘖粗壮 ➤ 在种植密度较低的木本地被间深翻施浓肥 ➤ 做好全年地被养护的总结，分析经验教训，制定第 2 年提高、更新、养护计划

任务二　保护地栽培园林植物的养护管理

 【知识点】

　　浇水的原则

 【技能点】

　　培养土的配制
　　酸碱度的调节
　　培养土的消毒
　　施肥方法
　　浇水方法

 相关知识

浇水的原则

（一）根据保护地栽培植物的特性

　　不同植物对水分需求不同，湿生花卉（如蕨类、热带兰类）宜多浇水，旱生花卉（如仙人掌类和龙舌兰类）应少浇水；草本花卉应比木本花卉多浇水；叶片大而柔软、光滑无毛的花卉比叶片小而有蜡质层、茸毛、革质的花卉多浇水。盆花何时要浇水，可用听音、看色、捏土法来判断。用手指轻弹花盆，如发出沉闷的浊音，说明盆土湿润，不需浇水；如发出清脆的声音，说明盆土已干，需要浇水。观看盆土颜色，如呈灰白色，表示土壤已干，需要浇水；如呈深色，说明土壤湿润，不需浇水。用手捏盆土，如呈团状，表示土壤湿润，不需浇水；如呈粉状，表示土壤已干，必须浇水。浇水时应注意以下几点：

1. 灌饱浇透

从土表到盆底要一致湿润。忌浇拦腰水——上干下湿，忌浇锅底水——盆底积水，忌抽空盆心——土壤随水自盆孔流出而掏空盆心。常在上盆、换盆后进行浇水。

2. 见干见湿

盆土干透至灰墒（含水量 5% ~ 12%）时浇透水，做到干透湿透。

3. 适时补水

保护地温度高时，应酌情适量补水。

4. 放水

在生长发育旺盛期，为发枝或促进生长，应追肥，加大浇水量，保持表土不见白茬，叶不见萎蔫。

5. 勒水

在休眠期及保护地温度较低时，或蹲苗防止徒长，促进花芽分化时，适当控制浇水量，保持土壤湿润即可，并结合松土保墒。

6. 扣水

上盆、换盆植株，因根系损伤，宜用湿润的培养土，在 4 ~ 48 小时内不浇水，以加快根系恢复，防止烂根、黄化脱水和植株萎蔫。

7. 旱极处理

过度干旱，叶片萎蔫，不可立即浇大水，宜放置蔽荫处，稍浇水并向叶面喷水，待茎叶挺立，再浇透水。

（二）根据保护地的温度

一般来说，温度高时，浇水量和次数较多。温度较低需保温时，应适当控制浇水量。

（三）根据花卉生长发育情况

叶片萎蔫或叶黄而薄一般是缺水，花卉徒长则是水太多。另外，植株烂根多是由于水量过多造成，尤其对于球根、多肉多浆类花卉，一定要注意控水。

 任务实施

一、土壤管理

保护地栽培园林植物种类繁多，它们对土壤的要求各不相同，而且各地的土壤特性也不尽相同，因此，保护地栽培时需要对土壤进行改良。无论是地栽还是盆栽，最好使用培养土。若是保护地规模大，配制土壤有一定困难时，也应在园土的基础上，尽量按照培养土的要求进行改良。

（一）培养土的配制

不同园林植物，同一园林植物不同生长期，对培养土要求不同。一般来说，定植用培养土要比繁殖用或幼苗期用培养土的腐殖质成分低一些。配制时一般用 4 ~ 5 份腐殖质土加 3 ~ 4 份园土加 1 ~ 2 份沙或蛭石等。有的偏碱时还根据需要添加硫酸亚铁以调节 pH 值，或加入一些能消毒、增加排水通气性能的物质。在保护地面积较大时，地栽花卉常采用渗入部分沙或大量基肥的方法来改善土壤的肥力和结构。

兰花类盆栽基质地生兰为腐叶土加少量的沙；气生兰为水藓、椰子块或木炭块等。

（二）酸碱度的调节

土壤的酸碱度影响矿质元素的吸收和溶解性，当培养土或当地园土达不到园林植物的生长要求时，常用人工的方法来调节。

1. 降低培养土 pH 值的方法

（1）盆栽花卉用矾肥水的方法来解决 pH 值偏高的问题，具体做法是：黑矾（硫酸亚铁）2.5~3kg，油粕或豆饼 5~6kg，粪肥 10~15kg，水 200~250kg，在缸或池内混合后曝晒约 20 多天，待腐熟为黑色液体后，稀释浇花。每天取上清液一半稀释浇用。一般的酸性花卉生长季每月浇 4~5 次，休眠期停止使用。不同 pH 值要求的花卉可适当增减。直接用硫酸亚铁水浇花，浓度依植物种类而变化，一般用农用硫酸亚铁 1:(100~200) 水溶液浇灌。另外，酸性化肥或一部分无毒害的酸性盐也可用调节 pH 值，如硫酸铵、硫酸钾铝等。

（2）施用硫磺　施用硫磺适于地栽花卉，特点是降低 pH 值较慢，但效果持续时间长，一般提前半年施硫磺粉 $450kg/hm^2$，pH 值可从 8.0 降至 6.5 左右。盆栽培养土使用前半年，掺入硫磺粉 0.1%，栽培过程中适量浇 1:50 硫酸钾铝，并适量补充磷肥。

（3）大量施用腐肥　施用腐肥要长期多施。因其调节 pH 值幅度较小。

2. 提高培养土 pH 值的方法

施用石灰和石膏较多，也可用一些无毒的碱性盐类，如硝酸钙等。

在土壤管理方面，近年趋向于用蛭石、珍珠岩作栽培基质，用营养液提供营养物质的无土栽培法。

（三）培养土的消毒

培养基质的消毒方法常见的有物理方法如蒸汽消毒、日光曝晒或直接加热；化学方法如使用福尔马林、高锰酸钾等。

二、盆花摆放

保护地内各部位的光、温条件不同，盆花的不同种类或同一种类的不同生长发育阶段需要的生长条件也不同，因此盆花在保护地内摆放的位置不同。

喜光花卉应放到光线充足的前、中部，尽量靠近透光屋面，但要与透光屋面保持一定的距离，防止灼伤或冻伤盆花的顶部或花蕾。耐阴或对光照要求不严格的花卉置于保护地后部或半荫处。一般矮株摆放在前，高株摆放在后，以防相互遮光。

室内各部位温度也不一致。门窗处温度较低，近热源处较高。喜温花卉放于热源近处，较耐寒的置于近门或侧窗位。

播种、扦插床应设在近热源处，生叶生根后移植到温度较低而光照充足的地方。休眠植株可置于光、温较差处，密度可加大。待发芽后再移到光、温条件较好的部位。需催花或延花的植株，依需要选择室内的光、热条件不同的部位。

三、施肥

保护地栽植的园林植物品质较高，需要不断地补充营养才能达到生产要求。尤其是盆栽的花卉，生长在有限的基质中，更应补充营养。

（一）施肥方式

1. 基肥

结合培养土的配制或晚秋、早春上盆、换盆时施用。以有机肥为主，与长效化肥结合使用。主要有饼肥、牛粪、鸡粪等。基肥的施入量不要超过盆土总量的 20%，与培养土混匀施入。

2. 追肥

依据花卉生长发育进程而施用。以速效肥为主，本着薄肥勤施的原则，分数次施用不同营养元素的肥料。生长期以氮肥为主，与磷、钾肥结合施用，花芽分化期和开花期适量施磷、钾肥。通常是沤制好的饼肥、油渣、无机肥和微量元素等化学肥料。

追肥次数因种而异。盆栽花卉中，施肥与灌水常结合进行，生长季中，每隔 3～5 天，水中加入少量肥料。宿根花卉和花木类可根据开花次数施肥，对一年开多次花的如月季、香石竹等花前花后都要施以重肥；生长缓慢的可两周施肥一次，有的可一个月施肥一次；球根类花卉如百合、郁金香等，应多施钾肥；观叶植物应多施氮肥，每隔 6～15 天施一次即可。

在温暖的生长时期施肥次数多些，保护地较冷时适当减少施肥次数或停施。每次追肥后要立即浇水，并喷洒叶面，以防肥料污染叶面。

（二）施肥方法

1. 混施　把土壤与肥料混均作培养土，是保护地内施基肥的主要方法，地栽与盆栽均可用此法。

2. 撒施　把肥料撒于土面，浇水使肥料渗入土壤，是追肥或施肥面积大时常用的方法。

3. 穴施　以木本植物或植株较大的草花为主，在植株周围挖 3～4 个穴施入肥料，再埋土浇水。

4. 条施　在地栽花卉垄间，挖条状浅沟，施入肥料。

5. 液施　把肥料配成一定浓度的液肥，浇在栽培土壤中。通常有机肥的浓度不超过 5%，无机肥浓度一般不超过 0.3%，微量元素的浓度不超过 0.05%。每周一次。盆花用此法较多。

6. 叶面喷施　当花卉缺少某种元素，或为了补充根部吸收营养的不足，常以无机肥料或微量元素溶液喷洒在植物叶片上，通过叶片吸收来达到施肥目的。但应注意浓度应控制在较低的范围内，一般为 0.1%～1%。

四、水分管理

浇水方法

1. 手工灌水　用橡皮管或无喷头水壶浇水于土壤或盆内。常在栽植后直灌。也可用喷壶人工喷淋植株，使叶色新鲜，冲去灰尘，降低气温，增加湿度等，还可直接补充土壤水分，一般在保护地气温较高时进行。

2. 喷灌系统　以电动压力泵作动力，用固定在保护梁架上的管道来送水，以定距安装喷头，向下或向上喷淋，可定时或定量喷水。既适于盆栽又适于地栽。

3. 滴灌　滴灌以电动压力泵和管道输送水，把滴水管道穿插花卉行间，通过滴孔不断少量供水，适于大规模地栽生产，具有节水省工之效果。

4. 浸盆

（1）人工浸盆 把盆放入浅水池或浅水缸内，通过盆孔让水渗入。浸水深度 8 ~ 10cm 或为盆高的 1/3 ~ 2/3，不可过深，以浸透为度。

（2）浸水槽法 浸水槽内放入盆花，盆底和盆间填充石砾或煤渣，在槽底设有可关闭的排水口，水深 8 ~ 10cm 时停止放水，到浸透为止。

任务三 树木树体的保护与修补

【知识点】

树木树体保护和修补的意义、原则

【技能点】

树干伤口的治疗

树洞的修补

顶枝

涂白

相关知识

树木树体保护和修补的意义、原则

树木的树干和骨干枝上，往往因病虫害、冻害、日灼及机械损伤等造成伤口，这些伤口如不及时保护、治疗、修补，经过长期雨水浸蚀和病菌寄生，易使内部腐烂形成树洞。另外，树木经常受到人为的有意无意的损坏，如树盘内的土壤被长期践踏变得很坚实，在树干上刻字留念或拉枝折枝等，所有这些对树木的生长都有很大影响。因此，对树体的保护和修补是非常重要的养护措施。

树体保护首先应贯彻"预防为主、综合防治、防重于治"的精神，做好各方面预防工作，尽量防止各种灾害的发生，同时还要做好宣传教育工作，使人们认识到，保护树木人人有责。对树体上已经造成的伤口，应该早治，防止扩大，同时根据树干上伤口的部位、轻重和特点，采用不同的治疗和修补方法。

任务实施

一、树干伤口的治疗

对于枝干上因病、虫，冻、日灼或修剪等造成的伤口，首先应当用锋利的刀刮净削平四周，使皮层边缘呈弧形，然后用药剂（2% ~ 5% 硫酸铜溶液，0.1% 的升汞溶液，石硫合剂原液）消毒。修剪造成的伤口，应将伤口削平然后涂以保护剂，选用的保护剂要求容易涂抹，黏着性好，受热不融化，不透雨水，不腐蚀树体组织，同时又有防腐消毒的作用，如铅油、接蜡等均可。大量应用时也可用黏土和鲜牛粪加少量的石硫合剂的混合物作为涂抹剂，如用激素涂剂对伤口的愈合更有利，用含有 0.01% ~ 0.1% 的 α-萘乙酸膏涂在伤口表面，可促进伤口愈合。

由于风折使树木枝干折裂，应立即用绳索捆缚加固，然后消毒，涂保护剂。目前，北京有的公园用两个半弧圈构成的铁箍加固，为了防止摩擦树皮用棕麻绕垫，用螺栓连接，以便随着干径的增粗而放松。另一种方法，是用带螺纹的铁棒或螺栓旋入树干，起到连接和夹紧的作用。

由于雷击使枝干受伤的树木，应将烧伤部位锯除并涂保护剂。

二、补树洞

因各种原因造成的伤口长久不愈合，长期外露的木质部受雨水浸渍，逐渐腐烂，形成树洞，严重时树干内部中空，树皮破裂，一般称为"破肚子"。由于树干的木质部及髓部腐烂，输导组织遭到破坏，因而影响水分和养分的运输及贮存，严重削弱树势，降低了枝干的坚固性和负载能力，缩短了树体寿命。

补树洞是为了防止树洞继续扩大和发展。其方法有 3 种：

（一）开放法　树洞不深或树洞过大都可以采用此法，如伤孔不深，无填充的必要时，可按前面介绍的伤口治疗方法处理。如果树洞很大，给人以奇特之感，欲留做观赏时可采用此法。方法是将洞内腐烂木质部彻底清除，刮去洞口边缘的死组织，直至露出新的组织为止，用药剂消毒并涂防护剂。同时改变洞形，以利排水，也可以在树洞最下端插入排水管。以后需经常检查防水层和排水情况，防护剂每隔半年左右重涂 1 次。

（二）封闭法　树洞经处理消毒后，在洞口表面钉上板条，以油灰和麻刀灰封闭（油灰是用生石灰和熟桐油以 1:0.35 比例调合而成，也可以直接用安装玻璃用的油灰俗称腻子），再涂以白灰乳胶，颜料粉面，以增加美观，还可以在上面压树皮状纹或钉上一层真树皮。

（三）填充法　填充物最好是水泥和小石砾的混合物，如无水泥，也可就地取材。填充材料必须压实，为加强填料与木质部连接，洞内可钉若干电镀铁钉，并在洞口内两侧挖一道深约4cm的凹槽，填充物从底部开始，每20~25cm为一层，用油毡隔开，每层表面都向外略斜，以利排水，填充物边缘应不超出木质部，使形成层能在它上面形成愈伤组织。外层用石灰、乳胶、颜色粉涂抹，为了增加美观，富有真实感，在最外面钉一层真树皮。

三、顶枝

大树或古老的树木如有树身倾斜不稳时，大枝下垂的需设支柱撑好。支柱可采用金属、木桩、钢筋混凝土材料。支柱应有坚固的基础，上端与树干连接处应有适当形状的托杆和托碗，并加软垫，以免损害树皮。设支柱时一定要考虑到美观，与周围环境协调。北京故宫将支撑物油漆成绿色，并根据松枝下垂的姿态，将支撑物做成棚架形式，效果很好。也有将几个主枝用铁索连结起来，也是一种有效的加固方法。

四、涂白

树干涂白，目的是防治病虫害和延迟树木萌芽，避免日灼为害。由于涂白可以反射阳光，减少枝干温度局部增高，可预防日灼为害。因此目前仍采用涂白作为树体保护的措施之一。杨柳树栽完后马上涂白，可防蛀干害虫。

涂白剂的配制成分各地不一，一般常用的配方是：水 10 份，生石灰 3 份，石硫合剂原液 0.5 份，食盐 0.5 份，油脂（动植物油均可）少许。配制时要先化开石灰，把油脂倒入后充分搅拌，再加水拌成石灰乳，最后放入石硫合剂及盐水，也可加黏着剂，能延长涂白的期限。

除以上介绍的 4 种措施外，为保护树体，恢复树势，有时也采用"桥接"的补救措施。

任务四　古树名木的养护管理与古树的复壮

【知识点】

古树名木的概念
保护古树名木的意义
古树名木的生长特点
古树名木衰老的原因

【技能点】

古树名木的养护
古树的复壮
古树名木的调查、登记、存档

相关知识

一、古树名木的概念

古树是指树龄在 100 年以上的树木；名木是指国内外稀有的、具有历史价值和纪念意义以及重要科研价值的树木。像法海寺、戒台寺的白皮松都有 1000 多年的历史，就既属于古树，又是名木。凡树龄在 300 年以上，或特别珍贵稀有，具有重要历史价值和纪念意义，或具有重要科研价值的古树名木为一级古树名木；其余为二级古树名木。国家环保局还对古树名木做出了更为明确的说明，如距地面 1.2m，胸径在 60cm 以上的柏树类、白皮松、七叶树，胸径在 70cm 以上的油松，胸径在 100cm 以上的银杏、国槐、楸树、榆树等古树，且树龄在 300 年以上的，定为一级古树；胸径在 30cm 以上的柏树类、白皮松、七叶树，胸径在 40cm 以上的油松，胸径在 50cm 以上的银杏、楸树、榆树等，且树龄在 100 年以上 300 年以下的，定为二级古树；稀有名贵树木指树龄在 20 年以上，胸径在 25cm 以上的各类珍稀引进树木；外国朋友赠送的礼品树、友谊树，有纪念意义和具有科研价值的树木，不限规格一律保护，其中各国家元首亲自种植的定为一级保护，其他定为二级保护。

我国的古树名木资源十分丰富，其中有上千年树龄的不在少数，它们历尽沧桑，饱经风霜，经历过历代战争的洗礼和世事变迁，虽已老态龙钟却依然生机盎然，为中华民族的灿烂文化和壮丽山河增添了不少光彩。根据1988年第三次古树普查，仅北京城近郊区就存有300年以上的古树3804株。许多古树是国宝级文物，世界闻名，有的以姿态奇特，观赏价值极高而闻名，如黄山的"迎客松"、泰山的"卧龙松"、北京中山公园的"槐柏合抱"等等；有的以历史事件而闻名，如北京景山公园内原崇祯皇帝上吊的槐树；有的以奇闻轶事而闻名，如北京孔庙的侧柏，传说其枝条曾将汉奸魏忠贤的帽子碰掉而大快人心，故后人称之为"除奸柏"等等。

二、保护古树名木的意义

古树作为活的文物，将自然景观和人文景观巧妙地融为一体，以顽强的生命传递着古老的信息，古树是历史的见证，是凝固的诗，活动的画。保护和研究古树，不仅因为它是一种独特的自然和历史景观，而且它是人类社会历史发展的佐证，其本身就具有极高的历史、人文与景观的价值，是发展旅游、开展爱国主义教育的重要素材，也因为它对于研究古植被、古地质、古气候具有重要的价值，同时它们身上还体现了树种的自然适应性和生态稳定性，是研究遗传育种、林木栽培和生理生态的活标本，是"绿色活化石"。

（一）古树名木是历史的见证

我国的古树名木不仅地域分布广阔，而且历史跨度大。我国传说中的周柏、秦松、汉槐、隋梅、唐杏（银杏）、唐樟、宋柳都是树龄高达千年的树中寿星；更有一些树龄高达数千年的古树至今风姿卓然，如河北张家口4700年的"中国第一寿星槐"，山东茗县浮莱山3000年以上树龄的"银杏王"，台湾高寿2700年的"神木"红桧，西藏寿命2500年以上的巨柏，陕西省长安县温国寺和北京戒台寺1300多年的古白皮松。人们在瞻仰它们的风采时，不禁会联想起我国悠久的历史和丰富的文化，其中也有一些是与重要的历史事件相联系的，如北京颐和园东宫门内的两排古柏，在靠近建筑物的一面保留着火烧的痕迹，那是八国联军纵火留下的侵华罪行的真实记录。

（二）古树名木蕴涵着丰富的文化内涵

我国各地的许多古树名木往往与历代帝王、名士、文人、学者相联系，有的为他们手植，有的受到他们的赞美，长于丹青水墨的大师们则视其为永恒的题材。"扬州八怪"中的李鱓，曾有名画《五大夫松》，是泰山名松的艺术再现；嵩阳书院的"将军柏"，更有明、清文人赋诗30余首之多。又如苏州拙政园文征明手植的明紫藤，其胸径22cm，枝蔓盘曲蜿蜒逾5m，旁立光绪三十年（1905年）江苏巡抚端方题写的"文征明先生手植紫藤"的青石碑，名园、名木、名碑，被朱德的老师李根源先生誉为"苏州三绝"之一，具极高的人文旅游价值。再如陕西黄陵的"轩辕柏"和"挂甲柏"，传说"轩辕柏"是轩辕皇帝亲手所植，高达9m，7人抱不能合围，树龄近5000年，树干如铁，枝叶繁茂；"挂甲柏"相传为汉武帝挂甲所植，枝干斑痕累累，纵横成行，柏液渗出，晶莹夺目。这两棵古柏虽然年代久远，但至今仍枝叶繁茂，郁郁葱葱，毫无老态，此等奇景，堪称世界无双。"轩辕柏"被英国林学家称为世界"柏树之父"。

（三）古树名木为名胜古迹增添佳景

古树名木和山水、建筑一样具有景观价值，是重要的风景旅游资源。它们或苍劲挺拔、风姿多彩，镶嵌在名山峻岭和古刹胜迹之中，与山川、古建筑、园林融为一体，或独成一景成为景观主体，或伴一山石、建筑，成为该景的重要组成部分，吸引着众多游客前往游览观赏，流连忘返。如黄山以"迎客松"为首的十大名松，泰山的"卧龙松"等均是自然风景中的珍品；而北京天坛公园的"九龙柏"、北海公园团城上的"遮荫侯"（油松），以及苏州光福的"清、奇、古、怪" 4 株古圆柏更是人文景观中的瑰宝，吸引着众多游客前往游览观光。又如苏州"国宝"景点雕花楼景区院内，分布着近百棵100年的古银杏，每当秋末冬初时，"满园尽是黄金叶"，吸引了众多慕名而来的海内外摄影爱好者，成为雕花楼秋季一道最为壮观的"活化石"生态旅游风景线。雕花楼景区还于每年的 11 月 20 日至 30 日，举办"古银杏金叶节"及摄影活动。

（四）古树是研究古气候、古地质的宝贵资料

古树是研究古代气象水文的绝好材料，因为树木的年轮生长除了取决于树种的遗传特性外，还与当时的气候特点相关，表现为年轮有宽窄不等的变化，由此可以推算过去年代湿热气象因素的变化情况。尤其在干旱和半干旱的少雨地区，古树年轮对研究古气候、古地理的变化更具有重要的价值。

（五）古树是研究树木生理的特殊材料

树木的生长周期很长，人们无法对它的生长、发育、衰老、死亡的规律用跟踪的方法加以研究，而古树的存在就把树木生长、发育在时间上的顺序展现为空间上的排列，使我们能以处于不同年龄阶段的树木作为研究对象，从中发现该树种从生到死的总规律，帮助人们认识各种树木的寿命、生长发育状况以及抵抗外界不良环境的能力。

（六）古树对于地区树种规划有极高的参考价值

古树多为乡土树种，生存至今的古树对当地的气候和土壤条件具有很强的适应性。因此，古树是制定当地树种规划，特别是指导造林绿化的可靠依据。景观规划师和园林设计师可以从中得到对该树种重要特性的认识，从而在树种规划时做出科学合理的选择，而不致因盲目决定造成无法弥补的损失。例如北京市解放初认为刺槐是较适合北京干旱瘠薄的树种，但种植后发现早衰，60 年代又认为油松比较适合，但到 70 年代，发现油松开始平顶，生长衰退，后来从北京故宫、中山公园等数量最多的古侧柏和古桧柏的良好生长得到启示，古侧柏和古桧柏才是北京的最适树种。

（七）古树名木具有较高的经济价值

有些古树虽已高龄，却毫无老态，仍可果实累累，生产潜力巨大。如素有"银杏之乡"之称的河南嵩县白河乡，树龄在 300 年以上的古银杏树有 210 株，1986 年产白果2.7 万 kg，新郑县孟庄乡的一株古枣树，单株采收鲜果达 500kg，安徽砀山良梨乡一株300 年的老梨树，不仅年年果实满树，而且是该地发展梨树产业的种质库。事实上，多数古树在保存优良种质资源方面具有重要的意义。古树名木还为旅游资源的开发提供了难得的条件，对发展旅游产业具有重要价值。例如苏州西山的古樟园，就是因园内有两棵千年的古香樟而形成的旅游景点。

三、古树名木的生长特点

（一）根系发达 俗话说"根深叶茂""根固枝荣"，古树多为深根性树木，主侧根发达，一方面能有效地吸收树体生长发育所需的水分和养分，另一方面具有极大的固地与支撑能力来稳固庞大的树体，古树也因此能延年益寿地生存下去。

（二）生长缓慢、含有抗病虫物质　古树一般是慢生或中速生长树种，新陈代谢较弱，消耗少而积累多，从而为其长期抵抗不良的环境因素提供了内在的有利条件。某些树种的枝叶还含有特殊的有机化学成分，如侧柏体内含有苦味素、侧柏甙及挥发油等，具有抵抗病虫侵袭的功效；银杏叶片细胞组织中含有的 2-乙烯醛和多种双黄酮素有机酸，常与糖结合成甙的状态或以游离的方式而存在，同样具有抑菌杀虫的威力，表现出较强的抗病虫害能力。

（三）萌发力强　许多古树具有根、茎萌蘖力较强的特性，根部萌蘖可为已经衰弱的树体提供营养与水分。例如河南信阳李家寨的古银杏，虽然树干劈裂成几块，中空可过人，但根际萌生出多株苗木并长成大树，形成了"三代同堂"的丛生银杏树。有的树种如侧柏、槐树、栓皮栎、香樟等，干枝隐芽寿命长、萌枝力强，枝条折断后能很快萌发新枝，更新枝叶。

（四）古树树体结构合理，木材强度高　古树生长缓慢，木质部的密度大、强度高，分枝及树冠结构合理，因此能抵御强风等外力的侵袭，减少树干受损的机会。如黄山的古松、泰山的古柏，都能经受山顶常年的大风吹袭。

（五）古树一般是长寿树种，通常是由种子繁殖而来的　种子繁殖的树木，其根系发达，适应性广，抗逆性强，使它能较好地抵抗外界的不良环境。

古树除具有较好的遗传特性外，与它生长的立地条件较好也有关系。许多古树名木生长于名胜古迹、自然风景区或自然山林中，其原生的环境条件未受到人为因素的破坏，或具有特殊意义而受到人们的保护，使其能在比较稳定的生长环境中正常生长。有些古树名木的原生环境虽受到破坏，但因其土壤特别深厚、水分与营养条件较好，使它寿命也较长。

四、古树名木衰老的原因

任何树木都要经过生长、发育、衰老、死亡等过程，这是不以人的意志为转移的客观规律。但是通过人为的措施可以延缓衰老和死亡的到来，最大限度地发挥古树名木的功能。树木由衰老到死亡不是简单的随着时间而推移的过程，而是复杂的生理生化过程，是树种自身遗传因素与环境因素以及人为因素的综合作用的结果。树木衰老的原因归结起来有两个：一是树木自身的内部遗传因素；二是外部环境条件的影响。

（一）树木自身遗传因素

树木自种子萌发以后，一般需要经数年幼年的生长发育，才能开花结实，进入成熟阶段，之后经多年的开花结实，营养生长和生殖生长功能逐步减弱，树木进入衰老阶段，最后，因各器官功能衰竭而死亡，这是树木生长发育的自然规律。但由于各树种遗传因素不同，生长—发育—衰老—死亡的时间也不同，有些树种因生长缓慢，抗性强，寿命也较长。

（二）外部环境条件

1. 生长立地条件差

（1）生长空间不足　有些古树栽在殿基土上，植树时只在树坑中换了好土，树木长大后，根系很难向坚土中生长，由于根系的活动范围受到限制，营养缺乏，致使树木衰老。古树名木周围常有高大建筑物，严重影响树体的通风和光照条件，迫使枝干生长发生改向，造成树体偏冠，且随着树龄增大，偏冠现象就越发严重。这种树冠的畸形生长，不仅影响了树体的美观，更为严重的是造成树体重心发生偏移，枝条分布不均衡，如遇雪压、雨凇、大风等异常天气，在自然灾害的外力作用下，极易造成枝折树倒，尤以阵发性大风对偏冠的高大古树的破坏性更大。

（2）土壤密实度过高　城市公园里游人密集，地面受到大量践踏，土壤板结，密实度高，透气性降低，机械阻抗增加，对树木的生长十分不利。随着经济的发展和人民生活水平的提高，旅游已经成为人们生活中不可缺少的部分，特别是有些古树姿态奇特，或是具有神奇的传说，招来大量的游客，常常造成对古树名木周围地面的过度践踏，使得本来就缺乏耕作条件的土壤密实度更加增高，导致土壤板结、团粒结构遭到破坏、通透性及自然含水量降低。据测定：北京中山公园在人流密集的古柏林中土壤容重达 $1.7g/cm^3$，非毛管孔隙度为 2.2%，天坛"九龙柏"周围，土壤容重为 $1.59g/cm^3$，非毛管孔隙度为 2%，在这样的土壤中，根系生长严重受阻，树势日渐衰弱。

（3）树干周围铺装面过大　由于游人增多，为方便观赏，多在树干周围用水泥砖或其他硬质材料进行大面积铺装，仅留下较小的树池。铺装地面不仅加大了地面抗压强度，造成土壤通透性能的下降，也形成了大量的地面径流，大大减少了土壤水分的积蓄，致使古树根系经常处于透气、营养及水分极差的环境中，使其生长衰弱。

（4）土壤剥蚀，根系外露　古树历经沧桑，土壤裸露，表层剥蚀，水土流失严重。不但使土壤肥力下降，而且根系表层易受干旱和高、低温的伤害，还易造成人为擦伤，抑制根系生长。

2. 自然灾害

（1）大风　7 级以上的大风，主要是台风、龙卷风和另外一些短时风暴，可吹折枝干或撕裂大枝，严重者可将树干拦腰折断。而不少古树因蛀干害虫的危害，枝干中空、腐朽或有树洞，更容易受到风折的危害。枝干的损害直接造成叶面积减少，还易引发病虫害，使本来生长势弱的树木更加衰弱，严重时导致古树死亡。

（2）雷电　古树高大，易遭雷电袭击，导致树头枯焦、干皮开裂或大枝劈断，使树势明显衰弱。

（3）干旱　持久的干旱，使得古树发芽推迟，枝叶生长量减小，枝的节间变短，叶片因失水而发生卷曲，严重时可使古树落叶，小枝枯死，易遭病虫侵袭，从而导致古树的进一步衰老。

（4）雪压、雨凇（冰挂）、冰雹　树冠雪压是造成古树名木折枝毁冠的主要自然灾害之一，特别是在大雪发生时，若不及时进行清除，常会导致毁树事件的发生。如黄山风景管理处，每在大雪时节都要安排全时清雪，以免雪压毁树。2008 年初，我国南方发生了罕见的雪灾，大量的树枝被折断，树木受损严重。雨凇（冰挂）、冰雹虽然发生几率较少，但灾害发生时大量的冰凌、冰雹压断或砸断小枝、大枝，对树体也会造成不同程度的损伤。

（5）地震　5 级以上的强烈地震虽然不会经常发生，但是一旦发生地震，对于腐朽、空洞、干皮开裂、树势倾斜的古树来说，往往会造成树体倾倒或干皮进一步开裂。

3. 病虫危害

虽然古树因其抗性较强，发生病虫害的概率与一般树木相比要小得多，致命的病虫更少，但高龄的古树大多已开始或者已经步入了衰老至死亡的生命阶段，树势衰弱已是必然，若日常养护管理不善，人为和自然因素对古树造成损伤时有发生，则为病虫的侵入提供了有利条件。对已遭到病虫危害的古树，若得不到及时而有效的防治，其树势衰弱的速度将会进一步加快，衰弱的程度也会因此而进一步增强。因此在古树保护工作中，及时有效地控制主要病虫害的危害，是一项极其重要的措施。

4. 人为活动的影响

（1）环境污染 人为活动造成的环境污染直接和间接地影响了植物的生长，古树由于其高龄而更容易受到污染环境的伤害，加速其衰老的进程。

①大气污染对古树名木的影响和危害 随着城市化进程的不断推进，各种有害气体如 SO_2、HF、NO_2 等排放越来越多，对树木的侵害越来越大，受害后主要症状为叶片卷曲、变小、出现病斑，春季发叶迟，秋季落叶早，节间变短，开花、结果少等。

②污染物对古树根系的直接伤害 土壤污染对树木造成直接或间接的伤害。有毒物质对树木的伤害，一方面表现为对根系的直接伤害，如根系发黑、畸形生长，侧根萎缩、细短而稀疏，根尖坏死等；另一方面表现为对根系的间接伤害，如抑制光合作用和蒸腾作用的正常进行，使树木生长量减少，物候期异常，生长势衰弱等，促使或加速其衰老，易遭受病虫危害。

（2）直接损害 指遭到人为的直接损害，如在树下摆摊设点；在树干周围乱堆杂物，如水泥、沙子、石灰等建筑材料（特别是石灰，遇水产生高温常致树干灼伤，严重者可致其死亡），造成土壤理化性质发生改变，土壤的含盐量增加，EC 值增高，致使树木缺少微量元素，营养平衡失调。在旅游景点，个别游客会在古树名木上乱刻乱画；在城市街道，会有人在树干上乱钉钉子；在农村，古树成为拴牲畜的桩，树皮遭受啃食的现象时有发生；更为甚者，对妨碍其建筑或车辆通行等原因的古树名木不惜砍枝伤根，致其丧命。

（3）盲目移植

近年来，随城市化水平的提高，许多地方领导认为古树越多，城市品位越高，城市绿化档次越高，盲目使"大树搬家"，"古树进城"；另外也有一些不法商人，为追逐高额利润，盗卖古树名木，致使许多古树名木因搬迁措施不当、环境的变化而造成严重的生长不良，甚至死亡。

 任务实施

一、古树名木的养护

（一）一般养护管理

1. 安装标志，标明树种、树龄、等级、编号，明确养护管理负责单位，设立宣传牌。

2. 古树名木树干以外 10～15m 为古树名木生长保护范围，在生长保护范围内的新、扩、改建建设工程，必须满足古树名木根系生长和日照要求，并在施工期间落实养护措施。

3. 严禁在树体上钉钉、缠绕铁丝、绳索、悬挂杂物或作为施工支撑点和固定物，严禁刻划树皮和攀折树枝，发现伤疤和树洞要及时修补，对腐烂部位应按外科方法进行处理。

4. 一级古树及生长在公园绿地或人流密度较大、易受毁坏的二、三级古树名木应设置保护围栏，围栏与树干距离不得少于 2m，特殊立地条件无法达到 2m 的，以人摸不到树干为最低要求。围栏内土壤表面可种植三叶草等豆科植物，以保持土壤湿润、透气。

5. 每年应对古树名木的生长情况进行调查，并做好记录，发现生长异常需分析原因，及时采取养护措施，并采集标本存档。

6. 根据不同树种对水分的不同要求进行浇水或排水。高温干旱季节，根据土壤含水量的测定值，进行浇透水或叶面喷淋。根系分布范围内需有良好的自然排水系统、不能长期积水。无法沟排的需增设盲沟与暗井。生长在坡地的古树名木可在其下方筑水平梯田扩大吸水和生长范围。

7. 古树名木长时间在同一地点生长，土壤肥力会下降，在测定土壤元素含量的情况下进行施肥。土壤里如缺微量元素，可针对性增施微量元素，施肥方法可采用穴肥、放射性沟施和叶面喷施。

8. 修剪古树名木的枯死枝、梢，事先应由主管部门技术人员制定修剪方案，主管部门批准后实施。修剪要避开伤流盛期。小枯枝用手锯锯掉或铁钩钩掉。截枝应做到锯口平整、不劈裂、不撕皮，过大的粗枝应采取分段截枝法。操作时应注意安全，锯口应涂防腐剂，防止水分蒸发及病虫害侵害。

9. 古树名木树体不稳或粗枝腐朽且严重下垂，均需进行支撑加固，支撑物要注意美观，支撑可采用刚性支撑或弹性支撑。

10. 定期检查古树名木的病虫害情况，采用综合防治措施，认真推广和使用安全、高效、低毒农药及防治新技术，严禁使用剧毒农药。使用化学农药应按有关安全操作规程进行作业。

11. 树体高大的古树名木，周围 30m 内无高大建筑时，应设置避雷装置。

12. 对古树名木要逐年做好养护记录并存档。

（二）特殊养护

1. 古树名木生长在不利的特殊环境时，需作特殊养护。进行特殊处理时需由管理部门提出申请，主管部门批准后实施。施工全过程需由工程技术人员现场指导，并做好摄影和照像资料存档。

2. 土壤密实、透水透气不良、土壤含水量高时，会影响根系的正常生命活动，可结合施肥对土壤进行换土。含水量过高可开挖盲沟或暗井进行排水。

3. 人流密度过大及道路广场范围内的古树名木，可在根系分布范围内进行透气铺装（一般为树冠垂直投影外 2m）。透气铺装的材料应具有良好的透水、透气性，应根据地面的抗压需要而采用不同的抗压性材料。透气铺装可采用倒梯形砖铺装、架空铺装等方法。

4. 因地下工程漏水引起地下积水，需找到漏点并堵住；因土质含建筑渣土而持水不足，应结合换土，清除渣土，混入适量壤土。

二、古树复壮措施

古树名木的共同特点是树龄较高、树势衰弱，自体生理机能下降，根系吸收水分、养分的能力和新根再生的能力下降，树冠枝叶的生长速率也较缓慢，如遇外部环境的不适或剧烈变化，极易导致树体生长衰弱或死亡。古树的更新复壮，就是运用科学合理的养护管理技术，使原本衰弱的树体重新恢复正常生长，延缓其衰老进程。但是，应当注意的是古树名木更新复壮技术的运用是有前提的，它只对那些虽说年老体衰，但仍在其生命极限之内的树体有效。

古树复壮的主要措施有：

（一）埋条促根

在古树根系范围，填埋适量的树枝、熟土等有机材料，以改善土壤的通气性以及肥力条件，主要有放射沟埋条法和长沟埋条法。具体做法是：在树冠投影外侧挖放射状沟4~12条，每条沟长120cm，宽为40~70cm，深80cm。沟内先垫放10cm厚的松土，再把截成长40cm枝段的苹果、海棠、紫穗槐等树枝缚成捆，平铺一层，每捆直径20cm左右，上撒少量松土，每沟施麻酱渣1kg、尿素50g，为了补充磷肥可放少量动物骨头和贝壳等，覆土10cm后放第二层树枝捆，最后覆土踏平。如果树体相距较远，可采用长沟埋条，沟宽70~80cm，深80cm，长200cm左右，然后分层埋树条施肥、覆盖踏平。注意，埋条的地方地势不能过低，以免积水。

（二）挖复壮沟

在树冠投影范围内挖复壮沟，改善根系生长状况。具体的操作方法为：复壮沟最下一层铺20cm的复壮基质（包括原土加腐熟树皮碎屑和古树专用颗粒肥）加少量磷钾肥和菌根剂，混合均匀施入，第二层铺20cm的栎树落叶，第三层铺20cm的复壮基质，第四层铺20cm的槲栎树落叶，最上一层铺20cm的素土。这种基质富含多种矿质元素，同时有机物分解改善了土壤的物理性质，促进了微生物的活动，将土壤中固定的多种元素逐渐释放出来，经过几年的施肥，土壤的有效孔隙度可保持在12%~15%，有利于根系生长。

由于复壮沟内的土质疏松，把根都引向复壮沟内，每条复壮沟的两头可用砖砌成环状观察井对根系的生长情况进行观察。每年春季可通过观察井向复壮沟内浇2遍水，干旱季节也可以向复壮沟内补水，开春还可用打药车给古树叶面喷洒清水，清洗一冬的灰尘，有利树叶进行光合作用。5~6月份应给古树叶面追肥，喷0.2%磷酸二氢钾、0.3%尿素2次。经过复壮养护后，可使古树的生长量明显增加，枝叶清绿，新梢的年生长量达5cm左右，病虫害明显减少。

（三）地面处理

采用根基土壤铺梯形砖、带孔石板或种植地被的方法，目的是改变土壤表面受人为践踏的情况，使土壤能与外界保持正常的水气交换。在铺梯形砖时，下层用沙衬垫，砖与砖之间不勾缝，留足透气通道。

（四）换土

如果古树名木的生长位置由于受到地形、生长空间等立地条件的限制，而无法实施上述的复壮措施时，可考虑采用更新土壤的办法。换土在树冠投影范围内，对大的主根周围进行换土。换土时深挖 0.5m（注意随时将暴露出来的根用浸湿的草袋盖上），把原来的旧土与沙土、腐叶土、大粪、锯末、少量化肥混合均匀后填埋。此法简单易行，效果较好，值得推广。

（五）病虫防治

开展多种形式的生物防治，有诱捕法、绕干法等。例如危害柏树的蛀干害虫双条衫天牛，在北京一年一代，多以成虫在被害树枝、树干内越冬，次年 3 月成虫羽化，飞到树势衰弱或新移栽的树上产卵，幼虫钻入树皮后在韧皮部蛀食，破坏树木的输导组织，加速古柏的死亡。每年 3 月份可进行双条衫天牛的防治，采取放置诱木的方法，吸引成虫在此产卵，孵化幼虫，然后集中消灭，这种方法效果很好。具体方法为：利用直径粗 4cm 以上的新鲜柏木枝条截成 1～1.5m 长，横着摆放在离柏树林较近的空地上，引诱成虫，白天定专人在木堆上捉杀成虫，当白天气温达到 15℃ 时，就到了羽化高峰时期，到 5 月份把诱木收集回来集中处理。

防治蚜虫、红蜘蛛，除了打药、消灭成虫以外，还可给古树上围塑料布环、放蒲螨和肿腿蜂，进行综合防治，效果很好。

对部分古树，特别是油松和古柏，为防止蛀干害虫的侵食，可用麻袋布剪成宽 30cm 的条状，用具有熏蒸、触杀或者内吸作用的药液浸泡，阴干。由上而下密布缠绕树干 3～4 层，高度以缠绕到分枝点以上为准，保护树干不被害虫蛀干。

（六）化学药剂疏花疏果

当植物在缺乏营养或生长衰退时，常出现多花多果的现象，这是植物生长发育的自我调节，但大量结果能造成植物营养失调，古树发生这种现象时后果更为严重。采用药剂疏花疏果，则可降低古树的生殖生长，扩大营养生长，恢复树势而达到复壮的效果。

疏花疏果的关键是疏花，喷药时间以秋末、冬季或早春为好。如在国槐开花期喷施 50mg/L 萘乙酸加 3000mg/L 的西维因或 200mg/L 赤霉素效果较好；对于侧柏和龙柏（或桧柏）若在秋末喷施，侧柏以 400mg/L 萘乙酸为好，龙柏以 800mg/L 萘乙酸为好，但从经济角度出发，200mg/L 萘乙酸对抑制二者第二年产生雌雄球花的效果也很有效。

（七）喷施或灌施新型植物生长调节剂

据报道，北京林业大学采用美国先进的技术配方，结合自身的最新科研成果，依据古树的生理、生长特性，研制出了"五华素"古树复壮系列产品，能快速催生"新生根"，形成健壮发达的根系；打通树体经络，补充大量全面的营养物质，改变古树名木生长势衰弱的现状，调节树体内五大激素的合理分配利用和平衡，激活树体的抗逆基因，诱导抗逆功能的充分展现，抵御衰老，延长寿命。

三、古树名木的调查、登记、存档

古树名木是无价之宝，各省市应组织专人进行细致的调查，摸清我国的古树资源。调查内容包括树种、树龄、树高、冠幅、胸径、生长势、生长地的环境（土地、气候等情况）以及对观赏及研究的作用、养护措施等。同时还应收集有关古树的历史及其他资料，如有关古树的诗、画、图片及神话传说等。

城市和风景名胜区范围内的古树名木，应由各地城建、园林部门和风景名胜区管理机构组织调查鉴定，进行登记造册，建立档案；对于散生于各单位管界及个人住宅庭院范围内的古树名木，应由单位和个人所在地城建、园林部门组织调查鉴定，并进行登记造册，建立档案，相关单位和个人应积极配合。

在调查、鉴定的基础上，根据古树名木的树龄、价值、作用和意义等进行分级，实行分级养护管理。国家颁发的古树名木保护办法规定：

（1）一级古树名木由省、自治区、直辖市人民政府确认，报国务院建设行政主管部门备案；二级古树名木由城市人民政府确认，直辖市以外的城市报省、自治区建设行政主管部门备案。

（2）古树名木保护管理工作实行专业养护部门保护管理和单位、个人保护管理相结合的原则。城市人民政府园林绿化行政主管部门应当对城市古树名木，按实际情况分株制定养护、管理方案，落实养护责任单位、责任人，并进行检查指导。生长在城市园林绿化专业养护管理部门管理的绿地、公园等的古树名木，由城市园林绿化专业养护管理部门保护管理；生长在铁路、公路、河道用地范围内的古树名木，由铁路、公路、河道管理部门保护管理；生长在风景名胜区内的古树名木，由风景名胜区管理部门保护管理。散生在各单位管界内及个人庭院中的古树名木，由所在单位和个人保护管理。变更古树名木养护单位或者个人，应当到城市园林绿化行政主管部门办理养护责任转移手续。

（3）城市园林绿化行政主管部门应当加强对城市古树名木的监督管理和技术指导，积极组织开展对古树名木的科学研究，推广应用科研成果，普及保护知识，提高保护和管理水平。古树名木的养护管理费用由古树名木责任单位或者责任人承担。抢救、复壮古树名木的费用，城市园林绿化行政主管部门可适当给予补贴。

（4）城市人民政府应当每年从城市维护管理经费、城市园林绿化专项资金中划出一定比例的资金用于城市古树名木的保护管理。

（5）古树名木养护责任单位或者责任人应按照城市园林绿化行政主管部门规定的养护管理措施实施保护管理。古树名木受到损害或者长势衰弱，养护单位和个人应当立即报告城市园林绿化行政主管部门，由城市园林绿化行政主管部门组织治理复壮。

（6）在古树名木的保护管理过程中，各地城建、园林部门和风景名胜区管理机构要根据调查鉴定的结果，对本地区所有古树名木进行挂牌，标明树名、学名、科属、管理单位等。同时，要研究制定出具体的养护管理办法和技术措施，如复壮、松土、施肥、防治病虫害、补洞、围栏以及大风和雨雪季节的安全措施等。遇有特殊维护问题，如发现有危及古树名木安全的因素存在时，园林部门应及时向上级主管部门汇报，并与有关部门共同协作，采取有效保护措施。在城市和风景名胜区内实施的建设项目，在规划设计和施工过程中都要严格保护古树名木，避免对其生长产生不良影响，更不许随意砍伐和迁移。对于一些有特殊历史价值和纪念意义的古树名木，还应立牌说明，并采取特殊保护措施。

【思考与练习】

1. 简述园林植物的需水特性。
2. 怎样判断园林植物是否需要灌溉？
3. 做好园林植物的排水有何意义？
4. 简述园林植物的需肥规律。
5. 常见的园林植物的施肥方式有哪些？
6. 施肥的注意事项有哪些？
7. 观察身边生长的园林植物，在水、肥管理上存在哪些问题？如何解决？
8. 如何防范寒害的发生？
9. 保护地浇水时应注意哪些事项？
10. 树木的保护和修补原则是什么？
11. 树木保护和修补方法有哪些？
12. 什么是古树名木？研究和保护古树名木有何意义？
13. 古树衰老有哪些原因？
14. 古树复壮措施有哪些？
15. 如何进行古树名木的养护管理？

技能训练

技能训练一　园林树木的施肥

一、目的要求

掌握园林树木土壤施肥和根外施肥的方法。

二、材料与工具

不同类型的园林树木、有机肥、化肥若干、铁锹、锄头、水桶、喷雾器、打孔钻等。

三、方法步骤

1. 地面施肥：对不同的园林树木分别采用地表撒施、沟状施肥、穴状施肥、打孔施肥等方法，比较分析各种施肥的工作量、施肥量，过一段时间观察施肥效果。

2. 根外追肥：将化肥尿素、过磷酸钙等配成一定的浓度，装入喷雾器，进行叶面施肥实习。

四、结果评价

优秀——施肥方法合理、施肥时间合适、施肥部位正确、施肥量适当、施肥效果明显，完成实验报告认真。

良好——施肥方法较为合理、施肥时间较为合适、施肥部位较为正确、施肥量基本适当、施肥效果较为明显，完成实验报告较为认真。

合格——施肥方法基本合理、施肥时间基本合适、施肥部位基本正确、施肥量基本适当、施肥效果尚可，能完成实验报告。

不合格——施肥方法不合理、施肥时间不合适、施肥部位不正确、施肥量不适当、施肥效果不明显，未完成实验报告或缺勤。

五、作业

完成实验报告，分析出现的问题。

技能训练二　树洞的修补

一、目的要求

掌握树洞修补的方法。

二、材料与工具

有空洞的树木若干、刮刀、季铵铜溶液、玻璃纤维或聚氨酯发泡剂或尿醛树脂发泡剂、水泥、铁丝网，新型化学材料、青灰做的仿真树皮等。

三、方法步骤

1. 清腐：先用锋利的小刀将树洞中腐烂、疏松的部分刮干净，注意不要刮得太深，刮到新鲜树干即可。

2. 消毒：待树洞内干燥时，用安全无毒的季铵铜溶液或铬砷铜溶液进行全面的消毒。

3. 补洞：使用木炭、玻璃纤维、聚氨酯发泡剂或尿醛树脂发泡剂等将树洞修补完整。

4. 洞口表面处理：将凸出树洞口的填充物切掉，然后将表面刮平。

5. 勾缝：如果刮平的洞口表面存在一些缝隙，还需再次对缝隙进行填充勾缝，使表面光滑平整，避免树皮与填充物表面黏合不结实而出现滑落现象。

6. 仿真树皮的黏合：用黏合剂将青灰做的仿真树皮贴补到洞口。

四、结果评价

优秀——清腐干净、消毒彻底、树洞修补完整、洞口处理光滑、树皮黏合优美牢固，完成实验报告认真。

良好——清腐较为干净、消毒较为彻底、树洞修补较为完整、洞口处理较为光滑、树皮黏合较为优美牢固，完成实验报告较为认真。

合格——清腐基本干净、消毒尚可、树洞修补尚可、洞口处理尚可、树皮黏合基本牢固，能完成实验报告。

不合格——清腐不干净、消毒不彻底、树洞修补不完整、洞口处理不光滑、树皮黏合不牢固，不能认真完成实验报告。

五、作业

完成实验报告。

技能训练三　古树、名木的调查、登记、存档

一、目的要求

使学生了解古树名木的调查、登记、存档的方法和内容，为古树、名木的养护做准备。

二、材料与工具

笔、记录本、皮尺、测高器、土壤采样器具等。

三、方法步骤

分组对学校和周边地区进行古树、名木的调查登记与存档。

1. 走访当地园林部门，了解本地区古树、名木的种类、分布范围及相关情况。

2. 调查古树、名木的树种、树龄、树高、冠幅、胸径、长势、病虫害、养护措施沿革等。

3. 根据分级标准对所调查的古树进行分级。

4. 建立档案。

四、结果评价

优秀——调查内容全面、准确，分级正确，登记、编号、存档规范，能够独立完成。

良好——调查内容基本全面、准确，分级基本正确，登记、编号、存档规范，能够独立完成。

合格——在实践老师指导下基本能够完成古树、名木的调查登记与存档。

不合格——不能认真完成古树、名木的调查登记与存档。

五、作业

完成实验报告。

技能训练四 古树、名木的养护措施

一、目的要求

掌握古树名木的一般性养护管理方法。

二、材料与工具

支架、钢管、钢片、2%～5%的硫酸铜溶液、0.1%升汞溶液、石硫合剂等常用消毒药、石蜡、水泥、砂石、铁锨等。

三、方法步骤

1. 支撑、加固：对于树体衰老、枝条下垂的，用钢管、竹条等做支架支撑，干裂的树干用钢片箍起。

2. 树干伤口的治疗：对枝干上的伤口，首先用锋利的刀刮净削平四周，使树皮边缘呈弧形，然后消毒，修剪造成的伤口可涂抹石蜡等。

3. 修补树洞：见技能训练二。

4. 设围栏：围栏距树干3～4m，围栏外地面做透气铺装，在古树干基堆土或筑台，筑台时台边留排水。

四、结果评价

根据实际情况采取适宜的古树、名木养护措施。

优秀——能够根据古树、名木的具体情况采取正确、有效的养护措施，操作正确，效果好。

良好——能够根据古树、名木的具体情况采取正确、有效的养护措施，操作基本正确，效果较好。

合格——在实践老师指导下能够完成古树、名木的养护。

不合格——不能完成古树、名木的养护或缺勤。

知识归纳

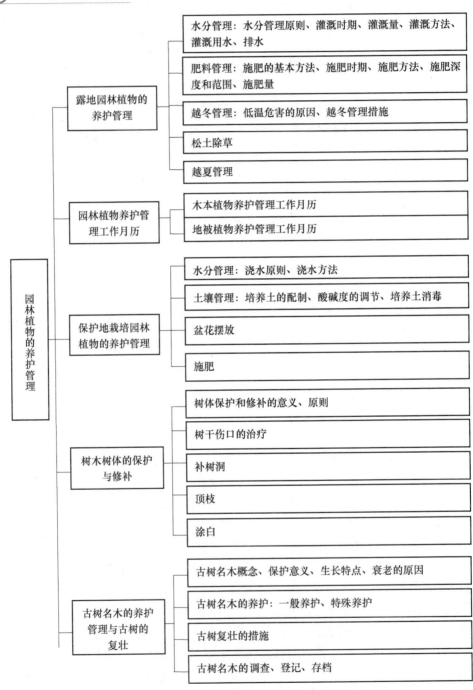

园林植物的养护管理

- 露地园林植物的养护管理
  - 水分管理：水分管理原则、灌溉时期、灌溉量、灌溉方法、灌溉用水、排水
  - 肥料管理：施肥的基本方法、施肥时期、施肥方法、施肥深度和范围、施肥量
  - 越冬管理：低温危害的原因、越冬管理措施
  - 松土除草
  - 越夏管理

- 园林植物养护管理工作月历
  - 木本植物养护管理工作月历
  - 地被植物养护管理工作月历

- 保护地栽培园林植物的养护管理
  - 水分管理：浇水原则、浇水方法
  - 土壤管理：培养土的配制、酸碱度的调节、培养土消毒
  - 盆花摆放
  - 施肥

- 树木树体的保护与修补
  - 树体保护和修补的意义、原则
  - 树干伤口的治疗
  - 补树洞
  - 顶枝
  - 涂白

- 古树名木的养护管理与古树的复壮
  - 古树名木概念、保护意义、生长特点、衰老的原因
  - 古树名木的养护：一般养护、特殊养护
  - 古树复壮的措施
  - 古树名木的调查、登记、存档

项目八 园林树木的整形修剪

【内容提要】

园林树木的整形修剪是园林树木栽培与养护中一项极为重要的工作内容，也是一项专业性和技术性要求较高的工作。本项目主要讲述园林树木整形修剪的概念、作用、时间、整形修剪的程序、注意事项、方法、技术和各类园林树木整形修剪的技能。通过本项目的学习能够根据园林树木的生长习性和园林绿化的要求，修剪出造型优美、结构合理、比例协调、与环境和谐统一的园林树木。

任务一 整形修剪的基本技能

【知识点】

整形修剪的概念
整形修剪的目的
整形修剪的原则

【技能点】

整形修剪的程序
整形修剪的时间
整形修剪的方法
修剪的工具
修剪的技术

 相关知识

一、整形修剪的概念

修剪是指对植株的某些器官，诸如茎、枝、叶、花、果、芽、根等部位进行剪截或剪除的措施。整形是指对植株施行一定的修剪等措施使之形成某种树体结构形态的管理技术。显而易见，整形是通过一定的修剪手段来完成的，而修剪又是在整形基础上，根据某种目的要求来实施的。因此，两者是紧密相关的，同属于一定栽培管理目的要求下的技术措施。在科学的土、肥、水管理的基础上对园林树木进行合理的整形修剪，是提高园林树木栽培管护水平的重要技术措施。

二、园林树木整形修剪的目的

（一）提高园林树木的栽植成活率　树木在起苗和运输的过程中，根部不可避免地会受到伤害。苗木栽植后，如根部不能及时恢复生长，会造成树体水分的失衡，使园林树木栽植成活率下降。在通常情况下，在起苗之前或起苗后，要适当地运用修剪的方法，剪去劈裂根、病虫根、枯死根，剪短过长根，疏去病弱枝、过密枝、徒长枝，有时还需适当摘除部分叶片，以使树木水分保持平衡，在生长季节进行大树移植时，甚至截去若干主、侧枝，以确保栽植后顺利成活。可见，在园林树木栽植的过程中，对园林树木进行适当的修剪是提高树木栽植成活率的重要手段。

（二）控制园林树木的树体大小　园林绿地中栽植的园林树木有其特定的生存空间，为了使园林树木的树体大小与其生长环境相适宜，必须控制好每一个植株的高度和体量。园林树木的树体大小一方面由树种本身的生长特性来决定，另一方面也可以通过对树木进行适当的修剪来控制。屋顶绿化和平台种植的树木，由于土层较浅，树木生长发育空间狭小，更应使植株体量长期控制在一定的范围内，不能越长越大。这些必须通过整形修剪才能实现。

（三）调节园林树木开花结实　运用修剪的方法进行调节，使园林树木树体内的营养合理分配，防止树木徒长，使养分集中供给，促进其花芽分化形成更多花枝、果枝，提高树木开花、结果的数量和质量。对于一些花灌木还可通过修剪达到调节树木花期或延长花期的目的。另一方面，对园林树木进行修剪，也可以减少花枝和花芽的数量，减小园林树木开花结果的数量，提高园林树木开花结果的质量，进而调节园林树木的营养生长和生殖生长之间的平衡，使园林树木的生长更加健壮，以创造园林树木的最佳绿化效果，同时延缓树木的衰老。

（四）促进园林树木健康生长　整形修剪可以调节园林树木树冠内枝叶的密度，使各枝叶都能获得充足的阳光和新鲜的空气，以利于树木各部分健康生长。通过适当疏枝，可增强树体通风透光能力，提高植物的抗逆能力和减少病虫害的发生机率。冬季集中修剪时，同时剪去病虫枝、干枯枝，既保持了绿地清洁，又防止了病虫蔓延，促使园林树木更加健康生长。对于树龄较大的古树名木或树势衰弱的园林树木，进行重剪，剪去树冠上绝大部分的侧枝，或把主枝也分次锯掉，以刺激树干皮层内的隐芽萌发，再选留粗壮的新枝代替老枝，可以达到恢复树势、更新复壮的目的。

（五）增加园林树木的观赏价值　通过整形修剪，还可以把园林树木的树冠培育成特定的形状，使之成为具有一定冠形、姿态的观赏树木。在自然式的庭园中讲究树木的自然姿态，崇高自然的意境，常用修剪的方法来保持树木"古干虬曲，苍劲如画"的天然效果。在规则式的庭园中，常将一些树木的外形通过修剪培育成尖塔形、圆球形、几何形等形状，以和特定的园林形式协调一致。

（六）创造最佳景观效果　人们常将各种不同观赏树木的个体或群体互相搭配造景，配植在一定的园林空间中或者与建筑、山水、桥梁等园林小品相配，创造相得益彰的艺术效果。为了达到以上目的，一定要控制好树木的形体大小比例。例如，在假山或狭小的庭园中配置树木，可用整形修剪的办法来控制其形体大小，以达到小中见大的效果。树木相互搭配时，可用修剪的手法来创造有主有从、高低错落的景观。优美的庭园花木，栽植多年以后就会树体高大，长得比较拥挤，甚至于阻碍小径影响散步行走或失去其特定的观赏价值，因此必须经常对这些树木进行整形修剪，保持其美观与实用的效果。

三、园林树木整形修剪的原则

园林树木的整形修剪，既要考虑园林树木的观赏需要，又应根据园林树木本身的生长习性来进行；既要考虑当前的效应，又要顾及长远的要求。园林树木种类繁多，生长习性各异，不同的园林绿地对树木的要求也不同。具体应选择什么样的树形和采取什么样的修剪方式，应依据以下几个原则来综合考虑。

（一）根据园林树木的生长习性进行修剪　在选择整形修剪方式时，首先应考虑树木的分枝习性、萌芽力、成枝力、开花习性、修剪后伤口的愈合能力等因素。以单轴分枝方式为主的针叶树，采取自然式整形修剪，目的是促使顶芽逐年向上生长，修剪时适当控制上端竞争枝。以合轴分枝、假二叉分枝为主的树木，则既可以进行整形式修剪，也可以进行自然式修剪。一般来讲，乔木树种大多数用自然式修剪，灌木两者皆可。

萌芽力、成枝力及伤口的愈合能力强的树种，称之为耐修剪树种；反之为不耐修剪树种。九里香、福建茶、黄杨、悬铃木、海桐、黄叶榕等这类耐修剪的植物，其修剪的方式可以根据组景的需要及与其他植物的搭配而定。例如黄杨，既可以成行种植，修剪整形成绿篱，也可以修剪成球形；罗汉松可以整形修剪为各种动物形状或树桩盆景式。玉兰、桂花等不耐修剪的植物，应以维持其自然冠形为宜，只能轻剪，仅剪除过密枝、病虫枝及干枯枝等。

（二）根据园林树木的树龄进行修剪　不同年龄的树木应采用不同的修剪方法。植株处于幼年期时，由于具有旺盛的生长势，所以不宜行强度修剪，否则往往会使枝条不能及时在秋季成熟，因而降低抗寒力，亦会造成延迟开花结果。所以对幼龄小树一般只宜弱剪，不宜强剪。成年期树木正处于旺盛的开花结实阶段，此期树木具有完整优美的树冠，这个时期的修剪整形目的在于保持植株的健壮完美，使开花结实活动能长期保持繁茂和丰产、稳产，所以关键在于配合其他管理措施，综合运用各种修剪方法以达到调节均衡的目的。衰老期树木，因其生长势力衰弱，每年的生长量小于死亡量，处于向心生长更新阶段，所以修剪时应以强剪为主，以刺激其恢复生长势，并应善于利用徒长枝来达到更新复壮的目的。

（三）根据树木的长势进行修剪　不同生长势的树木所采用的修剪方法也应不同。对于生长旺盛的树木，宜采取轻剪或不剪的管理方法，以逐渐缓和树木的生长势，保持树木的良好生长状况，起到园林树木观赏和绿化的最佳效果；对于生长势较弱的树木，则应采用较重的修剪方法，一般对其进行重短剪或回缩，剪口下留饱满芽或刺激潜伏芽萌发产生较为强壮的枝条，进而形成新的树冠以取代原来的树冠，以求恢复树木的生长势，取得良好的绿化效果。

（四）根据园林树木的园林用途进行修剪　园林绿地中栽植的树木都有其自身特定的功能和栽植目的，整形修剪时采用的方法也应因地因树而异。以观花为主的树木，如梅、桃、樱花、紫薇、夹竹桃等，应以自然式或圆球形为主，使花团锦簇、花香满树；绿篱类则采取规则式的整形修剪，以展示树木群体组成的几何图形美；庭荫树以自然式树形为宜，树干粗壮挺拔，枝叶浓密，发挥其游憩休闲的功能。

在游人众多的主景区或规则式园林中，整形修剪应当精细，并进行各种艺术造型，使园林景观多姿多彩，新颖别致，生气盎然，发挥出最大的观赏功能以吸引游人。在游人较少的地方，或在以古朴自然为主格调的游园和风景区中，应当采用粗放修剪的方式，保持树木的粗犷、自然的树形。使人身临其境，有回归自然的感觉。

（五）根据园林树木的生长环境进行修剪　园林树木的整形修剪，还应考虑树木与周围环境的协调、和谐，通过修剪使树木与周围的其他树木、建筑物的高低、外形、格调相一致，组成一个相互衬托、和谐完整的整体。例如，在门厅两侧可用规则的圆球式或悬垂式树形；在高楼前宜选用自然式的冠形，以丰富建筑物的立面构图；在有线路从上方通过的道路两侧，行道树应采用杯状式的冠形；在地形空旷、风力比较大的地方，应适当控制高大树木的高度生长，降低分枝点高度，并降低树冠的枝叶密度，增加树冠的通透性，以防大风对园林树木造成风折、风倒等危害。

由于不同地域的气候类型各不相同，对不同地域园林树木的修剪也应采用与当地气候特征相适应的修剪方法。在雨水较多的南方地区，空气特别潮湿闷热，树木的生长速度较快，也特别容易引发树木的病虫害，因此在南方地区栽植树木除加大株行距外，还应对树木进行重剪，降低树冠的枝叶密度，增强树冠的通风和透光条件，保持树木健壮生长。在干旱的北方地区，由于降雨量较少，树木的生长速度相对较慢，对北方园林树木的修剪一般不宜过重，应尽量保持树木较多的枝叶量，保持树木体内较高的含水量，以求取得较好的绿化效果。在冬季寒冷漫长长期积雪的东北地区，对枝干较易折断的树种应进行重剪，尽量缩小树冠体积，以防大雪积压对树木造成伤害。

四、园林树木整形方式

整形主要是为了保持合理的树冠结构，维持各级枝条之间的从属关系，促进整体树势的平衡，达到良好的观赏效果和生态效益。整形方式主要有：

（一）自然式整形（如图8-1）

以自然生长形成的树冠为基础，仅对树冠生长作辅助性的调节和整理，使之形态更加优美自然。保持树木的自然形态，不仅能体现园林树木的自然美，同时也符合树木自身的生长发育习性，有利于树木的养护管理。树木的自然冠形主要有：圆柱形，如塔柏、杜松、龙柏等；塔形，如雪松、水杉、落叶松等；卵圆形，如桧柏（壮年期）、加拿大杨等；球形，如元宝枫、黄刺梅、栾树等；倒卵形，如千头柏、刺槐等；丛生形，如玫瑰、棣棠、贴梗海棠等；拱枝形，如连翘、迎春等；垂枝形，如龙爪槐、垂枝榆等；匍匐形，如偃松、偃桧等。修剪时需依据不同的树种灵活掌握，对有中央领导干的单轴分枝型树木，应注意保护顶芽、防止偏顶而破坏冠形；抑制或剪除扰乱生长平衡、破坏树形的交叉枝、重生枝、徒长枝等，维护树冠的匀称完整。

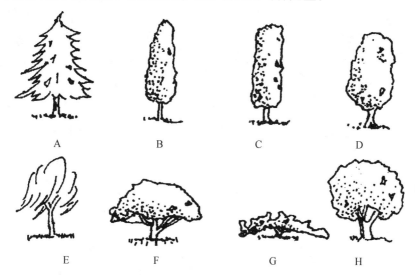

图 8-1 常见树形图

A. 尖塔形；B. 圆锥形；C. 圆柱形；D. 椭圆形；E. 垂枝形；F. 伞形；G. 匍匐形；H. 圆球形

（二）人工式整形（如图 8-2）

依倨园林景观配置需要，将树冠修剪成各种特定的形状。整形式整形一般适用于耐修剪、萌芽力和成枝力都很强的树种，如黄杨、小叶女贞、龙柏等枝密、叶小的树种。常见树型有规则的几何形体、不规则的人工形体，以及亭、门等雕塑形体，原在西方园林中应用较多，但近年来在我国也有逐渐流行的趋势。

图 8-2 常见的整形式树形

（三）自然与人工混合式整形

在自然树形的基础上，结合观赏目的和树木生长发育的要求而进行的整形方式。

1. 杯状形（如图 8-3） 树木仅留一段较低的主干，主干上部分生 3 个主枝，均匀向四周排开；每主枝各自分生侧枝 2 个，每侧枝再各自分生次侧枝 2 个，而成 12 枝，形成为"三股、六杈、十二枝"的树形。杯状形树冠内不允许有直立枝、内向枝的存在，一经出现必须剪除。此种整形方式适用于轴性较弱的树种，如二球悬铃木，在城市行道树中较为常见。

2. 自然开心形（如图8-4）　是杯状形的改进形式，不同处仅是分枝点较低、内膛不空、三大主枝的分布有一定间隔，适用于轴性弱、枝条开展的观花观果树种，如碧桃、石榴等。

图 8-3　杯形

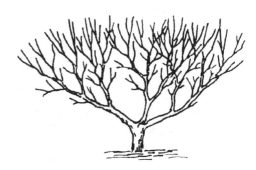

图 8-4　自然开心形

3. 中央领导干形（如图8-5）　在强大的中央领导干上配列疏散的主枝。适用于轴性强、能形成高大树冠的树种，如白玉兰、青桐、银杏及松柏类乔木等，在庭荫树、景观树栽植应用中常见。

4. 多主干形（如图8-6）　有2~4个主干，各自分层配列侧生主枝，形成规整优美的树冠，能缩短开花年龄，延长小枝寿命，多适用于观花乔木和庭荫树，如紫薇、腊梅、桂花等。

图 8-5　中央领导干形

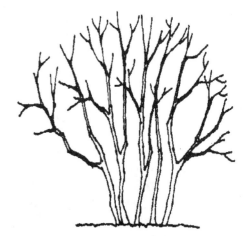

图 8-6　多主干形

5. 灌丛形　适用于迎春、连翘、云南黄馨等小型灌木，每灌丛自基部留主枝10余个，每年疏除老主枝3~4个，新增主枝3~4个，促进灌丛的更新复壮。

6. 棚架形　属于垂直绿化栽植的一种形式，常用于葡萄、紫藤、凌霄、木通等藤本树种。整形修剪方式由架形而定，常见的有篱壁式、棚架式、廊架式等。

任务实施

一、树木修剪的程序及安全管理规定

（一）树木修剪程序

修剪程序概括为：一知、二看、三剪、四清理、五保护。

一知：坚持上岗前培训，使每个修剪人员知道修剪操作规程、规范及每次修剪作业的目的和特殊要求。包括每一种树木的生长习性、开花习性、结果习性、长势强弱、树龄大小、周围生长环境、树木生长位置（行道、庭荫等）、花芽多少等等，都在动手前看明白，然后再进行操作。

二看：修剪前，先观察树木，从上到下，从里到外，四周都要观察。根据对树木"一知"情况，再看前一年修剪后新生枝生长强弱、多少，决定今年修剪时，留哪些枝条，决定采用短截还是疏枝，是轻度还是重度。做到心中有数后，再动手进行修剪操作。

三剪：根据因地制宜、因树修剪的原则，应用疏枝、短截两种基本修剪方法或其他辅助修剪方法进行合理修剪。修剪时最忌无次序、不加思索地乱剪，应留枝条未留，该剪的枝条却留下了。经验告诉我们，剪绿篱和色块应从外沿定好起点位置，由外向内修剪，高大乔木由上向下修剪，灌丛型花灌木由冠外向丛心修剪。这样避免差错或漏剪，保证修剪质量和提高速度。

四清理：修剪下的枝条及时集中运走，保证环境整洁。枝条要求及时处理，如粉碎、堆肥，对病虫危害枝及叶应集中销毁，避免病虫蔓延。

五保护：直径超过4cm以上的剪锯口，应用刀削平，涂抹防腐剂促进伤口愈合。锯除大树杈时应注意保护皮脊。

（二）修剪作业的安全管理措施

1. 作业人员自身安全防范

（1）作业人员按规定穿好工作服、工作鞋，戴好安全帽、防护眼镜，系好安全绳和安全带等。

（2）操作时精力集中，不许打闹谈笑，上树前不许饮酒。

（3）身体条件差、患有高血压及心脏病者，不准上树。

（4）按规范要求操作，如攀树动作、大树作业修剪程序等，由老带新、培养技能。

2. 组织管理安全措施

（1）安全组织完善：设安全质量检查员、技术指导员、交通疏导员。

（2）现场组织严密：工具材料、机械设施、园林垃圾、施工区、道路安全区等安排有序。

（3）调度指挥合理：五级以上大风不可上树，停止作业；截除大枝要由有经验的老工人统一指挥操作；多人同在一树上修剪，注意协作，避免误伤同伴；公园及路树修剪，要有专人维护现场，树上树下互相配合，防止砸伤行人和过往车辆；在高压线附近作业，要特别注意安全，避免触电，需要时请供电部门配合；路树修剪应和交管人员协作，设定禁行安全标志，有交通疏导配合作业。

3. 机械及工具安全

（1）保证工具、器具、机械的完好率，如升降机、油锯等事先进行全面检查和维护保养。

（2）工具使用安全规范：梯子必须牢固，要立得稳；单面梯将上部横档与树身捆牢，人字梯中腰拴绳，角度开张适当；上树后作业前要系好安全绳，手锯绳套拴在手腕上；修剪工具要坚固耐用，防止误伤或影响工作；使用高车修剪，要支放平稳，操作过程中，听从专人指挥。

二、整形修剪的时期

园林树木的种类繁多，树种的生长习性各异，不同树种的园林绿化功能也各不相同，对不同园林树木进行修剪的目的和方法也不相同，与其相适宜的修剪时间也各不相同。总的来说，一年之中的任何时候都可以对园林树木进行修剪，但确定园林树木修剪的具体时期应考虑以下两个方面的因素：一是园林树木的修剪不要对园林树木的正常生长造成太大的影响，要尽量避免因修剪而导致树木营养过量消耗，生长严重削弱，同时尽力避免修剪后树木伤口造成感染。例如树木的抹芽、除蘖宜早不宜迟。二是要保证园林树木在修剪后能够正常开花结果，保持完好的树形，要通过修剪提高园林树木的观赏价值，发挥园林树木独特的景观作用。如观花观果类树木，应在花芽分化以前或花期过后进行修剪；对于观枝类的树木，为了延长其观赏期，应在早春树木的芽萌动以前进行修剪。一般园林树木修剪的时间可分为冬季修剪和夏季修剪。

（一）园林树木的休眠期修剪（冬季修剪）

休眠期树体内营养物质大都回流到根部和较大的枝干进行贮藏，此时对树木进行修剪，树木的养分损失最少，且修剪后形成的伤口不易被病虫害感染，修剪对树木生长的影响也极小，大部分园林树木的修剪适宜在树木的休眠期进行。原产于热带和亚热带地区的观花乔、灌木，没有明显的落叶期，但是在11月下旬到3月初的这段时间里，他们的生长速度较为缓慢，有些树木则处于半休眠状态，因此这段时间也是对其进行修剪的适宜时期。

园林树木冬季修剪的具体时间应根据当地的气候特征和最低气温来确定。在冬季较温暖的地方修剪树木宜早，在头一年的冬季就可以进行修剪，而在冬季严寒的地方应稍晚进行修剪。树木修剪后留下的伤口在冬季严寒的地方容易受到冻害，应在早春对树木进行修剪为宜；对一些需要经过保护才能正常越冬的花灌木，应在秋季落叶后立即对其进行重剪，然后埋土或卷干越冬。在南方地区，冬季气温也不会太低，树木的冬季修剪可以在树木落叶以后到第二年萌芽前的一段时期内随时进行，树木修剪后留下的伤口虽然不能很快愈合，但也不会遭受冻害。有的树种在休眠期修剪会出现伤流的现象，树液的流失会严重影响树木下一年的正常生长发育，甚至会造成树木死亡，对于这种类型的树木一定要避开树木的伤流时期进行修剪。冬季修剪对控制园林树木的树体大小、调节园林树木的树形和树冠结构，调节园林树木的枝梢生长、控制树木来年的花果量和决定来年花芽分化等都有重要作用。园林树木的冬季修剪常用短截、回缩、疏枝、缓放、截干、平茬等具体的修剪方法。

（二）园林树木的生长期修剪（夏季修剪）

园林树木的生长期，也就是在树木萌芽展叶以后到树木开始落叶前的一段时间内。对于园林树木来说，生长期也是园林树木发挥绿化作用的关键时期。在生长期内园林树木的生长速度较快，对于特定的园林树木应用修剪的方法来控制树体的大小、形状、枝叶密度、开花结果的时间和数量，以使园林树木更好地发挥园林绿化的作用。园林树木夏季修剪常用的修剪方法有抹芽、除蘖、摘心、剪梢、疏枝等。

常绿树木没有明显的落叶期，在春夏季节可随时修剪其生长过长、过旺的枝条，促进剪口下的叶芽萌发产生更多的新梢。有的树木在一年内多次抽生新梢，并且在新梢上进行花芽分化和开花，对于这样的树木应在每次开花后及时剪去残花，促使其抽生新梢，不断成花开花，以延长其观花期，如紫薇、月季等。对于观叶、观姿类树木，一旦出现扰乱树形的枝条就要立即对其进行修剪。对绿篱树木的夏季修剪，主要的目的是在整个生长季节保持绿篱整齐美观的外形，同时也可以剪取插穗进行繁育。

三、整形修剪的方法

修剪的基本方法有截、疏、伤、变、放 5 种，实践中应根据修剪对象的实际情况灵活运用。

（一）截

是将园林树木一年生枝条的前端剪去一截，以刺激剪口下的侧芽萌发，增加树木的枝量，促进树木营养生长和增加树木开花结果量的修剪方法。根据对一年生枝条剪截长度的不同，一般将短截分为以下几种类型：

1. 轻短截　只剪去一年生枝的少部分枝段，一般剪去枝条的1/4～1/3。如在春秋梢的交界处短截（打盲节），或在秋梢上进行短截。一年生枝轻短截后易形成较多的中、短枝，单枝生长较弱，能缓和树势，利于花芽分化。

2. 中短截　在一年生枝春梢的中上部芽子较为饱满的地方进行短截，一般剪去枝条的1/3～1/2。中短截后剪口下的侧芽一般会萌发形成较多的中、长枝，成枝力较高，生长势较强，枝条加粗生长较快。中短截的方法一般多用于对各级骨干枝的延长枝或复壮枝的修剪。

3. 重短截　在一年生枝的中下部进行短截，一般剪去一年生枝条总长度的2/3～3/4。对树木一年生枝的刺激作用大，对全树总生长量有较大的影响，一年生枝重短截后萌发的侧枝较少，由于树体对新发侧枝的营养供应较为充足，使得新发枝条的长势较旺，容易形成花芽。重短截的方法一般多用于恢复整株树木的生长势和改造树体内的徒长枝、竞争枝。有时对于新移植的树木也会采用重短截的方法对树木的一年生枝进行修剪，以利于树木的成活和恢复树木的生长势。

4. 极重短截　在一年生枝的基部留1～2个芽进行短截。一年生枝进行极重短截后一般会萌发生长出1～2个较弱的枝条。极重短截一般多用于对竞争枝进行处理，有时为了降低枝条的发生部位也可使用极重短截的方法。

（二）疏

又称疏剪或疏删，就是把枝条从基部剪去的修剪方法。把新梢、一年生枝、多年生枝从基部去掉都可叫做疏剪。疏剪主要用于除去树冠内过密的枝条，减少树冠内枝条的数量，使枝条均匀分布，为树冠创造良好的通风透光条件，减少病虫害，增加同化作用产物，使枝叶生长健壮，有利于花芽分化和开花结果。疏剪对园林树木的总生长量有削弱的作用，对局部的促进作用不如短截明显。但如果只是将园林树木的衰弱枝除掉，还是会促使整株树木的长势加强。

疏剪的对象主要是病虫枝、伤残枝、干枯枝、内膛过密枝、衰老下垂枝、重叠枝、并生枝、交叉枝及干扰树形的竞争枝、徒长枝、根蘖枝等。

依据疏剪强度可将其分为轻疏（疏枝量占全树枝条的10%或以下）、中疏（疏枝量占全树的10%~20%）、重疏（疏枝量占全树的20%以上）。园林树木的疏剪强度依树木的种类、生长势和年龄而定。萌芽力和成枝力都很强的树种，疏剪的强度可大些；萌芽力和成枝力较弱的树种，要尽量少疏枝，如雪松、凤凰木、白千层等。对生长旺盛的幼树一般进行轻疏枝或不疏枝，以促进树体迅速长大成形。花灌木类宜轻疏枝以使其提早形成花芽开花。成年树的生长与开花进入旺盛期，为调节树木营养生长与生殖生长的平衡，要对其进行适当中疏。衰老期的树木，由于树冠内枝条较少，疏剪时要特别注意，只能疏去少量必须要疏除的枝条。

（三）放

是对园林树木的枝条不做处理，任其自然生长的一种修剪方法。即对一年生枝条不作任何短截，任其自然生长。缓放不是在修剪的过程中遗忘了对某些枝条进行处理，而是针对枝条的生长发育情况，决定对其不做修剪而任其自然生长。在园林树木的修剪过程中，对于同一株树木的枝条，不一定要全部进行修剪，一般只对其中的一部分枝条进行修剪，而对另外一部分枝条采用缓放的处理方法。针对单个枝条生长势逐年减弱的特点，对部分长势中等的枝条长放不剪，其下部容易萌发产生中、短枝。这些枝条停止生长早，同化面积大，光合产物多，有利于花芽形成。对幼树、旺树，常以长放的手法来缓和树势，促进提早开花、结果。长放的方法用于长势中庸的树木、平生枝、斜生枝等效果更好。但对幼树骨干枝的延长枝或背生枝、徒长枝不能采用长放的修剪方法；弱树也不宜多用长放的方法。

（四）伤

损伤枝条的韧皮部或木质部，以达到削弱枝条生长势、缓和树势的方法称为伤。伤枝多在生长季内进行，对局部影响较大，而对整株树木的生长影响较小，是整形修剪的辅助措施之一，主要方法有：

1. 环状剥皮（环剥） 用刀在枝干或枝条基部的适当部位，环状剥去一定宽度的树皮，以在一段时期内阻止枝梢的光合养分向下输送，有利于枝条环剥上方营养物质的积累和花芽分化，适用于营养生长旺盛、但开花结果量小的枝条。剥皮宽度要根据枝条的粗细和树种的愈伤能力而定，一般以1个月内环剥伤口能愈合为限，约为枝直径的1/10左右（2~10mm），过宽伤口不易愈合，过窄愈合过早而不能达到目的。环剥深度以达到木质部为宜，过深伤及木质部会造成环剥枝梢折断或死亡，过浅则韧皮部残留，环剥效果不明显。实施环剥的枝条上方需留有足够的枝叶量，以供正常光合作用之需。

环剥是在生长季应用的临时性修剪措施，多在花芽分化期、落花落果期和果实膨大期进行，在冬剪时要将环剥以上的部分逐渐剪除。环剥也可用于主干、主枝，但须根据树体的生长状况慎重决定，一般用于树势强旺、花果稀少的青壮树。伤流过旺、易流胶的树种不宜应用环剥。

2. 刻伤　用刀在枝芽的上（或下）方横切（或纵切）而深及木质部的方法，常结合其他修剪方法施用。主要方法有：

（1）目伤　在枝芽的上方行刻伤，伤口形状似眼睛，伤及木质部以阻止水分和矿质养分继续向上输送，以在理想的部位萌芽抽生壮枝；反之，在枝芽的下方行刻伤时，可使该芽抽生枝生长势减弱，但因有机营养物质的积累，有利于花芽的形成。

（2）纵伤　指在枝干上用刀纵切而深达木质部的刻伤，目的是为了减小树皮的机械束缚力，促进枝条的加粗生长。纵伤宜在春季树木开始生长前进行，实施时应选树皮硬化部分，细枝可行一条纵伤，粗枝可纵伤数条。

（3）横伤　指对树干或粗大主枝横切数刀的刻伤方法，其作用是阻滞有机养分的向下回流，促使枝干充实，有利于花芽分化达到促进开花、结实的目的。作用机理同环剥，只是强度较低而已。

3. 折裂　为曲折枝条使之形成各种艺术造型，常在早春萌芽初始期进行。先用刀斜向切入，深达枝条直径的1/2～2/3处，然后小心地将枝弯折，并利用木质部折裂处的斜面支撑定位，为防止伤口水分损失过多，往往对伤口进行包扎。

4. 扭梢和折梢（枝）　多用于生长期内生长过旺的半木质化枝条，特别是着生在枝背上的徒长枝，扭转弯曲而未伤折者称扭梢，折伤而未断离者则为折梢。扭梢和折梢均是部分损伤输导组织以阻碍水分、养分向生长点输送，削弱枝条长势以利于短花枝的形成。

（五）变

是变更枝条生长的方向和角度，以调节顶端优势为目的整形措施，并可改变树冠结构，有屈枝、弯枝、拉枝、抬枝等形式，通常结合生长季修剪进行，对枝梢施行屈曲、缚扎或扶立、支撑等技术措施。直立诱引可增强生长势；水平诱引具中等强度的抑制作用，使组织充实易形成花芽；向下屈曲诱引则有较强的抑制作用，但枝条背上部易萌发强健新梢，须及时去除，以免适得其反。

（六）其他

1. 摘心　摘除新梢顶端生长部位的措施，摘心后削弱了枝条的顶端优势、改变了营养物质的输送方向，有利于花芽分化和开花结果。摘除顶芽可促使侧芽萌发，从而增加了分枝，有利于树冠早日形成。秋季适时摘心，可使枝、芽器官发育充实，有利于提高抗寒力。

2. 抹芽　抹除枝条上多余的芽体，可改善留存芽的养分状况，增强其生长势。如每年夏季对行道树主干上萌发的隐芽进行抹除，一方面可使行道树主干通直；另一方面可以减少不必要的营养消耗，保证树体健康的生长发育。

3. 摘叶（打叶）主要作用是改善树冠内的通风透光条件，提高观果树木的观赏性，防止枝叶过密，减少病虫害，同时起到催花的作用。如丁香、连翘、榆叶梅等花灌木，在8月中旬摘去一半叶片，9月初再将剩下的叶片全部摘除，在加强肥水管理的条件下，则可促其在国庆节期间二次开花。而红枫的夏季摘叶措施，可诱发红叶再生，增强景观效果。

4. 去蘖（又称除萌） 榆叶梅、月季等易生根蘖的园林树木，生长季期间要随时除去萌蘖，以免扰乱树形，并可减少树体养分的无效消耗。嫁接繁殖树，则须及时去除砧木上的萌蘖，防止干扰树性，影响接穗树冠的正常生长。

5. 摘蕾 实质上为早期进行的疏花、疏果措施，可有效调节花果量，提高存留花果的质量。如杂种香水月季，通常在花前摘除侧蕾，而使主蕾得到充足养分，开出漂亮而肥硕的花朵；聚花月季，往往要摘除侧蕾或过密的小蕾，使花期集中，花朵大而整齐，观赏效果增强。

6. 摘果 摘除幼果可减少营养消耗、调节激素水平，枝条生长充实，有利花芽分化。对紫薇等花期延续较长的树种栽培，摘除幼果，花期可由 25 天延长至 100 天左右；丁香开花后，如不是为了采收种子也需摘除幼果，以利来年依旧繁花。

7. 断根 在移栽大树或山林实生树时，为提高成活率，往往在移栽前 1~2 年进行断根，以回缩根系、刺激发生新的须根，有利于移植。进入衰老期的树木，结合施肥在一定范围内切断树木根系的断根措施，有促发新根、更新复壮的效用。

四、园林树木修剪的常用工具

园林树木常用的修剪工具有修枝剪、修枝锯、梯子、割灌机、油锯等（如图 8-7）。

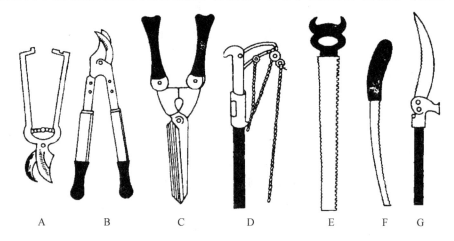

图 8-7 常用的树木修剪工具

A. 普通修枝剪；B. 长把修枝剪；C. 绿篱剪；D. 高枝剪；E. 双面修枝锯；F. 单面修枝锯；G. 高枝锯

（一）修枝剪 又称剪枝剪，包括普通修枝剪、绿篱剪、高枝剪等。普通修枝剪由一片主动剪片和一片被动剪片组成。主动剪片的一侧为刀口，需要在修剪以前提前打磨好刀刃。普通修枝剪一般用于剪截直径在 3cm 以下的枝条。绿篱剪适用于对绿篱进行修剪。高枝剪适用于对庭园孤立木、行道树等树干较高的树木进行修剪，但使用高枝剪只能对较细的枝条进行修剪。因枝条所处位置较高，用高枝剪，可免登高作业。

（二）修枝锯 有单面、双面修枝锯和高枝锯，用于锯掉较粗的枝条。一般在冬季修剪时使用修枝锯来修剪树木的大枝。

（三）梯子　在修剪高大树木的位置较高的枝干时登高而用。在使用前首先要观察地面凹凸及软硬情况，以保证安全。

（四）油锯　油锯是一种用汽油机作动力的树木修剪工具，对于较大的树木可用油锯来修剪大枝或截断树干，使用油锯可以极大地提高劳动生产效率。现在的园林树木修剪已越来越多地使用油锯等机具。但因油锯工作时运转速度很快，操作时一定要注意安全，最好让有经验的员工或经过培训的人员来操作。

（五）割灌机　割灌机也是一种常用的树木修剪机具，一般用于修剪外形较规则的树木，如绿篱、色块等，工作效率也很高，但使用时一定要注意安全。

五、园林树木的修剪技术

（一）剪口和剪口芽的处理

疏截修剪造成的伤口称为剪口，距离剪口最近的芽称为剪口芽。剪口方式和剪口芽的质量对枝条的抽生能力和长势有关。

1. 剪口方式　剪口的斜切面应与芽的方向相反，其上端略高于芽端上方 0.5cm，下端与芽之腰部相齐，剪口面积小而易愈合，有利于芽体的生长发育。

2. 剪口芽的处理　剪口芽的方向、质量决定萌发新梢的生长方向和生长状况，剪口芽的选择，要考虑树冠内枝条的分布状况和对新枝长势的期望。背上芽易发强旺枝，背下芽发枝中庸；剪口芽留在枝条外侧可向外扩张树冠，而剪口芽方向朝内则可填补内膛空位。为抑制生长过旺的枝条，应选留弱芽为剪口芽；而欲弱枝转强，剪口则需选留饱满的背上壮芽。

（二）大枝剪截

整形修剪中，在移栽大树、恢复树势、防风雪危害以及病虫枝处理时，经常需对一些大型的骨干枝进行锯截，操作时应格外注意锯口的位置以及锯截的步骤。

1. 截口位置　选择准确的锯截位置及操作方法是大枝修剪作业中最为重要的环节，因其不仅影响到剪口的大小及愈合过程，更会影响到树木修剪后的生长状况。错误的修剪技术会造成创面过大、愈合缓慢，创口长期暴露、腐烂易导致病虫害寄生，进而影响整个树木的健康。正确的位置是贴近树干但不超过侧枝基部的树皮隆脊部分与枝条基部的环痕。该法的主要优点是保留了枝条基部环痕以内的保护带，如果发生病菌感染，可使其局限在被截枝的环痕组织内而不会向纵深处进一步扩大。

2. 锯截步骤　对直径在 10cm 以下的大枝进行剪截，首先在距截口 10～15cm 处锯掉枝干的大部分，然后再将留下的残桩在截口处自上而下稍倾斜削正。若疏除直径在 10cm 以上的大枝时，应首先在距截口 10cm 处自下而上锯一浅伤口（深达枝干直径的 1/3～1/2），然后在距此伤口 5cm 处自上而下将枝干的大部分锯掉，最后在靠近树干的截口处自上而下锯掉残桩，并用利刀将截口修整光滑，涂保护剂或用塑料布包扎。

3. 截口保护　短截与疏剪的截口面积不大时，可以任其自然愈合。若截口面积过大，易因雨淋及病菌侵入而导致剪口腐烂，需要采取保护措施。应先用锋利的刀具将创口修整平滑，然后用 2% 的硫酸铜溶液消毒，最后涂保护剂。效果较好的保护剂有：

（1）保护蜡　用松香 2500g，黄蜡 1500g，动物油 500g 配制。先把动物油放入锅中加温火熔化，再将松香粉与黄蜡放入，不断搅拌至全部熔化，熄火冷凝后即成，取出装入塑料袋密封备用。使用时只需稍微加热令其软化，即可用油灰刀蘸涂，一般适用于面积较大的创口。

（2）液体保护剂　用松香10份，动物油2份，酒精6份，松节油1份（按重量计）。先把松香和动物油一起放入锅内加温，待熔化后立即停火，稍冷却后再倒入酒精和松节油，搅拌均匀，然后倒入瓶内密封贮藏。使用时用毛刷涂抹即可，适用于面积较小的创口。

（3）油铜素剂　用豆油1000g，硫酸铜1000g和热石灰1000g配制。硫酸铜、熟石灰需预先研成细粉末，先将豆油倒入锅内煮至沸热，再加入硫酸铜和熟石灰，搅拌均匀，冷却后即可使用。

任务二　各类园林植物的整形修剪技能

【技能点】

庭荫树的整形修剪
行道树的整形修剪
花灌木的整形修剪
藤木类植物的整形修剪
绿篱的整形修剪
桩景树的整形修剪
特殊形状造型的整形修剪

一、庭荫树的整形修剪

庭荫树一般栽植在公园中开阔地域的中心位置、建筑物的周围或南侧、园路两侧，具有庞大的树冠、雄伟的树形、健壮的树干，能造成浓荫如盖、凉爽宜人的环境，供游人纳凉避暑、休闲聚会之用。

庭荫树整形修剪，首先是培养一段高矮适中、挺拔粗壮的树干。树干的高度不仅取决树种的生态习性和生物学特性，主要应与周围的环境相适应。树木定植后，尽早将树干上高2m以下的枝条全部疏除。以后随着树木的长大，逐年疏除树冠下部的树干上萌发的侧枝。作为遮阳树，树干的高度一般要保持在2m以上，为游人提供树下自由活动的空间。

庭荫树一般以自然式树形为宜，只在休眠期间将树冠内的过密枝、伤残枝、枯死枝、病虫枝及扰乱树形的枝条疏除即可，当然也可根据园林绿化配植的特殊需要进行特别的造型和修剪。庭荫树的树冠应尽可能大些，以最大可能发挥其遮阳等保护作用，并对一些树皮较薄的树种有防止日灼、伤害树干的作用。一般认为，庭荫树的树冠占树高的比例以2/3为佳。如果树冠过小，则会影响树木的遮荫作用及健康生长。

二、行道树的整形修剪

行道树是城市绿化的主要树种，它在城市中起到沟通各类分散绿地、组织交通的作用，还能反映一个城市的风貌和特点。

城市行道树的生长环境极其复杂，行道树的生长与管理常受到车辆和行人、街道宽度、建筑物高低、架空线路、地下电缆和管道的影响。为了便于车辆通行，行道树必须有一个通直的主干，干高3～4m为好。公园内园路两侧的行道树或林荫路上的树木主干高度以不影响游人的行走为原则，一般枝下高度在2.8m以上。同一街道的行道树其干高与分枝点应基本一致，树冠端正，生长健壮。行道树的主要造型有：

（一）杯状形修剪　枝下高2.5～4m，应在苗圃中完成基本造型，定植后5～6年内完成整形。离建筑物较近的行道树，为防止枝条扫瓦、堵门、堵窗，影响室内采光和安全，应随时对过长枝条进行短截或疏枝。生长期内要经常进行除萌，冬季修剪时主要疏除交叉枝、并生枝、下垂枝、枯枝、伤残枝及背上直立枝等。

以二球悬铃木为例，在树干2.5～4m处截干，萌发后选3～5个方向不同、分布均匀、与主干成45°夹角的枝条作主枝，其余分期剪除。当年冬季或第二年早春修剪时，将主枝在80～100cm处短截，剪口芽留在侧面，并处于同一水平面上，使其匀称生长；第二年夏季再抹芽和疏枝。幼年时顶端优势较强，侧生或背下着生的枝条容易转成直立生长，为确保剪口芽侧向斜上生长，修剪时可暂时保留背生直立枝。第二年冬季或第三年早春，于主枝两侧发生的侧枝中选1～2个作延长枝，并在80～100cm处短截，剪口芽仍留在枝条侧面，疏除原暂时保留的直立枝。如此反复修剪，经3～5年后即可形成杯状形树冠。骨架构成后，树冠扩大很快，疏去密生枝、直立枝，促发侧生枝，增加遮荫效果。

（二）开心形修剪　适用于无中央主轴或顶芽自剪、呈自然开展冠形的树种。定植时，将主干留3m截干；春季发芽后，选留3～5个不同方位、分布均匀的侧枝并进行短截，促使其形成主枝，余枝疏除。在生长季，注意对主枝进行抹芽，培养3～5个方向合适、分布均匀的侧枝；来年萌发后，每侧枝在选留3～5枝短截，促发次级侧枝，形成丰满、匀称的冠形。

（三）自然式冠形修剪　在不妨碍交通和其他市政工程设施、且有较大生长空间条件时，行道树多采用自然式整形方式，如塔形、伞形、卵球形等。

1. 有中央领导干的树木修剪　如银杏、水杉、杨树、侧柏、雪松、枫杨等的整形修剪，主要是选留好树冠最下部的3～5个主枝，一般要求枝间上下错开、方向匀称、角度适宜，并剪掉主枝上的基部侧枝。在养护管理过程中以疏剪为主，主要对象为枯死枝、病虫枝和过密枝等；注意保护主干顶稍，如果主干顶稍受损伤，应选直立向上生长的枝条或壮芽代替、培养主干，抹其下部侧芽，避免多头现象发生。

2. 无中央领导干的树木修剪　如旱柳、榆树等，在树冠最下部选留5～6个主枝，各层主枝间距要短，以利于自然长成卵球形的树冠。每年修剪的对象主要是枯死枝、病虫枝和伤残枝等。

三、灌木的整形修剪

灌木根据观赏部位不同可分为观花类、观果类、观枝类、观形类、观叶类等。不同类型的花灌木在整形修剪上有不同的要求。

（一）观花类　以观花为主要目的花灌木的整形修剪，必须全面考虑树木的开花习性，如花芽的性质、成花的时间、开花的时间、开花的部位、开花的数量等。

1. 早春开花种类：绝大多数花灌木其花芽是在夏秋季进行分化，在第二年的春季开花，花芽生长在一年生枝条上，个别的在多年生枝条上也能形成花芽。修剪时期以休眠期为主，结合夏季修剪。修剪的方法以疏枝和回缩为主，也有时适当运用其他的修剪方法。

修剪时要注意原有树形的不断调整和发展。在原树形的基础上不断改进，使花灌木发挥更好的观赏作用。对于花芽为顶生的花灌木，在休眠期修剪时，不能短截着生花芽的枝条（如山茶、丁香等）。对于花芽腋生且花芽较多的花灌木，在休眠期修剪时可适当短截着生花芽的枝条（如蜡梅、迎春、榆叶梅等）。对于具有混合芽的花灌木，可以选留混合芽作为剪口芽。对于花芽为纯花芽的花灌木，其剪口芽要选留叶芽。

在花灌木修剪的实际操作中，对于多数树种仅进行常规修剪，即疏除病虫枝、干枯枝、过密枝、交叉枝、徒长枝等。只有少数树种需要进行培养造型的修剪和注重花枝组的培养，以提高观赏价值。

对于先花后叶的花灌木种类，一般在春季花后对老枝进行修剪，以保持理想的树形。对具有拱形枝条的种类如连翘、迎春等，在花后采用疏剪和回缩的方法，一方面疏去过密枝、枯死枝、徒长枝、干扰枝；另一方面要回缩老枝，促发强壮新枝，以使树冠饱满，充分发挥其树姿特点，同时促使产生大量的新梢新成花芽，提高来年的观花效果。

2. 夏秋开花的种类：此类树木花芽在当年春天发出的新梢上形成，夏秋在当年生枝上开花，如八仙花、紫薇、木槿等。这类树木的修剪时间通常在早春树液流动前进行，一般不在秋季修剪，以免枝条受到刺激后发生新梢，遭受冻害。修剪方法因树种而异，主要采用短剪和疏剪。对于先叶后花的当年成花当年开花的花灌木，一般在其开花后对着生残花的枝条进行剪梢，在花枝上较为强壮的部位进行剪截，以促发新的枝条并在其上继续进行花芽分化和开花，如珍珠梅、锦带花、紫薇、月季等，以集中营养延长花期，并且还可使一些树木开花次数增多。此类花木修剪时应特别注意，不要在开花前对新梢进行修剪，因为其花芽一般着生在枝条的上部或顶端。

3. 一年多次开花的种类：此类花灌木一年中多次开花，花芽是在新抽生的枝条上形成的。这类花木的修剪分2个阶段：休眠期和生长期。在休眠期剪除老枝，生长季节在花后短截新梢，如月季、珍珠梅等。

生产中还常将一些花灌木整形修剪成小乔木状，提高其观赏价值。如蜡梅、扶桑、红背桂、月季、米兰、含笑等，其丛生的枝条集中生长在根颈部位，在春季保留株丛中央的一根主枝，而将周围的主枝从基部疏除，以后将主枝上萌发出的侧枝全部去掉，仅保留该主枝先端的四根侧枝，以后在这四根侧枝上又生长出二级侧枝，这样就把一株花灌木修剪成了小乔木状，花枝从侧枝上抽生而出。

另外，对萌芽力极强的花灌木或冬季易枯梢的花灌木，可在冬季树木落叶后将树木的地上部分自地面平茬，如胡枝子、荆条、木芙蓉、醉鱼草等，使其在第二年春季重新萌发新枝长出新的树冠。对于蔷薇、迎春、丁香、榆叶梅等生长速度较快的花灌木，在定植后的头几年内可任其自然生长，等树冠枝条过密时再对其进行疏剪与回缩，否则树木的通风透光不好会导致开花不良，大大降低树木的观赏价值。

（二）观果类　金银木、枸杞、佛手、火棘、金桔等是一类既可观花、又可观果的花灌木。它们的修剪时期和方法与早春开花的种类大体相同，但需特别注意及时疏除过密枝、徒长枝、枯枝、病枝等，确保通风透光，减少病虫害，促进果实着色，提高观赏效果。为提高其座果率和促进果实生长发育，往往在夏季还采用摘心、环剥、疏花、疏果等修剪措施。

（三）观枝类　为延长冬季观赏期，修剪多在早春萌芽前进行。对于嫩枝鲜艳、观赏价值高的种类，除每年早春重短截以促发新枝外，还应逐步疏除老枝，促进树冠更新。这类花木如红瑞木、棣棠等。

（四）观形类　修剪方式因树种而异。对垂枝桃、垂枝梅、龙爪槐短截时，剪口留拱枝背上芽，以诱发壮枝，弯曲有力。而对合欢树、鸡爪槭等成形后只进行常规疏剪，通常不再进行短截修剪。

（五）观叶类　属于观叶类的有全年叶色为紫色或红色的，如紫叶李、红叶小檗等，也有全年叶色发黄的金叶女贞等。其中有些种类不但叶色奇特，花也很具观赏价值。对既观花又观叶的种类，往往按早春开花的种类修剪；其他观叶类一般只作常规修剪，以保证树冠的枝条均匀分布，通风透光性能良好，叶片能够正常生长为好。对观叶类要特别注意做好保护叶片工作，防止温度变化太大、肥水过多或病虫害危害而影响叶片的寿命及观赏价值。

四、藤木的整形修剪

对于藤本类树木的整形修剪，首要的目的是让其尽快占满棚架，展现其独特的树形。在树木的生长过程中应使其蔓条在棚架上均匀分布，不重叠，不空缺。在整个生长期内对藤本树木多次进行摘心、抹芽，促使萌发大量侧枝，以迅速表现良好的绿化效果。在藤木开花后要及时剪去残花，避免其结果以减少树体营养物质消耗，促进树木的营养生长。在冬季剪去藤木的病虫枝、干枯枝及过密枝。对于衰老的藤本树木，应在休眠期对其老枝适当回缩，以促发新枝，使其树冠更新复壮。

（一）棚架式　卷须类和缠绕类藤木常用这种方式。在藤木近地面处进行重剪，促使其长出数条强壮的主蔓，将主蔓垂直引缚于棚架之顶，然后均匀分布主蔓上长出的侧蔓，即可使其很快地成为荫棚。

（二）凉廊式　常用卷须类、缠绕类树木种植于凉廊的两侧，然后引导其向上生长，在凉廊的两侧形成遮荫的树木造型。对于这种形式栽植的树木不能过早引向廊顶，否则容易形成造型侧面空虚。

（三）篱垣式　将藤木的侧蔓诱引向水平方向生长，然后每年对其侧枝进行短剪，形成整齐之篱垣形式。

（四）附壁式　多用吸附类的植株来造型。一般将藤蔓引于墙面，如爬山虎、凌霄、扶芳藤、常春藤等。让藤木依靠其吸盘或吸附根向上攀缘逐渐布满墙面，或用支架、铁丝网格牵引藤木依附于墙壁。一般不修剪藤木的主蔓，在藤木的生长影响到门、窗的采光和开闭时再对其进行适当的修剪。

五、绿篱的修剪

绿篱又称植篱、生篱，由萌枝力强、耐修剪的树种呈密集带状栽植，起防范、界限、分隔和模纹观赏的作用，其修剪时期和方式，因树种特性和绿篱功用而异。

（一）高度修剪

绿篱的高度依其防范对象来决定，有绿墙（160cm以上）、高篱（120~160cm）、中篱（50~120cm）和矮篱（50cm以下）。对绿篱进行高度修剪，一是为了整齐美观，二是为使篱体生长茂盛，长久保持设计的效果。

1. 自然式修剪　多用于绿墙或高篱，顶部修剪多放任自然，仅疏除病虫枝、干枯枝等。

2. 整形式修剪　多用于中篱和矮篱。草地、花坛的镶边或组织人流走向的矮篱，多采用几何图案式的整形修剪，一般剪掉苗高的1/3~1/2；为使尽量降低分枝高度、多发分枝、提早郁闭，可在生长季内对新梢进行2~3次修剪，如此绿篱下部分枝匀称、稠密，上部枝冠密接成形。绿篱造型有几何形体、建筑图案等，从其修剪后的断面划分主要有半圆形、梯形和矩形等。

中篱大多为半圆形、梯形断面，整形时先剪其两侧，使其侧面成为一个弧面或斜面，再修剪顶部呈弧面或平面，整个断面呈半圆形或梯形。由于符合自然树冠上大下小的规律，篱体生长发育正常，枝叶茂盛，美观的外形容易维持。

矩形断面较适宜用于组字和图案式的矮篱，要求边缘棱角分明，界限清楚，篱带宽窄一致。由于每年修剪次数较多，枝条更新时间短，不易出现空秃，文字和图案的清晰效果容易保持。

（二）花果篱修剪

以栀子花、杜鹃花等花灌木栽植的花篱，冬剪时除去枯枝、病虫枝，夏剪在开花后进行，中等强度，稳定高度。对七姐妹蔷薇等萌发力强的花篱，盛花后需重剪，以再度抽梢开花。以火棘、黄刺玫、刺梨等为材料栽植的刺果篱，一般采用自然整枝，仅在必要时进行老枝更新修剪。

（三）更新修剪

是指通过强度修剪来更换绿篱大部分树冠的过程，一般需要三年。

第一年，首先疏除过多的老干。因为绿篱经过多年的生长，在内部萌生了许多主枝，加之每年短截而促生许多小枝，从而造成绿篱内部整体通风、透光不良，主枝下部的叶片枯萎脱落。因此，必须根据合理的密度要求，疏除过多的老主枝，改善内部的通风透光条件。然后，短截主枝上的枝条，并对保留下来的主枝逐一回缩修剪，保留高度一般为30cm；对主枝下部所保留的侧枝，先行疏除过密枝，再回缩修剪，通常每枝留10~15cm长度即可。常绿篱的更新修剪，以5月下旬至6月底进行为宜，落叶篱宜在休眠期进行，剪后要加强肥水管理和病虫害防治工作。

第二年，对新生枝条进行多次轻短截，促发分枝。第三年，再将顶部剪至略低于所需要的高度，以后每年进行重复修剪。对于萌芽能力较强的种类，可采用平茬的方法进行更新，仅保留一段很矮的主枝干。平茬后的植株，因根系强大、萌枝健壮，可在1~2年中形成绿篱的雏形，3年左右恢复成形。

六、特殊树形的整形修剪

特殊树形的整形也是园林树木整形修剪的一种形式。常见的特殊树形形式有动物形状和其他物体形状两大类（如图8-8）。适于进行特殊造型的树木，必须枝叶茂盛，叶片细小，萌芽力和成枝力强，自然整枝能力差，枝干易弯曲造型，如罗汉松、圆柏、黄杨、福建茶、黄花榕树、六月雪、金雀花、水蜡树、紫杉、女贞、榆、珊瑚树等。

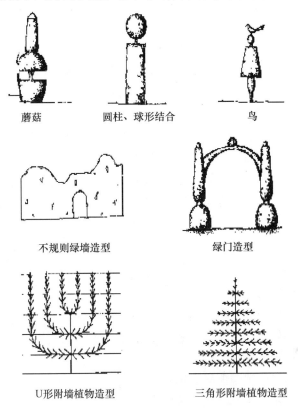

蘑菇　　　　　圆柱、球形结合　　　　鸟

不规则绿墙造型　　　　　绿门造型

U形附墙植物造型　　　三角形附墙植物造型

图8-8　园林树木的特殊造型

对树木特殊的整形修剪，首先要具有一定的雕塑基本知识，能对造型对象各部分的结构、比例有较好的掌握；第二，这种整形非一日之功，应从基部做起，循序渐进，切忌急于求成。有些大的整形还要在内部架设钢铁骨架，以增加树干的支撑力。最后，灵活并恰当运用多种修剪方法。常用的修剪方法是截、放、变三种形式。

（一）图案式绿篱的整形修剪　　组字或营造图案式绿篱，采用矩形的整形方式，要求绿篱边缘棱角分明，界限清楚，绿篱宽窄一致，每年修剪的次数比一般镶边、防护的绿篱要多，枝条的替换、更新时间应短，不能出现空秃，以长期保持文字和图案的清晰可辨。应用于组字或营造图案的绿篱树木，树体应较矮小、萌芽力和成枝力较强、极耐修剪。目前常用的是瓜子黄杨或雀舌黄杨。组字或营造图案式绿篱的树木可依据字体或图案的大小，采用单行、双行或多行式定植。

（二）绿篱拱门制作与修剪　　绿篱拱门一般设置在用绿篱围成的闭锁空间处，为了便于游人出入常在绿篱的适当位置断开绿篱，制作一个绿色的拱门，与绿篱联结为一体，使游人可自由出入，又具有极强的观赏、装饰效果。制作的方法是：在断开的绿篱两侧各种 1 株枝条柔软的小乔木，两树之间保持较小间距，然后将树梢向内弯曲并绑扎而成。也可用藤本植物制作，藤本植物离心生长旺盛，很快两株植物就能生长相交在一起。由于枝条柔软，造型自然，并能把整个骨架遮挡起来。绿色拱门必须经常修剪，防止新梢横生下垂，影响游人通行；并通过反复修剪，始终保持较窄的厚度，使拱门内膛通风通光好，不易产生空秃。

（三）造型树木的整形修剪　用各种侧枝茂盛、枝条柔软、叶片细小且极耐修剪的树木，通过扭曲、盘扎、修剪等手段，将树木整成亭台、牌楼、鸟兽等各种主体造型，以点缀和丰富园景。造型要讲究艺术构图的基本原则，运用美学的原理，使用正确的比例和尺度，发挥丰富的联想和比拟等。同时做到各种造型与周围环境及建筑充分协调，创造出一种如画的图卷、无声的音乐、人间的仙境。

造型树木的整形修剪，首先应培养主枝和大侧枝构成骨架，然后将细小的侧枝进行牵引和绑扎，使它们紧密抱合生长，按照仿造的物体形状进行细致的修剪，直至形成各种绿色雕塑的雏形。在以后的培育过程中不能让枝条随意生长而扰乱造型，每年都要进行多次修剪，对"物体"表面进行反复短截，以促发大量的密集侧枝，最终使得各种造型丰满逼真，栩栩如生。造型培育中，绝不允许发生缺枝现象，一旦空缺很难挽救。

【思考与练习】

1. 整形、修剪的概念及相互之间的关系是什么？
2. 园林树木整形修剪的主要作用？
3. 园林树木整形修剪的时期及各时期主要的修剪方法是什么？
4. 整形修剪的原则是什么？
5. 大枝修剪的切口位置该怎样确定？
6. 有哪些主要的修剪工具，如何选用？
7. 庭荫树和行道树如何修剪？
8. 花灌木如何修剪？
9. 绿篱的修剪方法有哪些？
10. 当前园林植物修剪中存在的主要问题有哪些？如何解决？

技能训练

技能训练一　行道树、庭荫树的整形修剪

一、目的要求

掌握行道树、庭荫树的修剪技能。

二、材料与工具

行道树（悬铃木）、庭荫树（香樟）等。枝剪、手锯、升降机、保险带、运输工具。

三、方法步骤

1. 根据行道树、庭荫树整形修剪的特点和要求，结合修剪树木的株型确定修剪

方案。

2. 行道树修剪成杯状树冠，疏剪多余的分枝。

3. 庭荫树如香樟，整形修剪成自然式树冠，剪去枯枝、病虫枝、交叉枝、过密枝、重叠枝，对弱枝进行短截，促进生长。对强枝进行疏剪，抑制生长，使树冠分布均匀。

四、结果评价

根据修剪情况进行成绩评定。

优秀——修剪方案合理，剪口位置正确，处理得当，修剪枝量合适。

良好——修剪方案较为合理，剪口位置基本正确，处理较为得当，修剪枝量较为合适。

合格——修剪方案基本合理，剪口位置基本正确，处理基本得当，修剪枝量基本合适。

不合格——修剪方案不合理，剪口位置不当，处理不合理，修剪枝量过少或过多。

五、作业

记录修剪情况与结果，并整理成实习报告。

技能训练二　花灌木的整形修剪

一、目的要求

掌握观花、观果植物修剪技能。

二、材料与工具

月季、垂丝海棠等观花植物，火棘、四季橘等观果植物、枝剪、手锯。

三、方法步骤

1. 在月季生长期，根据预定冠形，将花谢枝及时剪去，使植株萌发新的枝叶，并形成美观、高产的株型。注意盆栽月季与切花月季的修剪差异。

2. 为使四季橘挂果多而均匀，在开花期及时剪去弱枝、重叠枝、徒长枝、病虫枝。在大年时，对有花蕾的部分枝条进行短截，也可摘除部分花蕾。坐果后及时疏果。

四、结果评价

根据修剪情况进行成绩评定。

优秀——修剪方法合理，修剪时间合适，修剪部位正确，修剪枝量合适。

良好——修剪方法较为合理，修剪时间较为正确，修剪部位较为得当，修剪枝量较为合适。

合格——修剪方法基本合理，修剪时间基本正确，修剪部位基本得当，修剪枝量基本合适。

不合格——修剪方法不合理，修建时间不对，修剪部位不合理，修剪枝量过少或过多。

五、作业

记录修剪情况与结果，并整理成实习报告。

技能训练三　垂直绿化植物整形修剪

一、目的要求

熟悉常见垂直绿化牵引棚架的搭设方法和垂直绿化植物的修剪方法、技术要点。

二、材料与工具

需要整形修剪的垂直绿化植物（紫藤）、2m 长木杆或竹秆若干、细绳索、枝剪、锹等。

三、方法步骤

1. 搭设棚架

（1）藤本植物离绿化墙或花架较远或较高足以令植物无法自己攀上时，在离藤本植物栽植点 10cm 左右处插木杆或竹竿，杆的另一头靠住花架或墙体。用茎缠绕和用器官攀缘的植物每株至少插 1 条杆子；用卷须攀缘的植物按种植行的长度搭成长宽 10cm～20cm 的网格状。

（2）帮助藤本攀缘植物时，要根据不同的植物类型采用不同的方法：

对用茎缠绕向上的植物，将植物的长茎旋绕杆子，并每隔一定的距离用绳子绑扎，以固定蔓茎。

对用卷须缠绕它物进行攀缘的植物，除了按上述方法绑扎蔓茎外，还要将茎上的卷须缠绕在杆子上，并用小绳扎住。

2. 藤本植物的修剪

（1）未攀缘附壁和未缠绕向上的植物的修剪　以促进行主蔓（或 2～3 条蔓茎）的生长为目的，对其他分枝略加控制，用重剪修剪侧枝。

（2）已攀缘附壁和已缠绕向上的植物的修剪　植物离心生长很快，短剪植物下部的枝条，促发副枝生长填补空缺处。

（3）花架（棚架）的植物　重点是以疏剪过密枝、枯枝、过长的破坏棚架造型的徒长枝。

（4）植物的生长很差，无法通过其他方法进行复壮者，用回缩修剪法进行复壮修剪。

四、结果评价

根据棚架搭设及修剪情况进行成绩评定。

优秀——棚架搭设合理、修剪方法正确、修剪量合理、修剪时间得当。

良好——棚架搭设较为合理、修剪方法较为正确、修剪量较为合理、修剪时间得当。

合格——棚架搭设基本合理、修剪方法基本正确、修剪量基本合理、修剪时间基本得当。

不合格——棚架搭设不合理、修剪方法不正确、修剪量不合理、修剪时间不当。

五、作业

记录修剪情况与结果，并整理成实习报告。

知识归纳

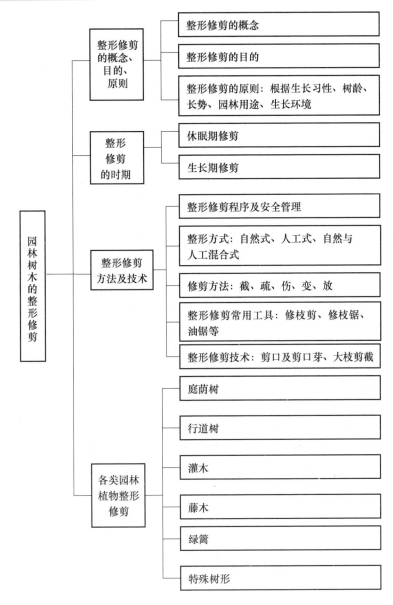

园林树木的整形修剪
├─ 整形修剪的概念、目的、原则
│   ├─ 整形修剪的概念
│   ├─ 整形修剪的目的
│   └─ 整形修剪的原则：根据生长习性、树龄、长势、园林用途、生长环境
├─ 整形修剪的时期
│   ├─ 休眠期修剪
│   └─ 生长期修剪
├─ 整形修剪方法及技术
│   ├─ 整形修剪程序及安全管理
│   ├─ 整形方式：自然式、人工式、自然与人工混合式
│   ├─ 修剪方法：截、疏、伤、变、放
│   ├─ 整形修剪常用工具：修枝剪、修枝锯、油锯等
│   └─ 整形修剪技术：剪口及剪口芽、大枝剪截
└─ 各类园林植物整形修剪
    ├─ 庭荫树
    ├─ 行道树
    ├─ 灌木
    ├─ 藤木
    ├─ 绿篱
    └─ 特殊树形

参考文献

［1］吴泽民．园林树木栽培学［M］．北京：中国农业出版社，2005．

［2］张秀英．园林树木栽培养护学［M］．北京：高等教育出版社，2005．

［3］成海钟．园林植物栽培养护［M］．北京：高等教育出版社，2005．

［4］陈有民．园林树木学［M］．北京：中国林业出版社，1991．

［5］俞玖．园林苗圃学［M］．北京：中国林业出版社，2001．

［6］潘文明．园林技术专业实训指导［M］．苏州：苏州大学出版社，2009．

［7］蔡绍平．园林植物栽培与养护［M］．武汉：华中科技大学出版社，2011．

［8］周兴元．园林植物栽培［M］．北京：高等教育出版社，2006．

［9］王玉凤．园林植物栽培与养护［M］．北京：机械工业出版社，2010．

［10］郭淑英．园林苗圃［M］．重庆：重庆大学出版社，2010．

［11］田建林．园林植物栽培与养护［M］．南京：江苏人民出版社，2011．

［12］刘晓东．园林苗圃［M］．北京：高等教育出版社，2006．

［13］尤伟忠．园林苗木生产技术［M］．苏州：苏州大学出版社，2009．

［14］郭学望，包满珠．园林树木栽植养护学［M］．北京：中国林业出版社，2002．

［15］王秀娟．园林苗圃［M］．北京：中国农业大学出版社，2006．

［16］刘金海．观赏植物栽培［M］．北京：高等教育出版社，2005．

［17］李承水．园林树木栽培与养护［M］．北京：高等教育出版社，2007．

［18］胡长龙．观赏花木整形修剪手册［M］．上海：上海科学技术出版社，2005．

［19］关连珠．土壤肥料学［M］．北京：中国农业出版社，2001．

［20］吴少华．园林花卉苗木繁育技术［M］．北京：科学技术文献出版社，2001．

［21］周余华，杨士虎．种苗工程［M］．北京：中国农业出版社，2009．

［22］龚维红，赖九江．园林树木栽培与养护［M］．北京：中国电力出版社，2009．